机械制图

李宇鹏　孙洪胜　主编

中国农业科学技术出版社

图书在版编目（CIP）数据

机械制图 / 李宇鹏，孙洪胜主编．—北京：中国农业科学技术出版社，2015. 12
ISBN 978 - 7 - 5116 - 2366 - 9

Ⅰ．①机… Ⅱ．①李…②孙… Ⅲ．①机械制图 Ⅳ．①TH126

中国版本图书馆 CIP 数据核字（2015）第 268663 号

责任编辑　崔改泵
责任校对　贾海霞

出 版 者　中国农业科学技术出版社
　　　　　北京市中关村南大街 12 号　邮编：100081
电　　话　(010)82109194(编辑室)　(010)82109702(发行部)
　　　　　(010)82109709(读者服务部)
传　　真　(010)82106650
网　　址　http://www. castp. cn
经 销 者　各地新华书店
印 刷 者　北京富泰印刷有限责任公司
开　　本　787 mm×1 092 mm　1/16
印　　张　14. 5
字　　数　372 千字
版　　次　2015 年 12 月第 1 版　2017 年 1 月第 2 次印刷
定　　价　30. 00 元

内容简介

本书内容包括：制图的基本知识、投影基础、立体的投影、平面与立体及立体与立体的相交、组合体的视图及尺寸注法、轴测投影图、机件的常用表达方法、零件图、装配图及计算机绘图基础和附录。

本书可作为高等工业学校工科类各专业工程制图教材，也可供相关专业工程技术人员参考。

前 言

本书系根据中华人民共和国教育部审定的《高等工业学校工程制图教学基本要求》，参照最新发布的技术制图及机械制图国家标准编写而成。为适应新世纪对人才培养的需要，本书立足于培养学生的空间想象、形象思维和创新设计的能力，训练学生徒手绘图、仪器绘图和计算机绘图的基本技能。

本书在编写过程中，重视教材的科学性、系统性和教学性，精选内容、优化结构，在满足实际应用的前提下，适当增加画法几何中线面相对位置关系的作图内容，相应增加了计算机绘图软件应用的内容。本教材按点、线、面投影、组合体，图样画法到零件图、装配图的顺序组织教材。注重理论联系实际，坚持少而精。在计算机绘图内容上，采用 Autodesk 公司的 AutoCAD 软件。

本书结构紧凑，逻辑严谨，概念明确。内容由浅入深，语言简明易懂，插图清晰。书中附录供读者查阅有关标准，便于组织教学和自学。

本书适合用作机电专业教材，可作为其他专业工程制图的教科书，也可用作相关专业工程技术人员的参考书。本书由燕山大学机械工程学院李宇鹏教授、孙洪胜副教授担任主编，感谢同事们在资料提供、书稿修改方面的大力支持。

由于水平有限，书中疏漏和不当之处，敬请有关专家和广大师生批评指正。

编 者

2015 年 10 月

目　录

第一章

制图的基本知识

图样是现代机器制造过程中重要的技术文件之一，是工程界的技术语言。设计师通过图样设计新产品，工艺师依据图样制造新产品。此外，图样还广泛应用于技术交流。

在各个工业部门，为了科学地进行生产和管理，对图样的各个方面，如图幅的安排、尺寸注法、图纸大小、图线粗细等，都有统一的规定，这些规定称为制图标准。

本章先介绍由国家标准局颁布的机械制图国家标准（简称国标），然后介绍绘图工具的使用、几何作图和平面图形尺寸分析等有关制图的基本知识。

第一节　机械制图国家标准简介

一、图纸幅面和格式（GB/T 14689—1993）

“GB/T 14689—1993”是国家标准《技术制图 图纸幅面及格式》的代号，“GB/T”表示推荐性国家标准，是 GUOJIA BIAOZHUN（国家标准）和 TUIJIAN（推荐）的缩写，如果“GB”后没有“/T”表示强制性国家标准，“14689”是该标准的编号，“93”表示该标准是 1993 年发布的。“国家标准”简称“国标”。

1. 图纸幅面

绘制图样时，应优先采用表 1－1 所规定的基本幅面，必要时，也允许选用国家标准所规定的加长幅面。这些幅面的尺寸由基本幅面的短边成整数倍增加后得出。

表 1－1　图纸幅面代号和尺寸　（单位：mm）

幅面代号	A0	A1	A2	A3	A4
$B \times L$	841×1189	594×841	420×594	297×420	210×297
a	25				
c	10			5	
e	20		10		

对于 A0、A2、A4 幅面长边的加长量应按 A0 幅面的 1/8 的倍数增加；对于 A1、A3 幅面的加长量应按 A0 幅面短边的 1/4 的倍数增加。

2. 图框格式

每张图样均需有粗实线绘制的图框。

要装订的图样，应留装订边，其图框格式如图 1－1 所示。不需要装订的图样其图框格式如图 1－2 所示。但同一产品的图样只能采用同一种格式，图样必须画在图框之内。

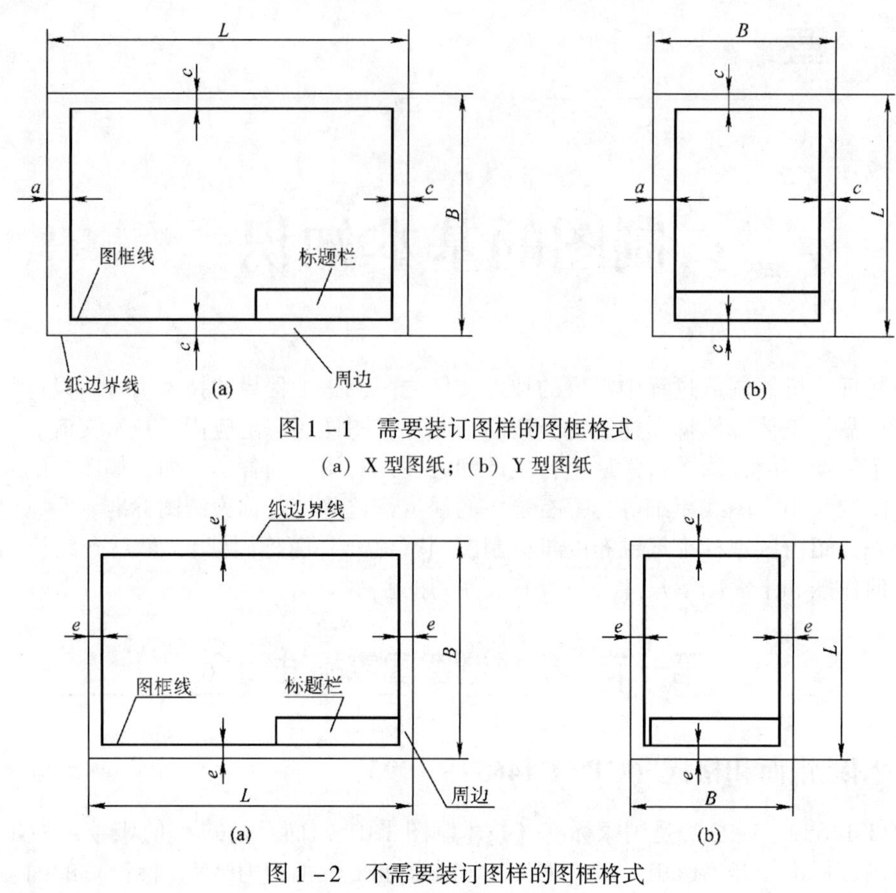

图 1－1　需要装订图样的图框格式

（a）X 型图纸；（b）Y 型图纸

图 1－2　不需要装订图样的图框格式

（a）X 型图纸；（b）Y 型图纸

3. 标题栏及其方位

每张技术图样中均应画出标题栏。标题栏的格式和尺寸按 GB 10609.1—1989 的规定。本教材将标题栏作了简化，如图 1－3 所示，建议在作业中采用。

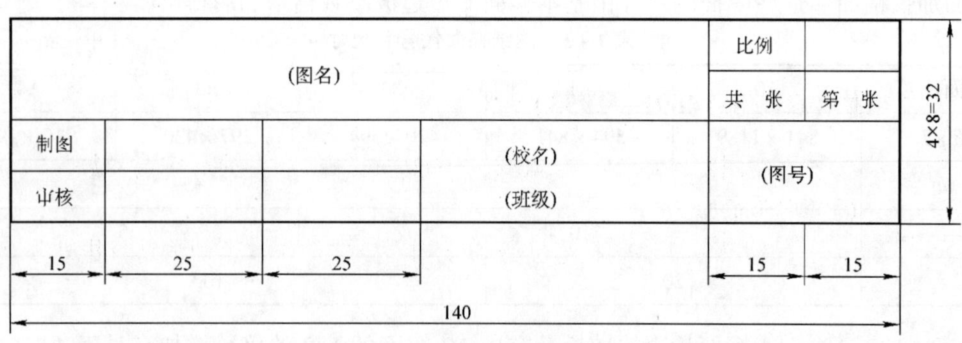

图 1－3　简化的标题栏

标题栏一般应位于图纸的右下角，如图 1－1 和图 1－2 所示。当标题栏的长边置于水平方向并与图纸的长边平行时，则构成 X 型图纸，如图 1－1（a）和图 1－2（a）所示。当标题栏的长边与图纸的长边垂直时，则构成 Y 型图纸，如图 1－1（b）和图 1－2（b）所示。在此情况下，看图的方向与看标题栏的方向一致，即标题栏中的文字方向为看图方向。

此外，标题栏的线型、字体（签字除外）和年、月、日的填写格式均应符合相应国家标准的规定。

二、比例（GB/T 14690—1993）

绘制图样时所采用的比例，是图样中机件要素的线性尺寸与实际机件相应要素的线性尺寸之比。简单地说，图样上所画图形与其实物相应要素的线性尺寸之比称作比例。比值为1的比例，即1:1，称为原值比例；比值大于1的比例，如2:1等，称为放大比例；比值小于1的比例，如1:2等，称为缩小比例。

绘制图样时，应尽可能按机件的实际大小画出，以方便看图，如果机件太大或太小，则可从表1-2中所规定的第一系列中选取适当的比例，必要时也允许选取表1-3第二系列的比例。

表1-2　第一系列比例

种　类	比　例
原值比例	1:1
放大比例	2:1，5:1，1×10^n:1，2×10^n:1，5×10^n:1
缩小比例	1:2，1:5，1:1×10^n，1:2×10^n，1:5×10^n

表1-3　第二系列比例

种　类	比　例
放大比例	2.5:1，4:1，2.5×10^n:1，4×10^n:1
缩小比例	1:1.5，1:2.5，1:3，1:4，1:6，1:1.5×10^n，1:2.5×10^n，1:3×10^n，1:4×10^n，1:6×10^n

绘制同一机件的各个视图时应尽量采用相同的比例，当某个视图需要采用不同比例时，必须另行标注。

比例一般应标注在标题栏中的比例栏内。必要时，可在视图名称的下方或右侧标注比例。

三、字体（GB/T 14691—1993）

国家标准《技术制图》字体GB/T 14691—1993中，规定了汉字、字母和数字的结构形式。书写字体的基本要求如下。

（1）图样中书写的汉字、数字、字母必须做到：字体端正、笔画清楚、排列整齐、间隔均匀。

（2）字体的大小以号数表示，字体的号数就是字体的高度（单位为mm），字体高度（用h表示）的公称尺寸系列为：1.8、2.5、3.5、5、7、10、14、20。如需要书写更大的字，其字体高度应按$\sqrt{2}$的比率递增。用作指数、分数、注脚和尺寸偏差数值，一般采用小一号字体。

（3）汉字应写成长仿宋体字，并应采用中华人民共和国国务院正式推行的《汉字简化方案》中规定的简化字。长仿宋体字的书写要领是：横平竖直、注意起落、结构均匀、填满方格。汉字的高度 h 不应小于3.5 mm，其字宽一般为 $h\sqrt{2}$。

（4）字母和数字分为A型和B型。字体的笔画宽度用 d 表示。A型字体的笔画宽度 $d = h/14$，B型字体的笔画宽度 $d = h/10$。字母和数字可写成斜体和直体。

（5）斜体字字头向右倾斜，与水平基准线成75°。绘图时，一般用B型斜体字。在同一图样上，只允许选用一种字体。

图1－4、图1－5所示的是图样上常见字体的书写示例。

字体端正笔画清楚
排列整齐间隔均匀

图1－4　长仿宋字

0123456789

Ⅰ Ⅱ Ⅲ Ⅳ Ⅴ Ⅵ Ⅶ Ⅷ Ⅸ Ⅹ

图1－5　数字书写示例

四、图线（GB 4457.4—1984）

绘制技术图样时，应遵循国标《技术制图　图线》的规定。

所有图线的图线宽度 b 应按图样的类型和尺寸大小在下列系数中选择：

0.13 mm；0.18 mm；0.25 mm；0.35 mm；0.5 mm；0.7 mm；1 mm；1.4 mm；2 mm。

粗线、中粗线和细线的宽度比率为4∶2∶1。

基本图线适用于各种技术图样。表1－4列出的是机械制图的图线型式及应用说明。图1－6所示为常用图线应用举例。

绘制图样时，应注意：

（1）同一图样中，同类图线的宽度应基本一致。虚线、点画线及双点画线的线段长短间隔应各自大致相等。

（2）两条平行线之间的距离应不小于粗实线的两倍宽度，其最小距离不得小于0.7 mm。

（3）虚线及点画线与其他图线相交时，都应以线段相交，不应在空隙或短画处相交；当虚线是粗实线的延长线时，粗实线应画到分界点，而虚线应留有空隙；当虚线圆弧和虚线直线相切时，虚线圆弧的线段应画到切点，而虚线直线需留有空隙，如图1－7（a）所示。

表 1-4　图线的名称、型式、宽度及其用途

图线名称	图线型式	图线宽度	图线应用举例（图 1-6）
粗实线		b	可见轮廓线；可见过渡线
虚线	2~6　≈1	约 $b/3$	不可见轮廓线；不可见过渡线
细实线		约 $b/3$	尺寸线、尺寸界线、剖面线、重合断面的轮廓线及指引线等
波浪线		约 $b/3$	断裂处的边界线等
双折线		约 $b/3$	断裂处的边界线
细点画线	≈30　≈3	约 $b/3$	轴线、对称中心线等
粗点画线	~15　≈3	b	有特殊要求的线或表面的表示线
双点画线	≈20　≈5	约 $b/3$	极限位置的轮廓线、相邻辅助零件的轮廓线等

注：（1）表中虚线、细点画线、双点画线的线段长度和间隔的数值可供参考。
（2）粗实线的宽度应根据图形的大小和复杂程度选取，一般取 0.7 mm。

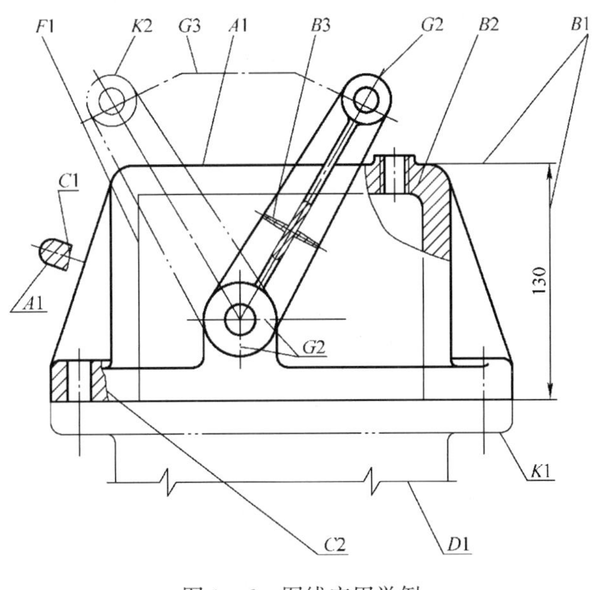

图 1-6　图线应用举例

（4）绘制圆的对称中心线（细点画线）时，圆心应为线段的交点。点画线和双点画线的首末两端应是线段而不是短画，同时其两端应超出图形的轮廓线 3 ~ 5 mm。在较小的图形上绘制点画线或双点画线有困难时，可用细实线代替，如图 1-7（b）所示。

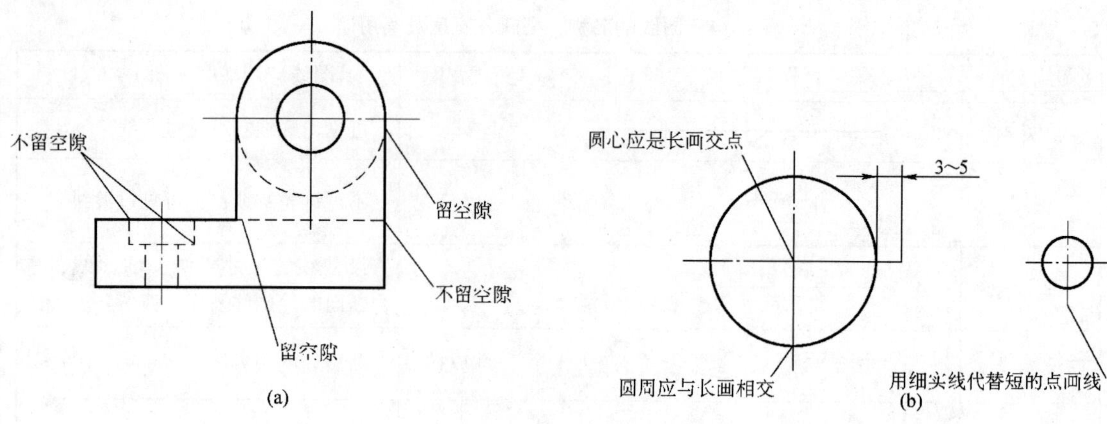

图1－7　虚线连接处的画法

五、尺寸注法（GB 4458. 4—1984）

图形只能表达机件的形状，而机件的大小则由标注的尺寸确定。国标中对尺寸标注的基本方法作了一系列规定，必须严格遵守。

1. 基本规则

（1）机件的真实大小应以图样上所注的尺寸数值为依据，与图形的大小及绘图的准确度无关。

（2）图样中的尺寸，以毫米为单位时，不需标注计量单位的代号或名称，如采用其他单位，则必须注明。

（3）图样中所注尺寸是该图样所示机件最后完工时的尺寸，否则应另加说明。

（4）机件的每一尺寸，一般只标注一次，并应标注在反映该结构最清晰的图形上。

2. 尺寸的组成

一个完整的尺寸应由尺寸界线、尺寸线、尺寸线终端和尺寸数字四个要素组成，如图1－8所示。

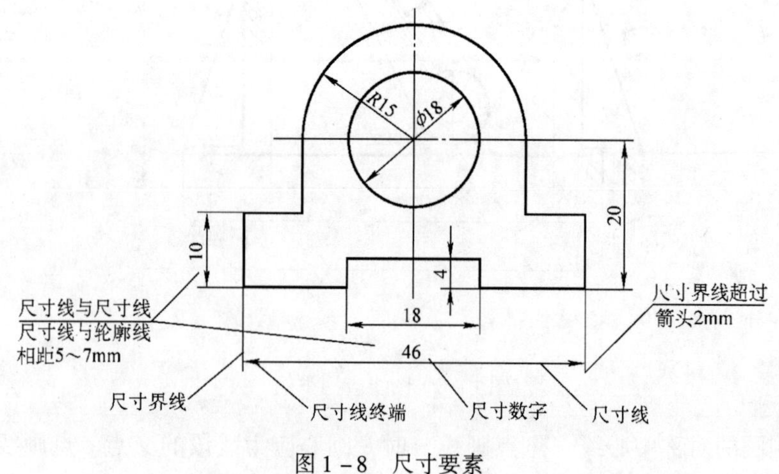

图1－8　尺寸要素

（1）尺寸界线。尺寸界线用细实线绘制，并应由图形的轮廓线、轴线或对称中心线处引出。也可利用轮廓线、轴线或对称中心线作尺寸界线。尺寸界线一般应与尺寸线垂直，并超出尺寸线终端 2 mm 左右。

（2）尺寸线。尺寸线用细实线绘制。尺寸线必须单独画出，不能与图线重合或在其延长线上。

尺寸线终端有两种形式，如图 1－9 所示，箭头适用于各种类型的图样，箭头尖端与尺寸界线接触，不得超出也不得离开。

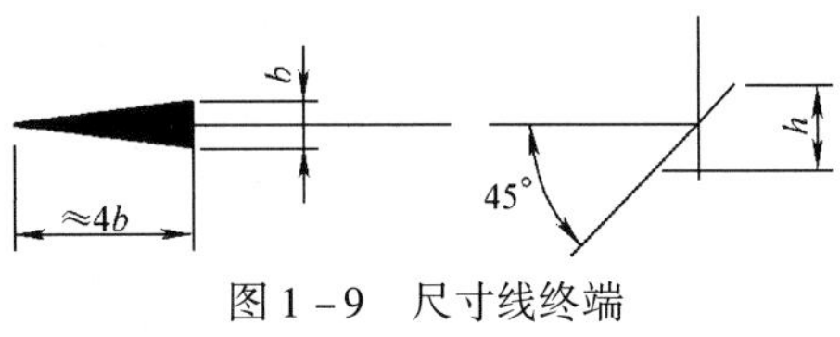

图 1－9　尺寸线终端

斜线用细实线绘制，图中 h 为字体高度。当尺寸线终端采用斜线形式时，尺寸线与尺寸界线必须相互垂直，并且同一图样中只能采用一种尺寸线终端形式。

（3）尺寸数字。线性尺寸的数字一般应注写在尺寸线的上方，也允许注写在尺寸线的中断处，同一图样内大小一致，位置不够可引出标注。尺寸数字不可被任何图线所通过，否则必须把图线断开，见图 1－8 中的尺寸 $R15$ 和 $\phi18$。国标还规定了一些注写在尺寸数字周围的标注尺寸的符号，用以区分不同类型的尺寸：

ϕ 表示直径；R 表示半径；S 表示球面；δ 表示板状零件厚度；□表示正方形；◁（或▷）表示锥度；⧹（或∠）表示斜度；± 表示正负偏差；× 表示参数分隔符，如 M10 × 1 等；—表示连字符，如 4—ϕ10，M10 × 1— 6H 等。

3. 尺寸注法

尺寸注法的基本规则，见表 1－5。

表 1－5　尺寸注法的基本规则

标注内容		示　　例	说　　明
线性尺寸		(a)　(b)　(c)	尺寸线必须与所标注的线段平行，大尺寸要注在小尺寸外面，尺寸数字应按图（a）中所示的方向注写，图示 30°范围内，应按图（b）形式标注。在不致引起误解时，对于非水平方向的尺寸，其数字可水平地注写在尺寸线的中断处，如图（c）
圆弧	直径尺寸		标注圆或大于半圆的圆弧时，尺寸线通过圆心，以圆周为尺寸界线，尺寸数字前加注直径符号“ϕ”
	半径尺寸		标注小于或等于半圆的圆弧时，尺寸线自圆心引向圆弧，只画一个箭头，尺寸数字前加注半径符号“R”

续表

标注内容	示　例	说　明
大圆弧	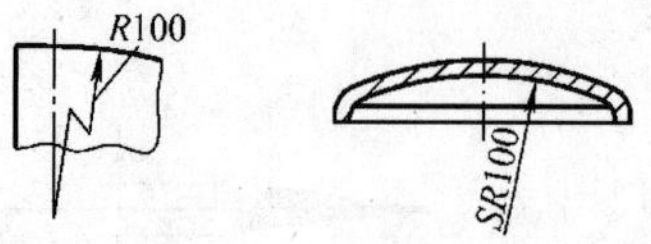	当圆弧的半径过大或在图纸范围内无法标注其圆心位置时，可采用折线形式，若圆心位置不需注明，则尺寸线可只画靠近箭头的一段
小尺寸	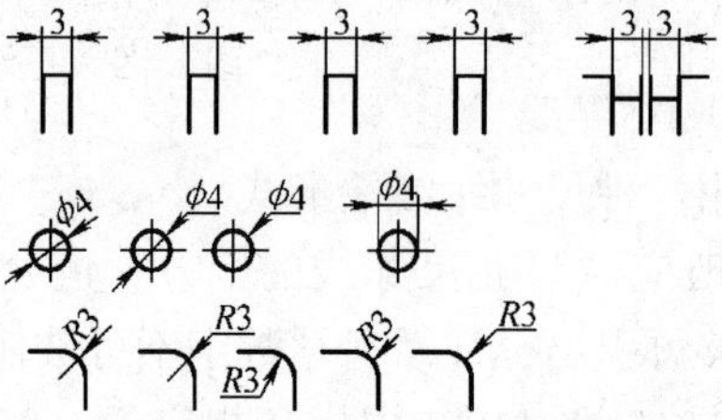	对于小尺寸在没有足够的位置画箭头或注写数字时，箭头可画在外面，或用小圆点代替两个箭头；尺寸数字也可采用旁注或引出标注
球面	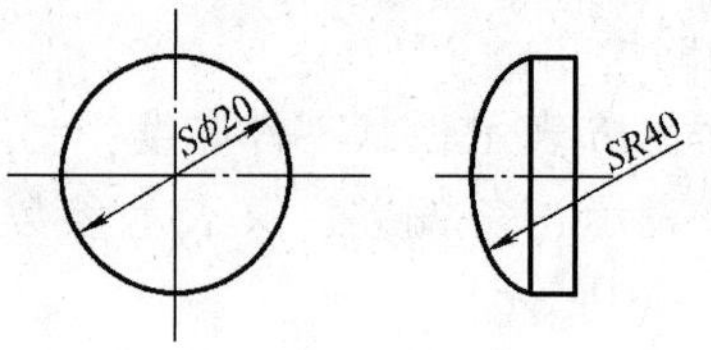	标注球面的直径或半径时，应在尺寸数字前分别加注符号“$S\phi$”或“SR”
角度	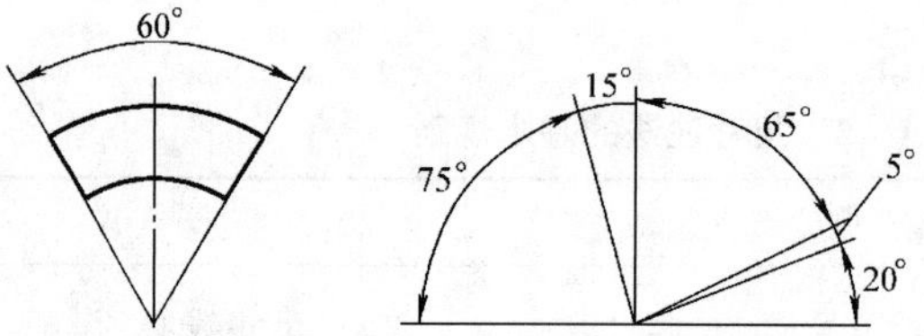	尺寸界线应沿径向引出，尺寸线画成圆弧，圆心是角的顶点。尺寸数字一律水平书写，一般注写在尺寸线的中断处，必要时也可按左图的形式标注
弦长和弧长	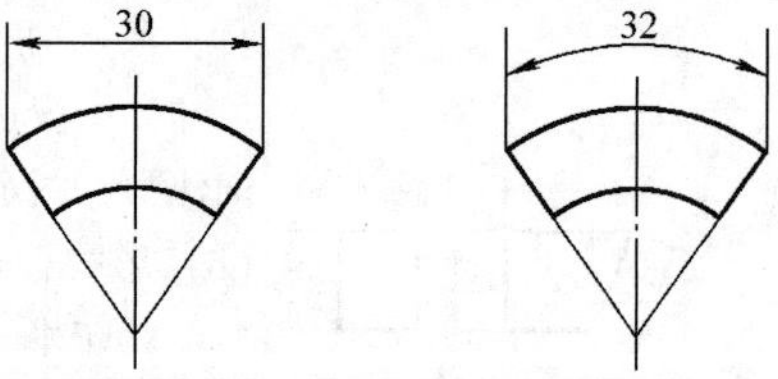	标注弦长和弧长时，尺寸界线应平行于弦的垂直平分线。弧长的尺寸线为同心弧，并应在尺寸数字上方加注符号“⌒”
只画一半或大于一半时的对称机件	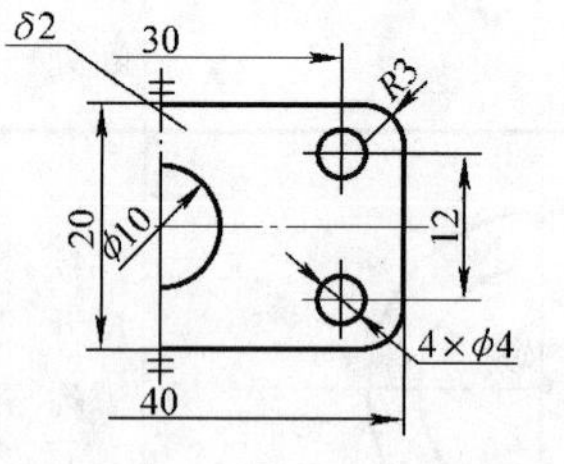	尺寸线应略超过对称中心线或断裂处的边界线，仅在尺寸线的一端画出箭头
板状零件		标注板状零件的尺寸时，在厚度的尺寸数字前加注符号“δ”
光滑过渡处的尺寸	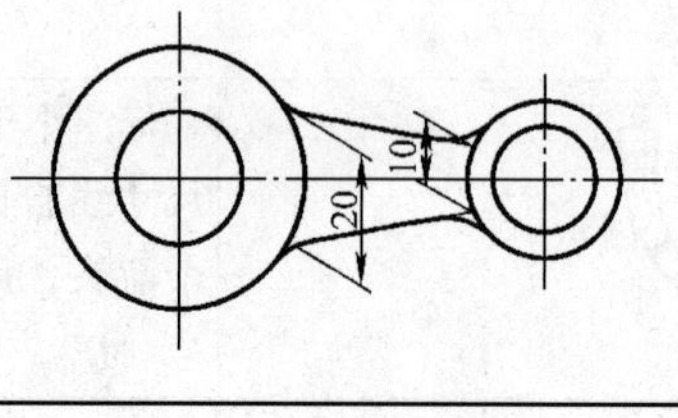	在光滑过渡处，必须用细实线将轮廓线延长，并从它们的交点引出尺寸界线
允许尺寸界线倾斜		尺寸界线一般应与尺寸线垂直，必要时允许倾斜

续表

标注内容	示　　例	说　　明
正方形结构	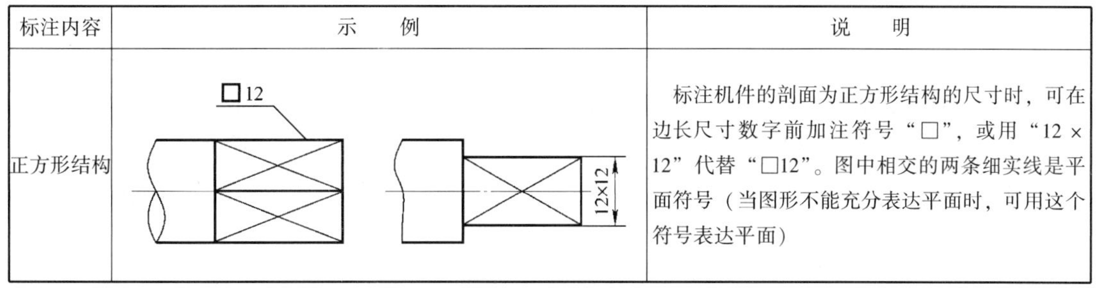	标注机件的剖面为正方形结构的尺寸时，可在边长尺寸数字前加注符号“□”，或用“12 × 12”代替“□12”。图中相交的两条细实线是平面符号（当图形不能充分表达平面时，可用这个符号表达平面）

第二节　常用手工绘图工具及使用方法简介

正确使用绘图工具和仪器，是保证绘图质量和绘图效率的一个重要方面。为此将手工绘图工具及其使用方法介绍如下。

一、图板、丁字尺和三角板

图板是铺贴图纸用的，要求板面平滑光洁；又因它的左侧边为丁字尺的导边，所以必须平直光滑，图纸用胶带纸固定在图板上。当图纸较小时，应将图纸铺贴在图板靠近左上方的位置，如图 1－10 所示。

丁字尺由尺头和尺身两部分组成。它主要用来画水平线，其头部必须紧靠绘图板左边，然后用丁字尺的上边画线。移动丁字尺时，用左手推动丁字尺头沿图板上下移动，把丁字尺调整到准确的位置，然后压住丁字尺进行画线。画水平线是从左到右画，铅笔前后方向应与纸面垂直，而在画线前进方向倾斜约 30°。

三角板分 45°、30°和 60°两块，可配合丁字尺画铅垂线及 15°倍角的斜线；或用两块三角板配合画任意角度的平行线或垂直线，如图 1－11 所示。

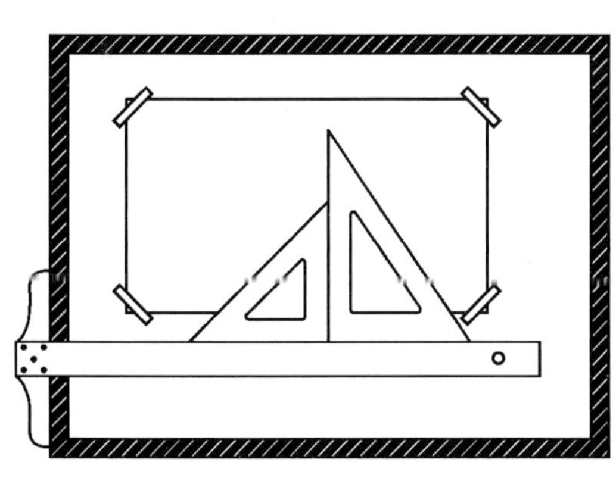

图 1－10　图纸与图板

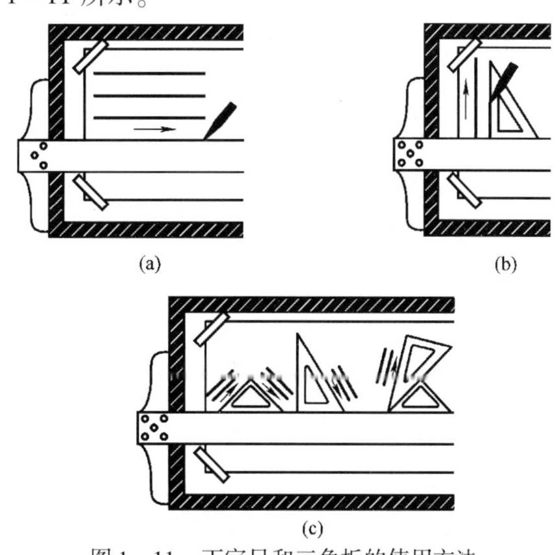

图 1－11　丁字尺和三角板的使用方法

（a）画水平线；（b）画垂直线；（c）画各种角度的平行线或垂直线

二、绘图铅笔

绘图用铅笔的铅芯分别用 B 和 H 表示其软、硬程度，绘图时根据不同使用要求，应准备以下几种硬度不同的铅笔。

B 或 HB ——画粗实线用；

HB 或 H ——画箭头和写字用；

H 或 2H ——画各种细线和画底稿用。

其中用于画粗实线的铅笔磨成矩形，其余的磨成圆锥形，如图 1－12 所示。

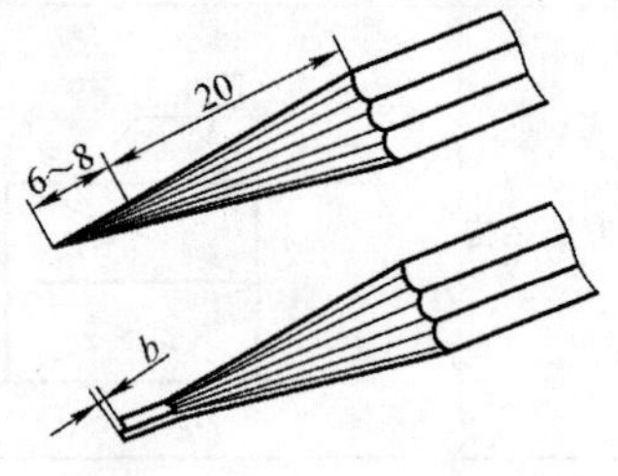

图 1－12 铅芯的形状图

三、圆规和分规

圆规用来画圆和圆弧。画图时应尽量使钢针和铅芯都垂直于纸面，钢针的台阶与铅芯尖应平齐，使用方法如图 1－13 所示。

分规主要用来量取线段长度或等分已知线段。分规的两个针尖应调整平齐。从比例尺上量取长度时，针尖不要正对尺面，应使针尖与尺面保持倾斜。用分规等分线段时，通常要用试分法。分规的用法如图 1－14 所示。

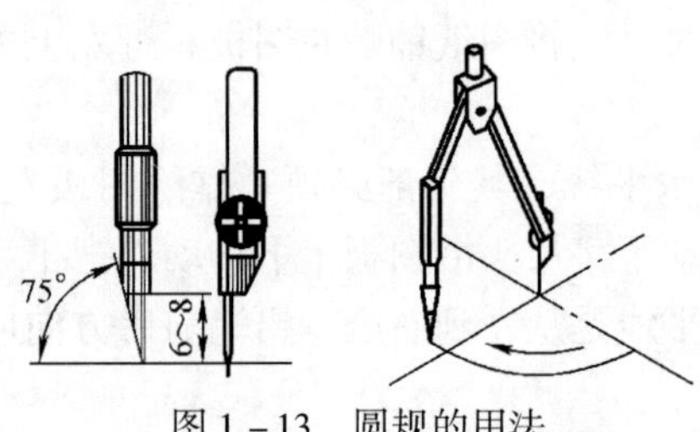

图 1－13 圆规的用法

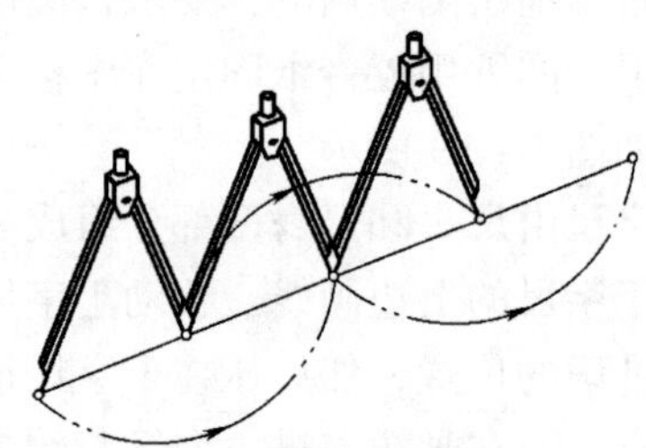
图 1－14 分规的用法

第三节 几 何 作 图

一、正六边形的画法

绘制正六边形，一般利用正六边形的边长等于外接圆半径的原理，绘制步骤如图 1－15 所示。

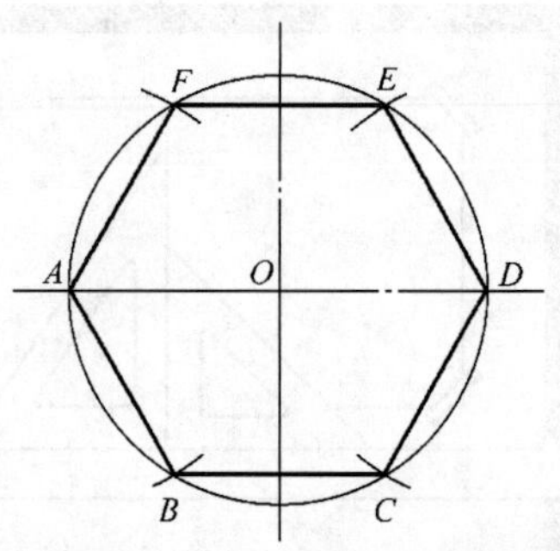

图 1－15 正六边形画法

二、正五边形的画法

（1）已知正五边形的边长 AB，绘制正五边形的方法如图 1－16 所示。

①分别以 A、B 为圆心，AB 为半径画弧，与 AB 的中垂线交于 K；

②在中垂线上自 K 向上取 $CK=2AB/3$，得到 C 点；

③以 C 点为圆心，AB 为半径画圆弧与前面所画两段圆弧相交于 D、E 点，即可得到正五边形的五个顶点。

（2）已知外接圆直径，绘制正五边形的方法。

①取半径的中点 K；

②以 K 点为圆心，KA 为半径画圆弧得到 C 点；

③AC 即为正五边形边长，等分圆周得到五个顶点。

（3）斜度与锥度。

①斜度。斜度是指一直线或平面对另一直线或平面的倾斜程度。工程上用直角三角形对边与邻边的比值来表示，并固定把比例前项化为 1 而写成 $1:n$ 的形式，如图 1－16 所示。若已知直线段 AC 的斜度为 1:5，其作图方法如图 1－17 所示。

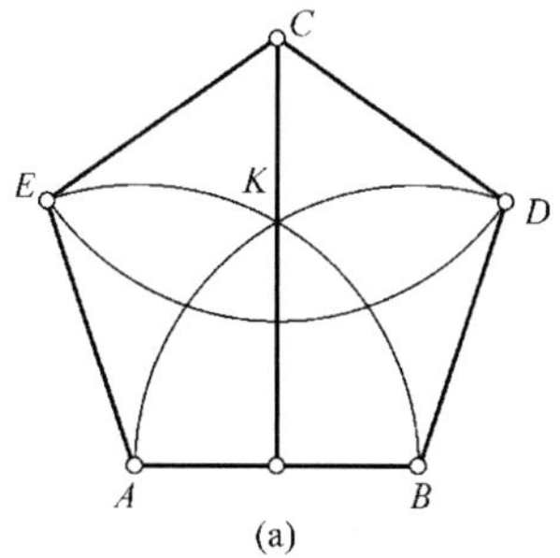

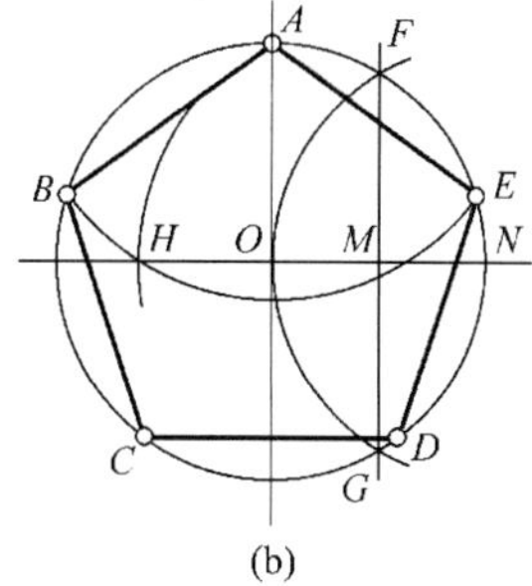

图 1－16　画正五边形

（a）已知边长画正五边形；（b）已知外接圆直径画正五边形

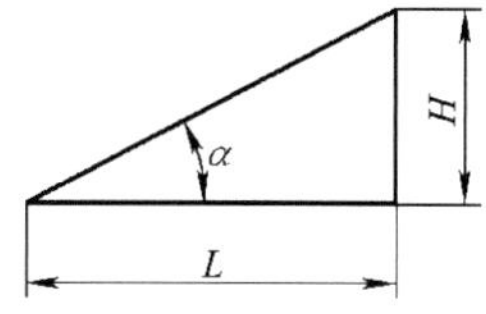

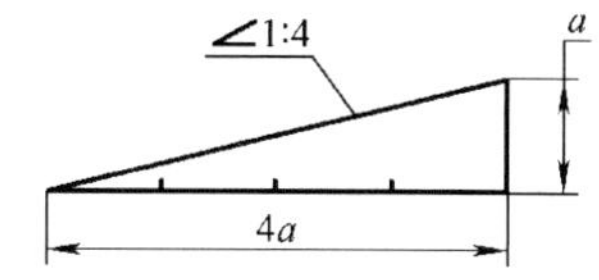

图 1－17　斜度的画法

②锥度。锥度是指圆锥的底圆直径 D 与高度 H 之比，通常，锥度也要写成 $1:n$ 的形式。锥度的作图方法如图 1－18 所示。

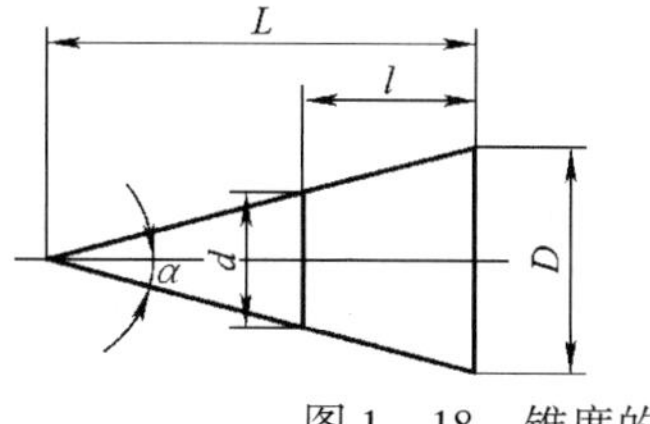

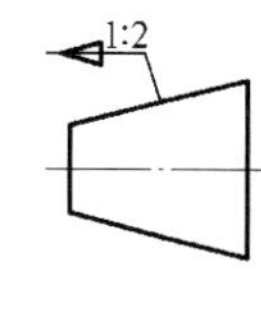

图 1－18　锥度的画法

（4）圆弧连接。圆弧与圆弧的光滑连接，关键在于正确找出连接圆弧的圆心以及切点的位置。由初等几何知识可知：当两圆弧以内切方式相连接时，连接弧的圆心要用 $R-R_0$ 来确定；当两圆弧以外切方式相连接时，连接弧的圆心要用 $R+R_0$ 来确定。用仪器绘图时，各种圆弧连接的画法如图 1－19 所示。

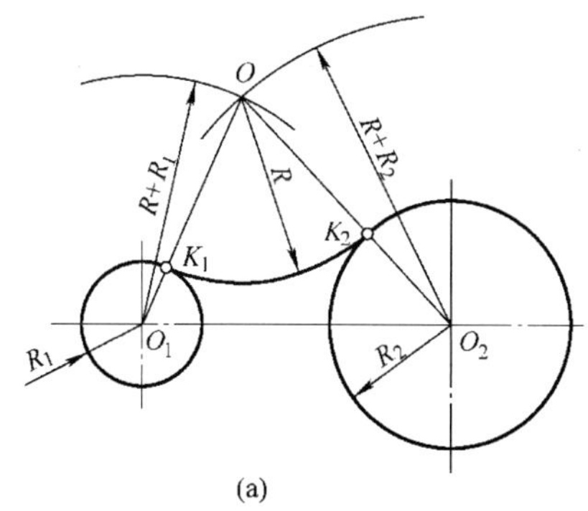

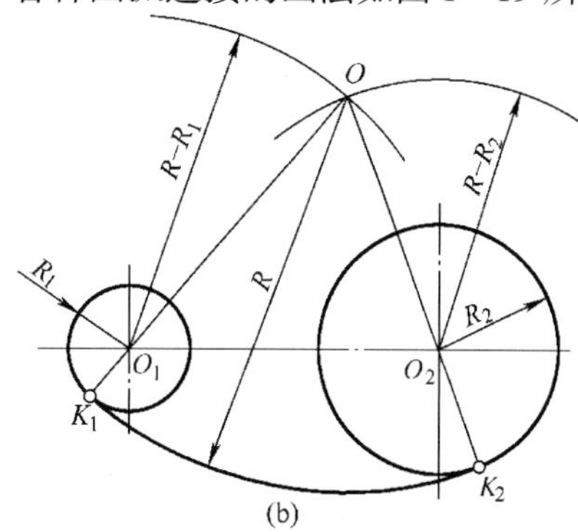

图 1－19　圆弧连接

（a）与两圆弧外切的画法；（b）与两圆弧内切的画法

(5) 椭圆和渐开线的画法。

①椭圆的近似画法。常用的椭圆近似画法为四圆弧法，即用四段圆弧连接起来的图形近似代替椭圆。如果已知椭圆的长、短轴 AB、CD，则其近似画法的步骤如下：

a. 连 AC，以 O 为圆心，OA 为半径画弧交 CD 延长线于 E，再以 C 为圆心，CE 为半径画弧交 AC 于 F；

b. 作 AF 线段的中垂线分别交长、短轴于 O_1、O_2，并作 O_1、O_2 的对称点 O_3、O_4，即求出四段圆弧的圆心，如图 1－20 所示。

②渐开线的近似画法。直线在圆周上作无滑动的滚动，该直线上一点的轨迹即为此圆（称作基圆）的渐开线。齿轮的齿廓曲线大都是渐开线，如图 1－21 所示。

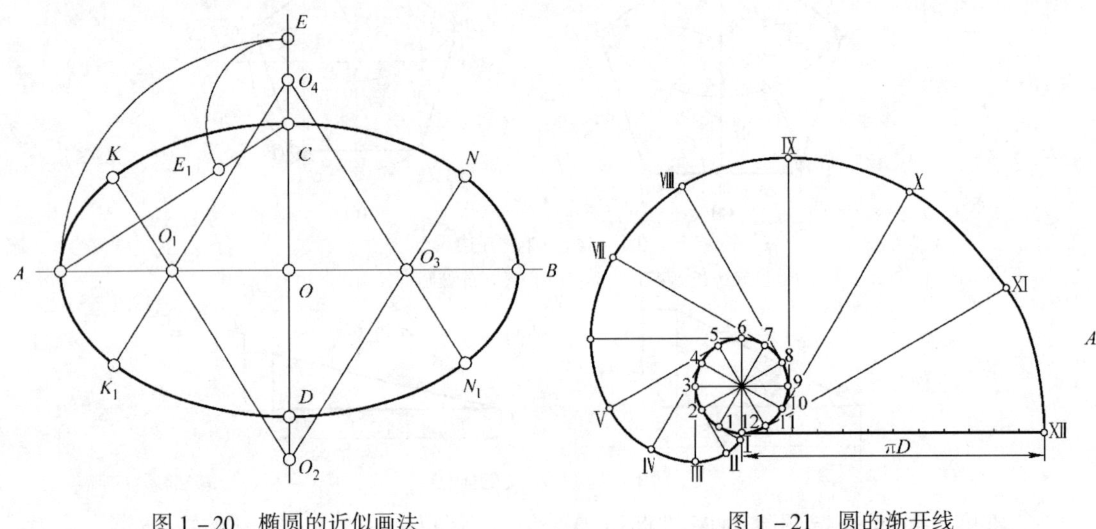

图 1－20　椭圆的近似画法　　　　图 1－21　圆的渐开线

其作图步骤如下：

a. 画基圆并将其圆周 n 等分（图 1－21 中，$n=12$）；

b. 将基圆周的展开长度 πD 也分成相同等分；

c. 过基圆上各等分点按同一方向作基圆的切线；

d. 依次在各切线上量取 $1/n\pi D$、$2/n\pi D$、…、πD，得到基圆的渐开线。

第四节　平面图形的分析与作图步骤

任何平面图形总是由若干线段（包括直线段、圆弧、曲线）连接而成的，每条线段又由相应的尺寸来决定其长短（或大小）和位置。一个平面图形能否正确绘制出来，要看图中所给的尺寸是否齐全和正确。因此，绘制平面图形时应先进行尺寸分析和线段分析，以明确作图步骤。

一、尺寸分析

平面图形中的尺寸可以分为两大类。

1. 定形尺寸

确定平面图形中几何元素大小的尺寸称为定形尺寸，例如直线段的长度、圆弧的半径等。

2. 定位尺寸

确定几何元素位置的尺寸称为定位尺寸，例如圆心的位置尺寸、直线与中心线的距离尺寸等。

二、线段分析

平面图形中的线段，依其尺寸是否齐全可分为三类。

1. 已知线段

具有齐全的定形尺寸和定位尺寸的线段为已知线段，作图时可以根据已知尺寸直接绘出。

2. 中间线段

只给出定形尺寸和一个定位尺寸的线段为中间线段，其另一个定位尺寸可依靠与相邻已知线段的几何关系求出。

3. 连接线段

只给出线段的定形尺寸，定位尺寸可依靠其两端相邻的已知线段求出的线段为连接线段。

仔细分析上述三类线段的定义，不难得出线段连接的一般规律：

在两条已知线段之间可以有任意个中间线段，但必须有而且只能有一条连接线段。

图［1－22（a）］为一手柄的平面图形，其作图步骤如下：

(1) 作出图形的基准线，首先画已知线段，即具有齐全的定形尺寸和定位尺寸，作图时，可以根据这些尺寸先行画出［图1－22（b）］。

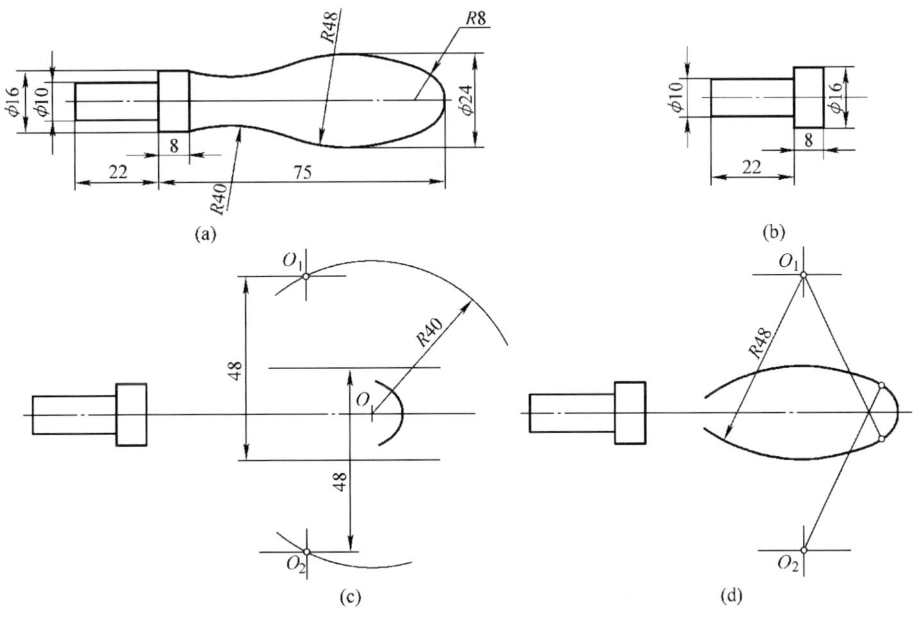

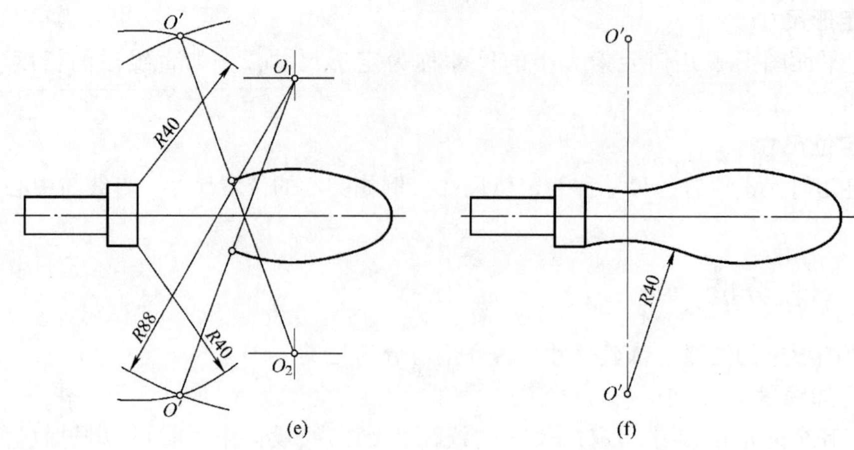

图 1－22　几何作图示例

（2）画中间线段，只给出定形尺寸和一个定位尺寸，需待与其一端相邻的已知线段作出后，才能由作图确定其位置。大圆弧 *R*48 是中间圆弧，圆心位置尺寸只有一个垂直方向是已知的，水平方向位置需根据 *R*48 圆弧与 *R*8 圆弧内切的关系画出［图 1－22（c）、（d）］。

（3）画连接线段，只给出定形尺寸，没有定位尺寸，需待与其两端相邻的线段作出后，才能确定它的位置。*R*40 的圆弧只给出半径，但它通过中间矩形右端的一个顶点，同时又要与 *R*48 圆弧外切，所以它是连接线段，应最后画出［图 1－22（e）、（f）］；可见在两条已知线段之间可以有任意个中间线段，但必须有而且只能有一条连接线段。

（4）校核作图过程，擦去多余的作图线，描深图形。

第二章

投影基础

第一节　投影法基本知识

光线照射物体时，可在预设的面上产生影子。利用这个原理在平面上绘制出物体的图像，以表示物体的形状和大小，这种方法称为投影法。工程上应用投影法获得工程图样的方法，是从日常生活中自然界的一种光照投影现象抽象出来的。

由投影中心、投影线和投影面三要素所决定的投影法可分为中心投影法和平行投影法。

一、中心投影法

如图 2－1 所示，投影线自投影中心 S 出发，将空间△ABC 投射到投影面 P 上，所得△abc 即为△ABC 的投影。这种投影线自投影中心出发的投影法称为中心投影法，所得投影称为中心投影。

中心投影法主要用于绘制产品或建筑物富有真实感的立体图，也称透视图。

图 2－1　中心投影法

二、平行投影法

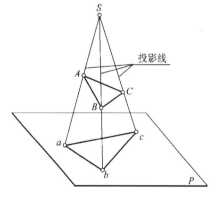

若将投影中心 S 移到离投影面无穷远处，则所有的投影线都相互平行，这种投影线相互平行的投影方法，称为平行投影法，所得投影称为平行投影。平行投影法中以投影线是否垂直于投影面分为正投影法和斜投影法。若投影线垂直于投影面，称为正投影法，所得投影称为正投影，如图 2－2（a）所示；若投影线倾斜于投影面，称为斜投影法，所得投影称为斜投影，如图 2－2（b）所示。

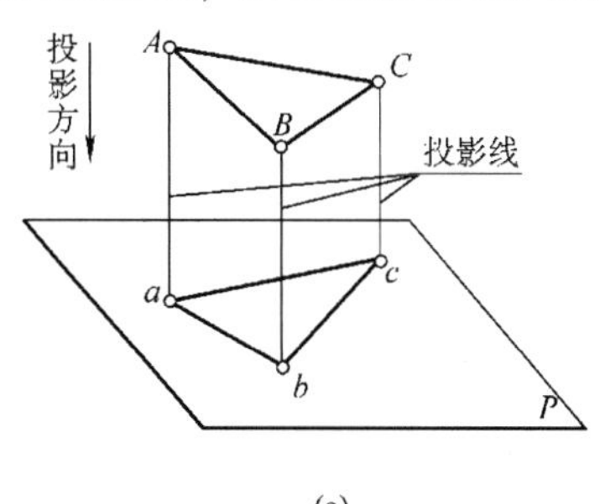

(a)

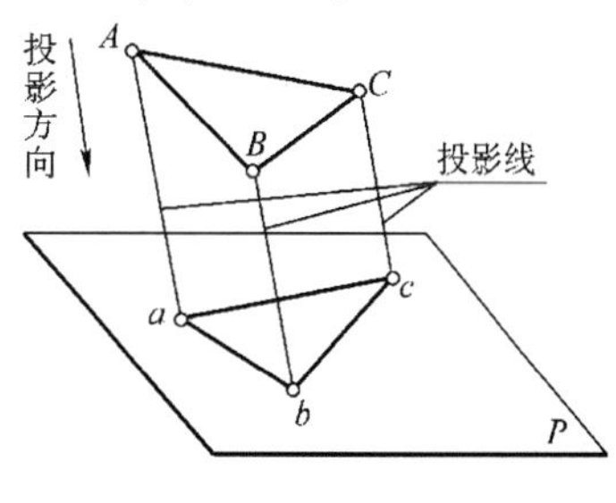

(b)

图 2－2　平行投影法

（a）正投影；（b）斜投影

正投影法主要用于绘制工程图样；斜投影法主要用于绘制有立体感的图形，如斜轴测图。

第二节　几何元素的投影

组成物体的基本元素是点、线、面。为了顺利表达各种产品的结构，必须首先掌握几何元素的投影特性。

要唯一确定几何元素的空间位置及形状和大小，乃至物体的形状和大小，必须采用多面正投影的方法。通常选用三个互相垂直的投影面，建立一个三投影面体系。三个投影面分别称为正立投影面 V、水平投影面 H、侧立投影面 W。它们将空间分为八个部分，每个部分为一个分角，其顺序如图 2-3（a）所示。我国国家标准中规定采用第一分角画法，本教材重点讨论第一分角画法。三投影面体系的立体图在后文中出现时，都画成图 2-3（b）的形式。

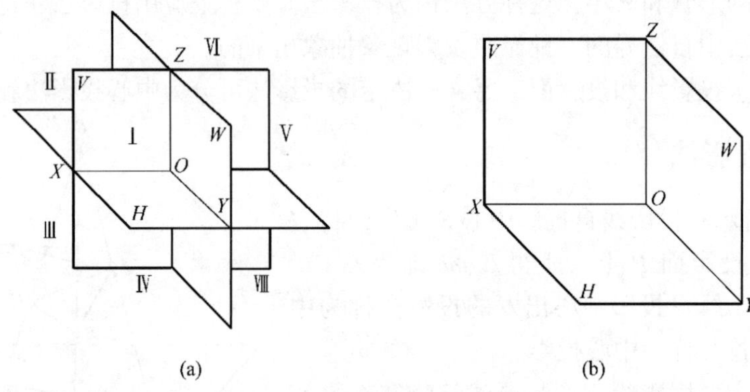

图 2-3　三投影面体系

三个投影面两两垂直相交，得三个投影轴分别为 OX、OY、OZ，其交点 O 为原点。画投影图时需要将三个投影面展开到同一个平面上，展开的方法是 V 面不动，H 面和 W 面分别绕 OX 轴或 OZ 轴向下或向右旋转 90°与 V 面重合。展开后，画图时去掉投影面边框。

一、点的投影

1. 点在三投影面体系中的投影

为了统一起见，规定空间点用大写字母表示，如 A、B、C 等；水平投影用相应的小写字母表示，如 a、b、c 等；正面投影用相应的小写字母加撇表示，如 a'、b'、c'；侧面投影用相应的小写字母加两撇表示，如 a''、b''、c''。

如图 2-4 所示，三投影面体系展开后，点的三个投影在同一平面内，得到了点的三面投影图。应注意的是：投影面展开后，同一条 OY 轴旋转后出现了两个位置。

由于投影面相互垂直，所以三投影线也相互垂直，8 个顶点 A、a、a_Y、a'、a''、a_X、O、a_Z 构成正六面体，根据正六面体的性质可以得出三面投影图的投影特性如下。

（1）点的正面投影和水平投影的连线垂直于 OX 轴，即 $aa' \perp OX$；点的正面投影和侧面投影的连线垂直于 OZ 轴，即 $a'a'' \perp OZ$；同时 $aa_{Y_H} \perp OY_H$，$a''a_{Y_W} \perp OY_W$。

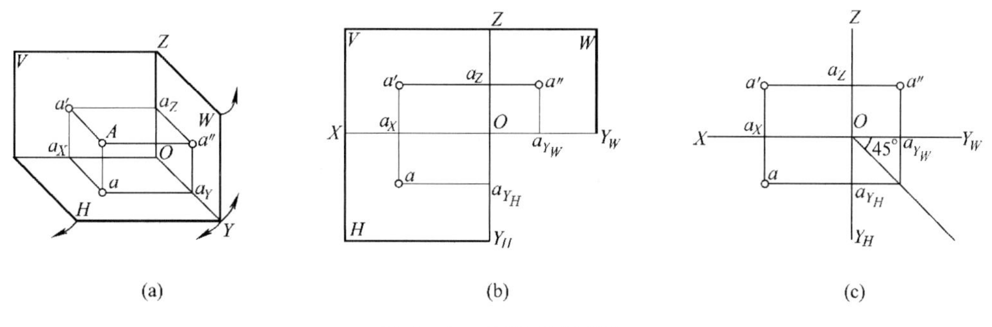

(a) (b) (c)

图2-4 点的三面投影

(2) 点的投影到投影轴的距离，反映空间点到以投影轴为界的另一投影面的距离，即：

$a'a_Z = Aa'' = aa_{Y_H} = x$ 坐标；$aa_X = Aa' = a''a_Z = y$ 坐标；$a'a_X = Aa = a''a_{Y_W} = z$ 坐标。

为了表示点的水平投影到 OX 轴的距离等于侧面投影到 OZ 轴的距离，即：$aa_X = a''a_Z$，点的水平投影和侧面投影的连线相交于点 O 所作的45°角平分线，如图2-4（c）所示的方法。

例2-1 已知点 A 和 B 的两投影［图2-5（a）］，分别求其第三投影，并求出点 A 的坐标。

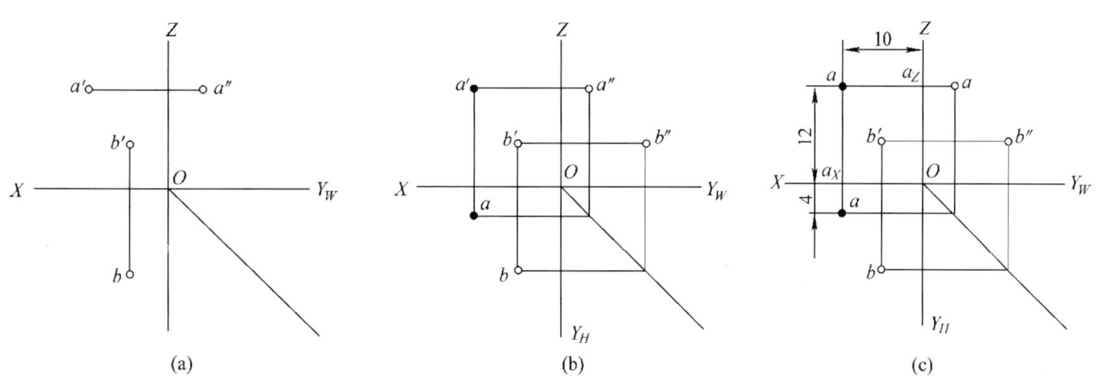

(a) (b) (c)

图2-5 已知点的两面投影求第三投影

解 如图2-5（b）所示，根据点的投影特性，可分别作出 a 和 b''；如图2-5（c）所示，分别量取 $a'a_Z$、aa_X、$a'a_X$ 的长度为10、4、12，可得出点 A 的坐标（10，4，12）。

2. 两点之间的相对位置关系

观察分析两点的各个同面投影之间的坐标关系，可以判断空间两点的相对位置。根据 x 坐标值的大小可以判断两点的左右位置；根据 z 坐标值的大小可以判断两点的上下位置；根据 y 坐标值的大小可以判断两点的前后位置。如图2-5（c）所示，点 B 的 x 和 z 坐标均小于点 A 的相应坐标，而点 B 的 y 坐标大于点 A 的 y 坐标，因而，点 B 在点 A 的右方、下方、前方。

若 A、B 两点无左右、前后距离差，点 A 在点 B 正上方或正下方时，两点的 H 面投影重合（图2-6），点 A 和点 B 称为对 H 面投影的重影点。同理，若一点在另一点的正前方或正后方时，则两点是对 V 面投影的重影点；若一点在另一点的正左方或正右方时，则两点是对 W 面投影的重影点。

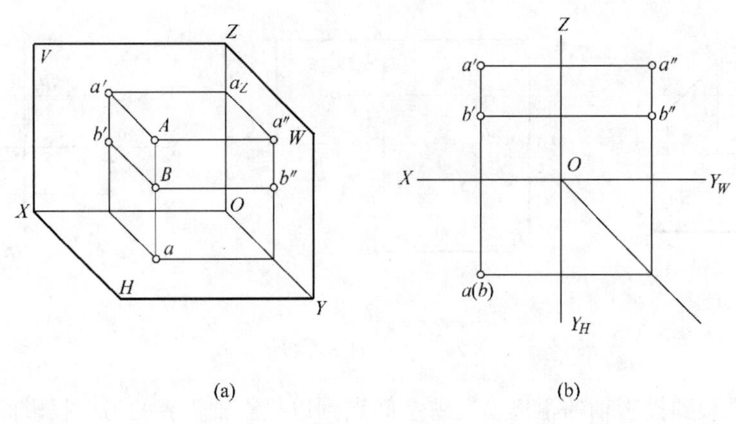

图 2-6　重影点

重影点需判别可见性。根据正投影特性，可见性的区分应是前遮后、上遮下、左遮右。图 2-6 中的重影点应是点 A 遮挡点 B，点 B 的 H 面投影不可见。规定不可见点的投影加括号表示。

二、直线的投影

1. 直线的投影

一般情况下，直线的投影仍是直线，如图 2-7（a）中的直线 AB。在特殊情况下，若直线垂直于投影面，直线的投影可积聚为一点，如图 2-7（a）中的直线 CD。

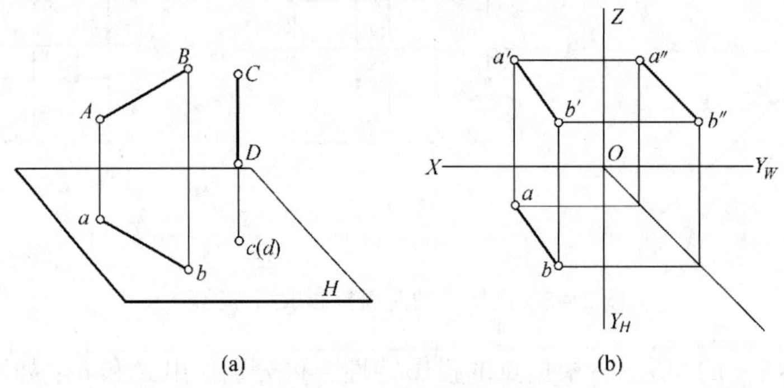

图 2-7　直线的投影

直线的投影可由直线上两点的同面投影连接得到。如图 2-7（b）所示，分别作出直线上两点 A、B 的三面投影，将其同面投影相连，即得到直线 AB 的三面投影图。

2. 各种位置直线的投影特性

在三投影面体系中，直线对投影面的相对位置可以分为 3 种：投影面平行线、投影面垂直线、投影面倾斜线。前两种为投影面特殊位置直线，后一种为投影面一般位置直线。

（1）投影面平行线。与投影面平行的直线称为投影面平行线，它与一个投影面平行，与另外两个投影面倾斜。与 H 面平行的直线称为水平线，与 V 面平行的直线称为正平线，与 W 面平行的直线称为侧平线。它们的投影图及投影特性见表 2-1。规定直线（或平面）对 H、V、W 面的倾角分别用 α、β、γ 表示。

表 2-1　投影面平行线的投影特性

名称	水平线	正平线	侧平线
立体图	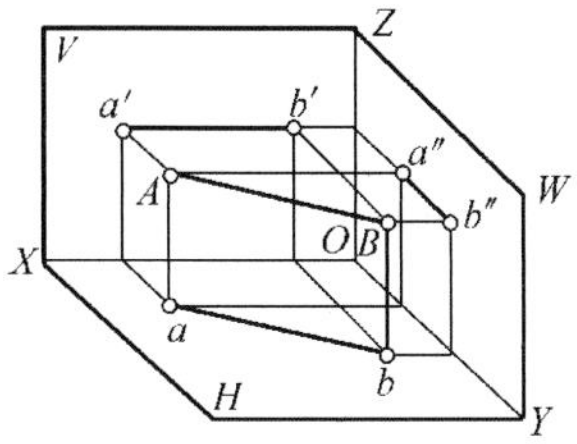	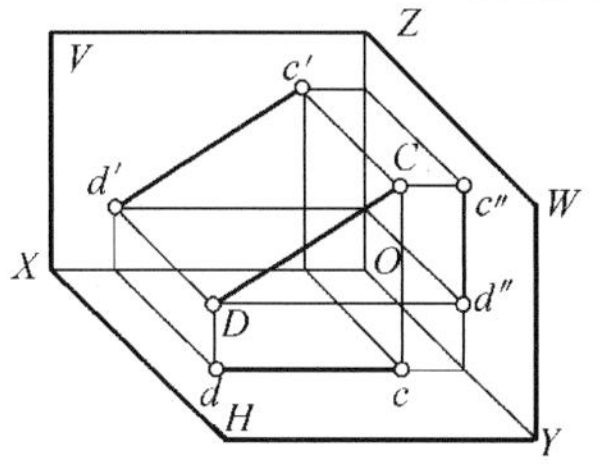	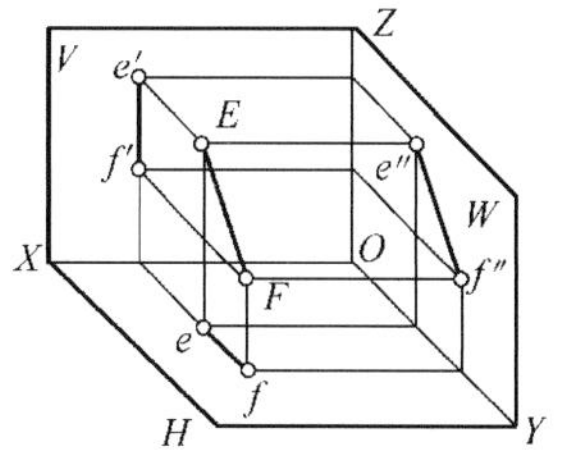
投影图	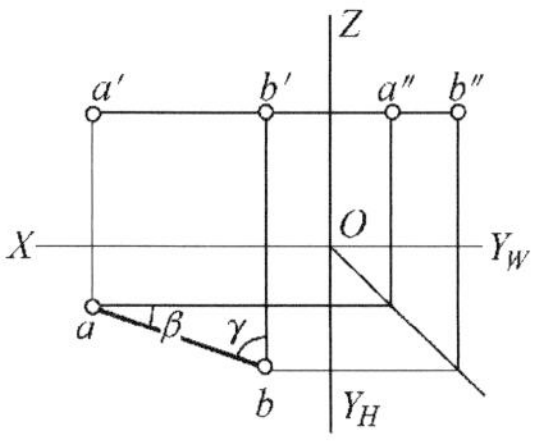	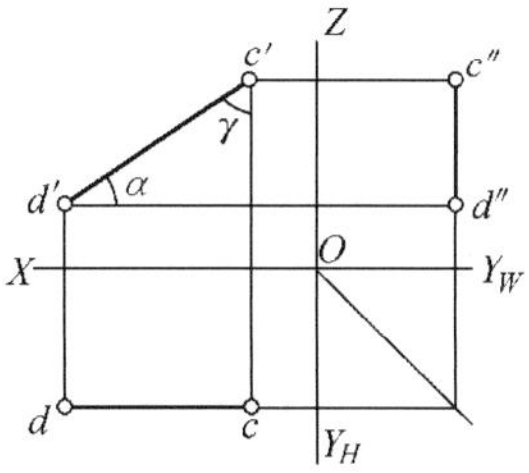	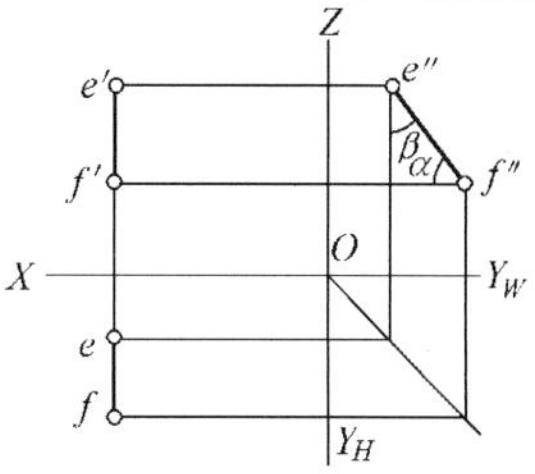
投影特性	（1）水平投影反映实长，与 X 轴夹角为 β，与 Y 轴夹角为 α （2）正面投影平行 X 轴 （3）侧面投影平行 Y 轴	（1）正面投影反映实长，与 X 轴夹角为 α，与 Z 轴夹角为 γ （2）水平投影平行 X 轴 （3）侧面投影平行 Z 轴	（1）侧面投影反映实长，与 Y 轴夹角为 α，与 Z 轴夹角为 β （2）正面投影平行 Z 轴 （3）水平投影平行 Y 轴

（2）投影面垂直线。与投影面垂直的直线称为投影面垂直线，它与一个投影面垂直，必与另外两个投影面平行。与 H 面垂直的直线称为铅垂线，与 V 面垂直的直线称为正垂线，与 W 面垂直的直线称为侧垂线。它们的投影图及投影特性见表 2-2。

表 2-2　投影面垂直线的投影特性

名称	铅垂线	正垂线	侧垂线
立体图	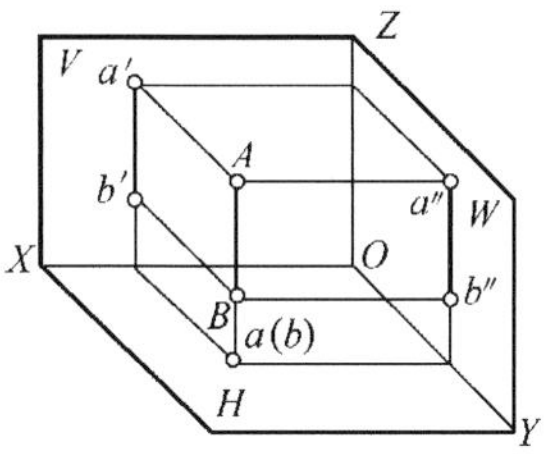	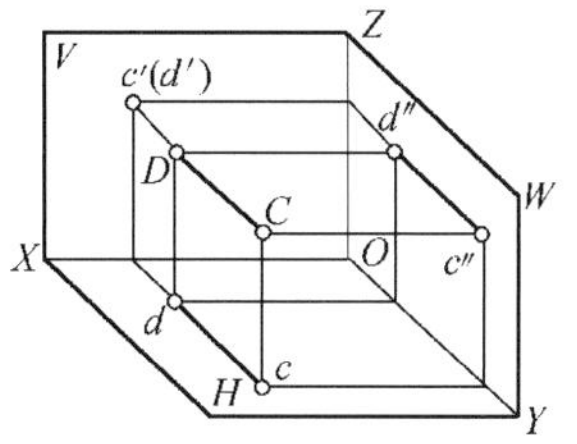	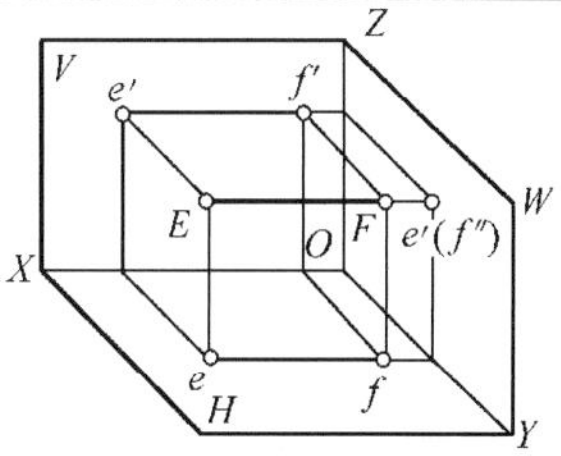
投影图	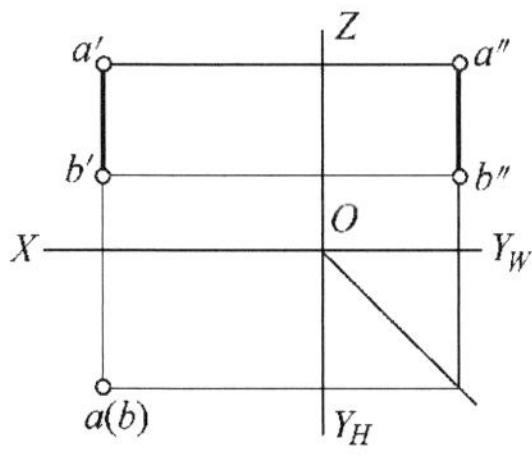	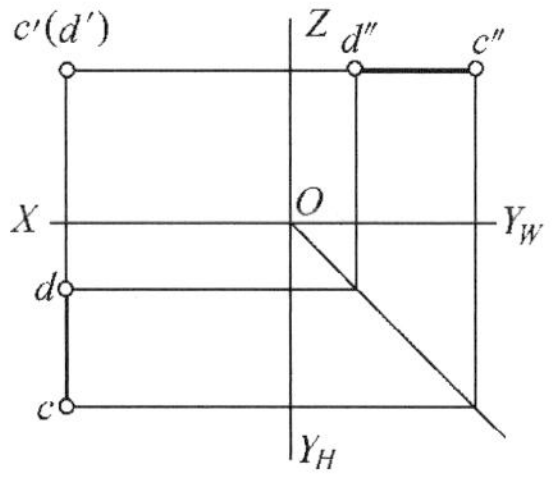	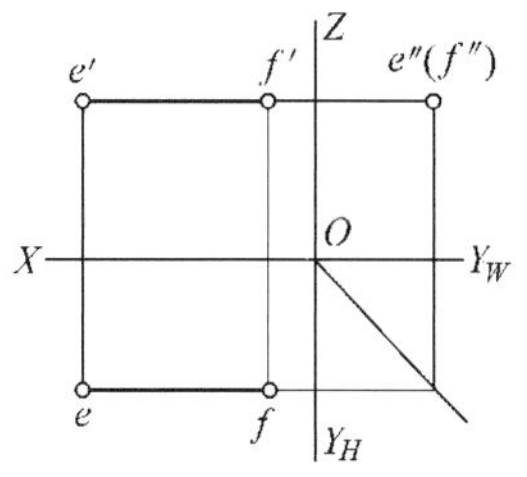
投影特性	（1）水平投影积聚为一点 （2）正面投影和侧面投影都平行于 Z 轴，并反映实长	（1）正面投影积聚为一点 （2）水平投影和侧面投影都平行于 Y 轴，并反映实长	（1）侧面投影积聚为一点 （2）正面投影和水平投影都平行于 X 轴，并反映实长

(3) 一般位置直线。一般位置直线与三个投影面都倾斜，因此，在三个投影面上的投影都不反映实长，投影与投影轴之间的夹角也不反映直线与投影面之间的倾角，见图 2－8。

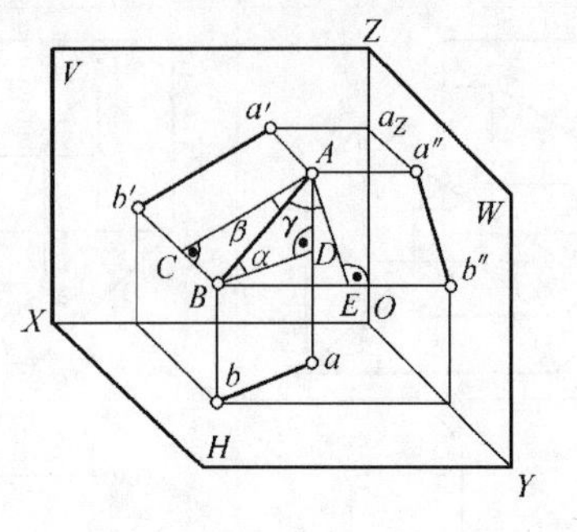

(a)

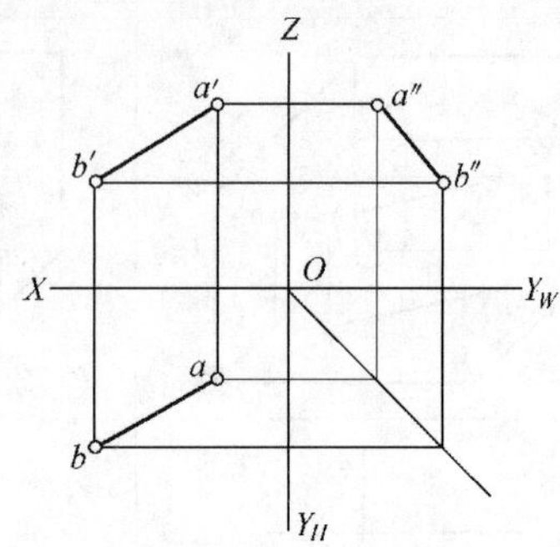

(b)

图 2－8　一般位置直线的投影

3. 一般位置直线的实长及对投影面的倾角

求一般位置直线的实长和对投影面的倾角常采用直角三角形法。

将图 2－8（a）中△ABC、△ABD、△ABE 分别取出，可得到三个直角三角形。只考虑直角三角形的组成关系，如图 2－9 所示，经分析可以得出：直角三角形的斜边为直线的实长，一直角边为 Z（或 Y、X）方向的坐标差，另一直角边为直线水平（或正面、侧面）投影；实长与某一投影面上的投影的夹角即直线与对该投影面的倾角，一个直角三角形只能求出直线对一个投影面的倾角。

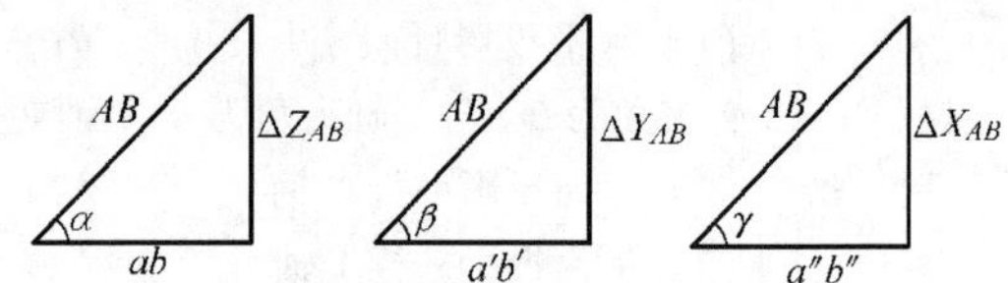

图 2－9　直角三角形法的三种三角形

利用直角三角形法，只要知道四个要素中的两个要素，即可求出其他两个未知要素。

例 2－2　如图 2－10（a），已知直线 AB 对 H 面的倾角 $\alpha=30°$，试求 AB 的正面投影。

解　如图 2－10（b）所示，依据 AB 的水平投影 ab 和 α 角，求出 A、B 两点的 Z 坐标差；依据点的投影规律求出 b′，即可得到 AB 的正面投影。有两解。

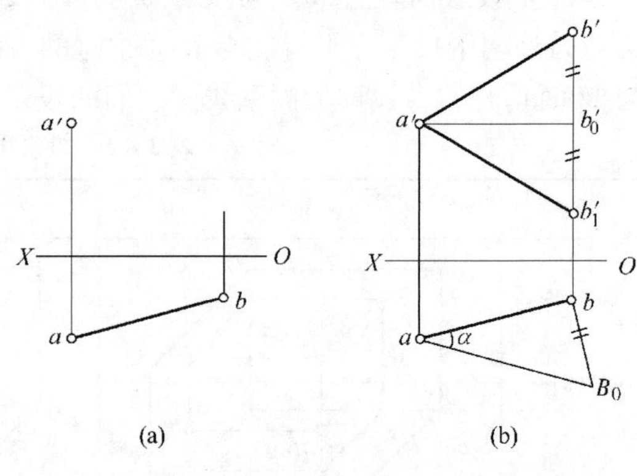

(a)　(b)

图 2－10　求直线的正面投影

三、曲线的投影

1. 曲线的分类

一般情况下，曲线是指一动点在空间作连续运动时形成的轨迹。

按动点的运动有无规则，曲线可分为规则曲线和不规则曲线两类。规则曲线可以用代数方程式或投影图表示；不规则曲线可以用计算几何方法来描述，也可以用投影图来表示。

按曲线上所有点是否在同一个平面上，曲线又可分为平面曲线和空间曲线。平面曲线指曲线上所有点都在同一个平面上的曲线；空间曲线指曲线上任意四个点不在同一平面上的曲线。

2. 曲线的投影

一般情况下，曲线至少需要两个投影才能确定其在空间的形状和位置。按照曲线形成的过程，依次画出曲线上一系列点的投影，然后把这些点的同面投影依次光滑连接起来，即可得到曲线的投影，如图 2－11 所示。

为了保证曲线投影的准确和清晰，在绘制曲线投影图时，通常是先作出曲线上一些特殊点的投影，如曲线的端点、最高点、最低点、最左点、最右点和转向点［图 2－12（a）中的点 M］、回折点［图 2－12（b）中的点 N］、自交点］图 2－12（c）中的点 L］等，然后求出适当数量的一般点的投影，以便用曲线板光滑连接成曲线。

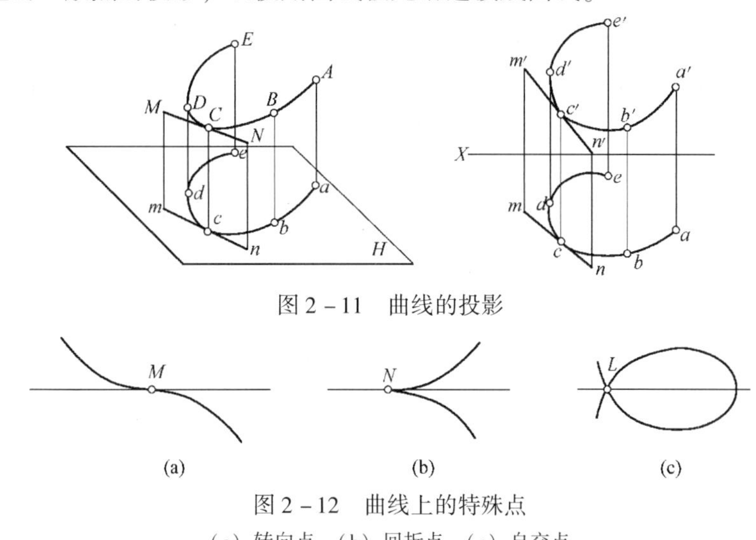

图 2－11　曲线的投影

图 2－12　曲线上的特殊点

（a）转向点；（b）回折点；（c）自交点

3. 曲线的投影特性

曲线投影有如下特性：

（1）曲线的投影一般仍为曲线，如图 2－11 所示。只有平面曲线所在的平面垂直于某投影面时，曲线的投影才积聚为一条直线。

（2）曲线的投影是该曲线上所有点的同面投影的集合，因此，曲线上任一点的投影必在曲线的同面投影上。如图 2－11 中曲线上的点 B，它的水平投影 b 在曲线的水平投影上。

（3）曲线切线的投影仍是该曲线同面投影的切线，并且切点的投影仍是曲线投影上的切点。如图 2－11 中的切线 MN 和切点 C。

（4）曲线上的特殊点在其投影图中一般仍保持其特殊点的性质。如圆和椭圆的中心点在投影图上仍为中心点，双曲线和抛物线的顶点投影后仍为其投影的顶点。此外，曲线上的转向点、回折点和自交点投影后仍为曲线投影的转向点、回折点和自交点，如图 2－12 所示。

四、平面的投影

1. 平面的表示法

由初等几何可知，不属于同一直线的三点确定一平面。因此，可由下列任意一组几何元素的投影表示平面（图 2－13）：图（a）不在同一直线上的三个点；图（b）一直线和不属于该直线的一点；图（c）相交两直线；图（d）平行两直线；图（e）任意平面图形。

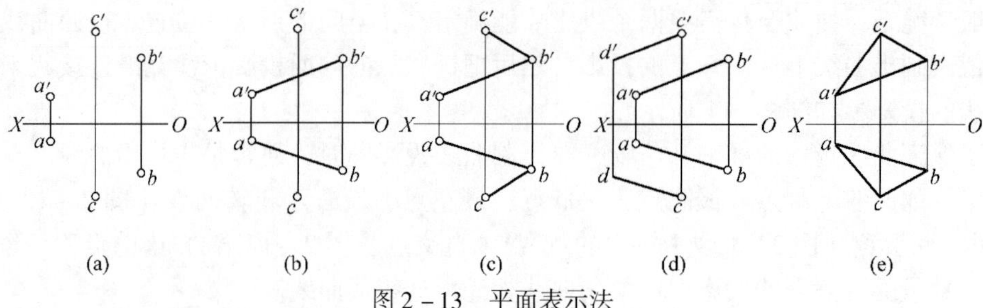

图 2－13　平面表示法

2. 各种位置平面的投影特性

在三投影面体系中，平面和投影面的相对位置关系与直线和投影面的相对位置关系相同，可以分为三种：投影面平行面、投影面垂直面、投影面倾斜面。前两种为投影面特殊位置平面，后一种为投影面一般位置平面。

（1）投影面平行面。投影面平行面是平行于一个投影面，并必与另外两个投影面垂直的平面。与 *H* 面平行的平面称为水平面，与 *V* 面平行的平面称为正平面，与 *W* 面平行的平面称为侧平面。它们的投影图及投影特性见表 2－3。

表 2－3　投影面平行面的投影特性

名称	水平面	正平面	侧平面
立体图			
投影图			
投影特性	（1）水平投影反映实形 （2）正面投影积聚成平行于 *X* 轴的直线 （3）侧面投影积聚成平行于 *Y* 轴的直线	（1）正面投影反映实形 （2）水平投影积聚成平行于 *X* 轴的直线 （3）侧面投影积聚成平行于 *Z* 轴的直线	（1）侧面投影反映实形 （2）正面投影积聚成平行于 *Z* 轴的直线 （3）水平投影积聚成平行于 *Y* 轴的直线

（2）投影面垂直面。投影面垂直面是垂直于一个投影面，并与另外两个投影面倾斜的平面。与 *H* 面垂直的平面称为铅垂面，与 *V* 面垂直的平面称为正垂面，与 *W* 面垂直的平面称为侧垂面。它们的投影图及投影特性见表 2－4。

（3）一般位置平面。一般位置平面与三个投影面都倾斜，因此在三个投影面上的投影都不反映实形，而是缩小了的类似形，如图 2－14 所示。

表 2－4　投影面垂直面的投影特性

名称	铅垂面	正垂面	侧垂面
立体图	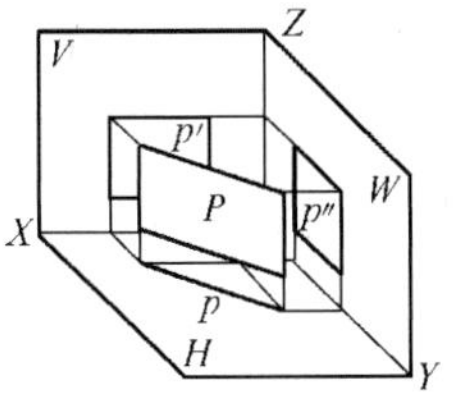	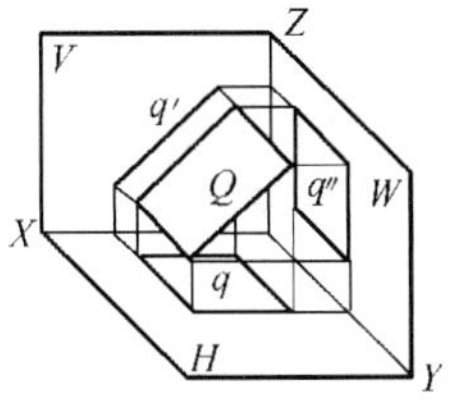	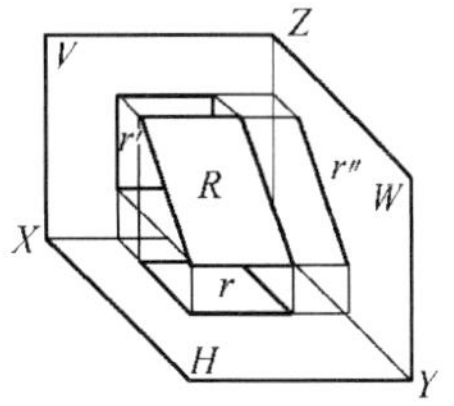
投影图	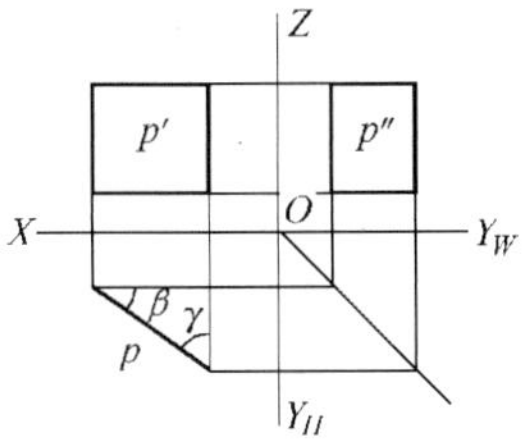	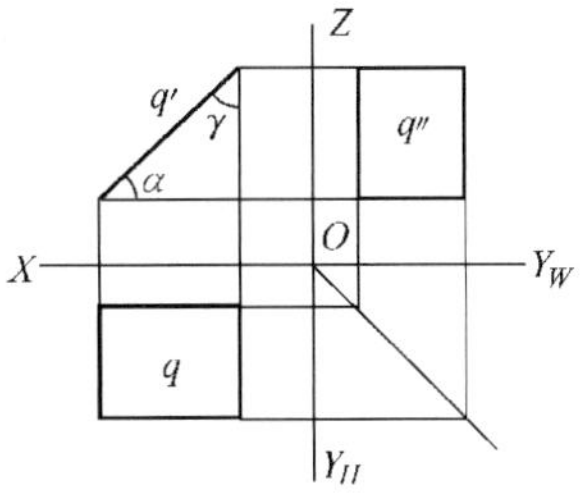	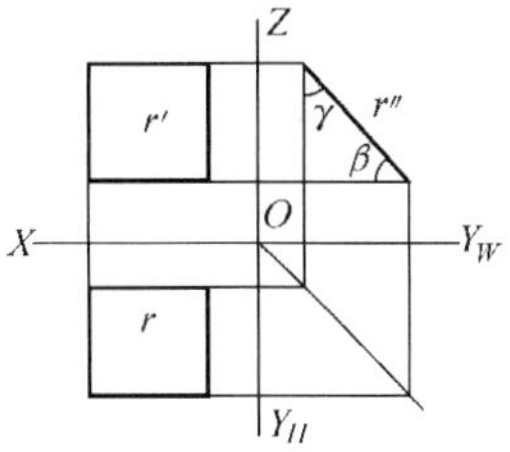
投影特性	（1）水平投影积聚成直线，与 X 轴夹角为 β，与 Y 轴夹角为 γ （2）正面投影和侧面投影具有类似性	（1）正面投影积聚成直线，与 X 轴夹角为 α，与 Z 轴夹角为 γ （2）水平投影和侧面投影具有类似性	（1）侧面投影积聚成直线，与 Y 轴夹角为 α，与 Z 轴夹角为 β （2）正面投影和水平投影具有类似性

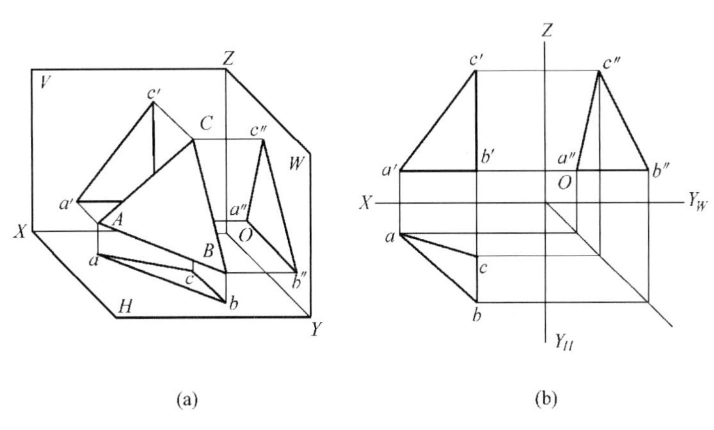

图 2－14　一般位置平面的投影

五、曲面的投影

1. 曲面的形成及分类

曲面可以看成是一动线在空间运动的轨迹，该动线称为母线，母线的每一位置称为曲面的素线。而控制母线运动的一些不动的线或面称为导线或导面。

如图 2－15 中的圆柱面，可看成是由直线 *AA* 绕轴线 *OO* 回转而成。直线 *AA* 称为母线，直线 *OO* 称为导线，母线在曲面上的任何一个位置都称为曲面的素线。

曲线的分类有多种形式。按动线运动有无规律可分为：①规则曲面，动线按一定规则运动时得到的曲面；②不规则曲面，动线作不规则运动时得到的曲面。按母线的形状不同可分为：①直线面，母线为直线的曲面；②曲线面，母线为曲线的曲面。

凡是由一直线或一曲线绕一轴线回转而形成的曲面，统称为回转曲面。

2. 曲面的投影

在投影图上表示一个曲面时，应满足两个要求：①根据投影图能作出曲面上任意点和任意直线的投影；②能够清晰地表达出该曲面的形状。

因此，在画曲面的投影图时应注意：①画出决定该曲面的几何要素（如母线、导线、导面等）的投影；②画出曲面的投影轮廓线，确定曲面的投影范围；③对于复杂的曲面，还应画出曲面上一系列的素线。图 2－16 是正螺旋面的投影图。

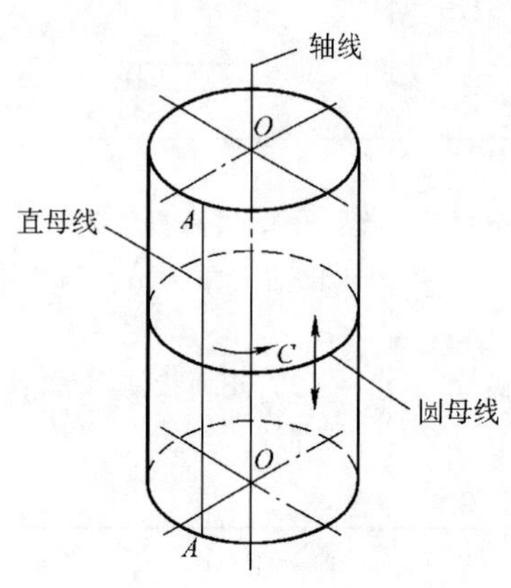

图 2－15　曲面（圆柱面）的形成

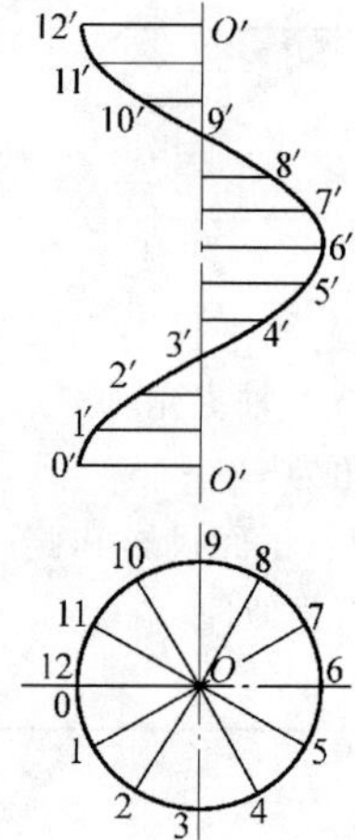

图 2－16　正螺旋面投影图

第三章

立体的投影

任何复杂的零件都可以视为由若干基本几何体经过叠加、切割以及穿孔等方式而形成。按照基本几何体构成面的性质可将其分为两大类：①平面立体。这是由若干个平面所围成的几何形体，如棱柱体、棱锥体等。②曲面立体。这是由曲面或曲面和平面所围成的几何形体，如圆柱体、圆锥体、圆球体等。本章介绍立体的三视图形成原理及基本几何体的三视图。

第一节　立体的三视图及投影规律

一、三面视图的形成

将立体向投影面投影所得到的图形称为视图。在正投影中，一般一个视图不能完整地表达物体的形状和大小，也不能区分不同的物体，例如，在图 3－1 中，三个不同的物体在同一投影面上的视图完全相同。因此，要反映物体的完整形状和大小，必须有几个从不同投影方向得到的视图。

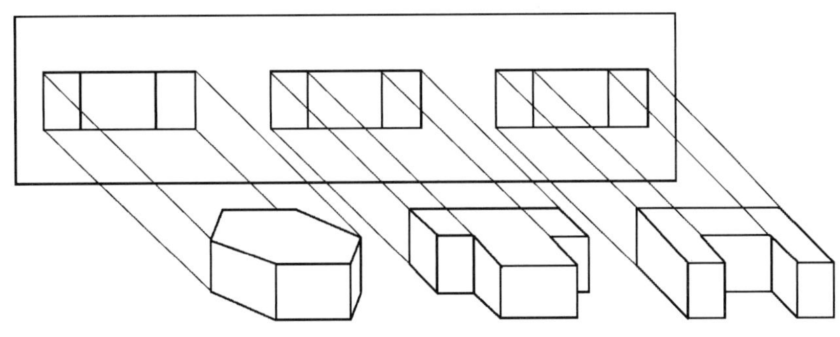

图 3－1　不同的物体在同一投影面上的视图

如图 3－2（a）所示，把支架在三个互相垂直的投影面体系中进行投影时，可得到支架的三个投影。由前向后投影，在正面上所得视图称为主视图；由上向下投影，在水平面上所得视图称为俯视图；由左向右投影，在侧面上所得视图称为左视图。

为了在图纸上（一个平面）画出三视图，三个投影面必须像图 3－2（b）那样，使正面不动，水平面和侧面分别绕各投影轴旋转 90°，从而把三个投影面展开在同一平面上，如图 3－3（a）所示。在图样上通常只画出零件的视图，而投影面的边框和投影轴都省略不画。图 3－3（b）即为支架的三视图。在同一张图纸内按图 3－3（b）那样配置视图时，一律不注明视图的名称。

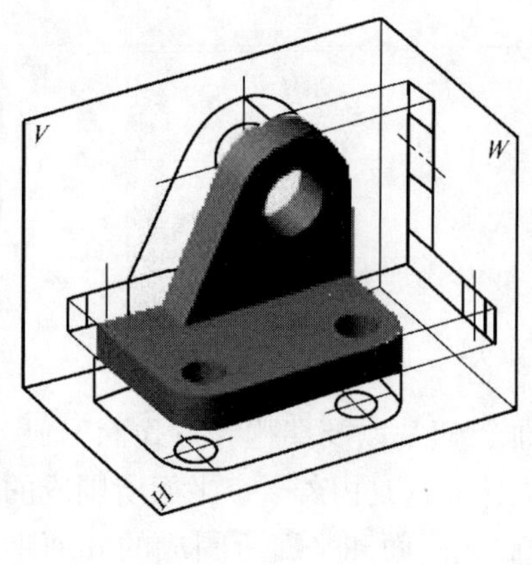

(a)

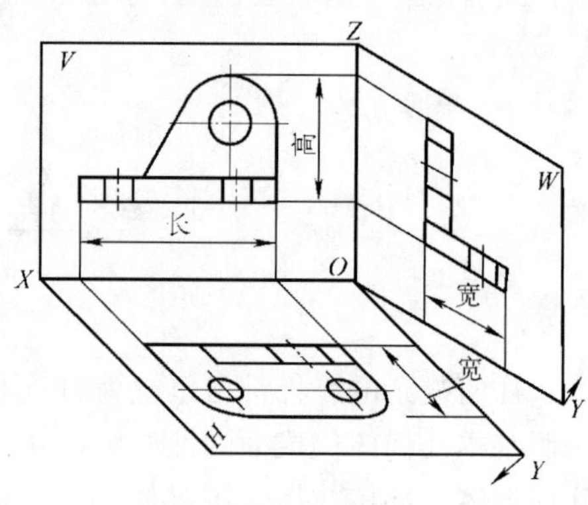

(b)

图 3－2　三视图的形成及其投影特性

（a）三视图的形成；（b）投影面的展开

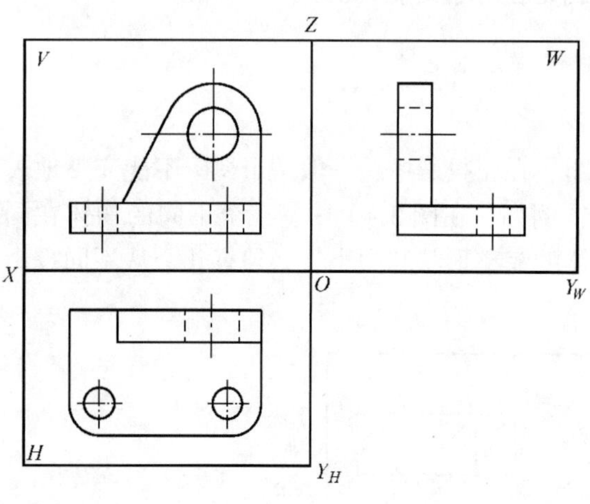

(a)

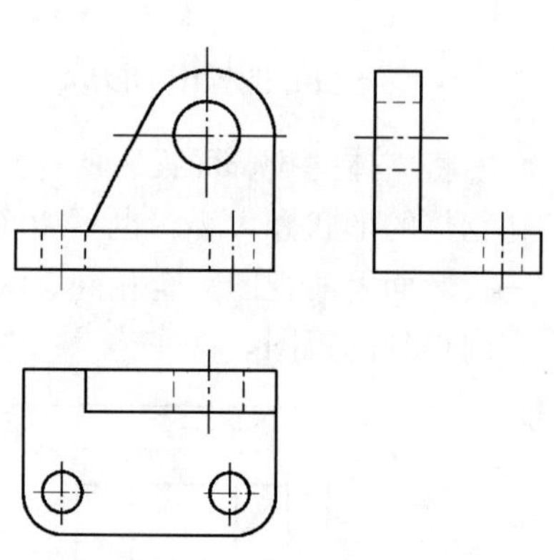

(b)

图 3－3　展开后的三视图

（a）展开的投影面；（b）形成的三视图

二、三面视图的关系

1. 三面视图的投影关系

由图 3－4 可见，主视图反映了支架的长度和高度，俯视图反映了长度和宽度，左视图反映了宽度和高度，且每两个视图之间有一定的对应关系。由此，可得到三个视图之间的如下投影关系：

主、俯视图长对正；

主、左视图高平齐；

俯、左视图宽相等。

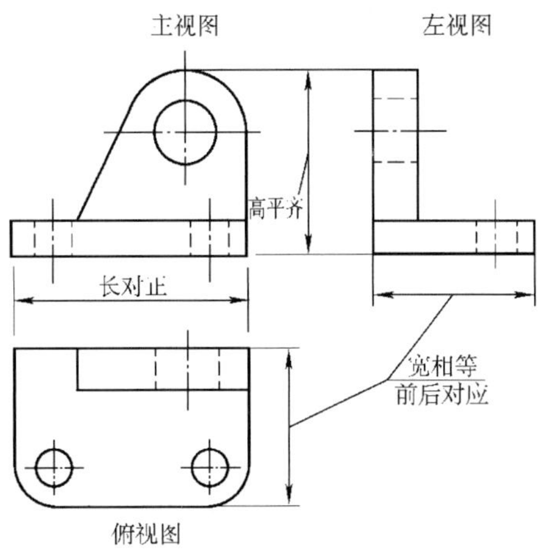

图3－4　三个视图的投影关系

2. 三面视图的位置关系

用图3－5（a）来分析支架各部分的相对位置关系。由图3－5（b）的主视图上，可见带斜面的竖板位于底板的上方；从俯视图上可见竖板位于底板的后边；从左视图上还可看出竖板位于底板的上方后边。由上可见，一旦零件对投影面的相对位置确实后，零件各部分的上、下、前、后及左、右位置关系在三面视图上也就确定了。

这些关系是：

主视图反映上、下、左、右的位置关系；

俯视图反映在左、右、前、后的位置关系；

左视图反映上、下、前、后的位置关系。

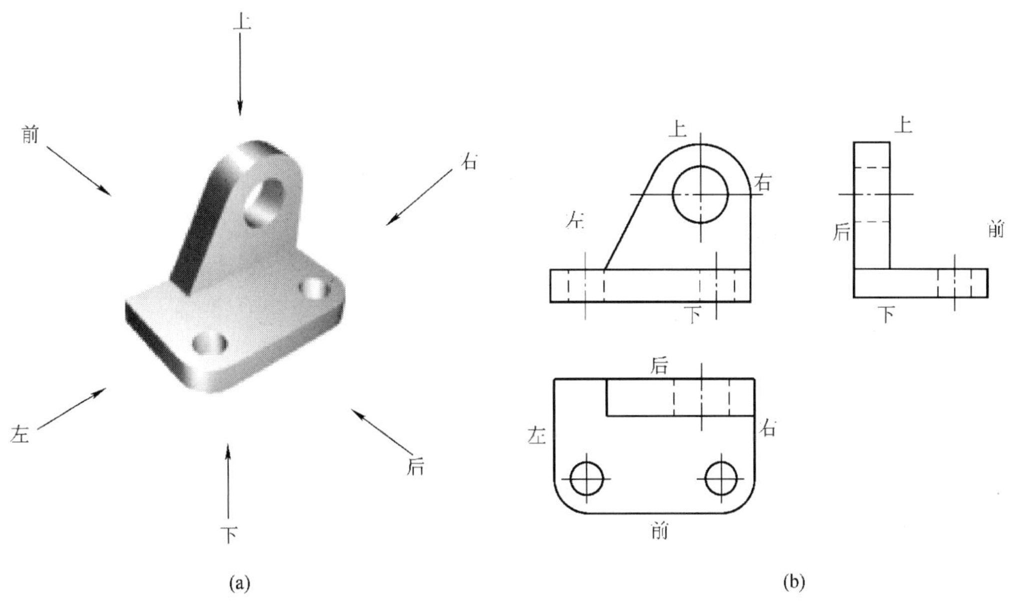

图3－5　三个视图的位置关系

（a）支架的三维图；（b）支架的三视图

第二节　基本几何体的三视图

基本几何体有平面立体和曲面立体两大类。常见的棱柱、棱锥是平面立体，由于平面立体的构成面都是平面，因此，平面立体的投影，可以看作是构成基本几何体的各个面按其相对位置投影的组合；常见的圆柱、圆锥、球和圆环体是曲面立体，曲面立体在投影时有其自身的特点，将曲面立体向某一投影面投影时，必须在视图上画出曲面的轮廓线。

表 3－1 列出了基本几何体的三面视图与立体示意图。

表 3－1　基本几何体的三视图

平面立体		曲面立体	
长方体	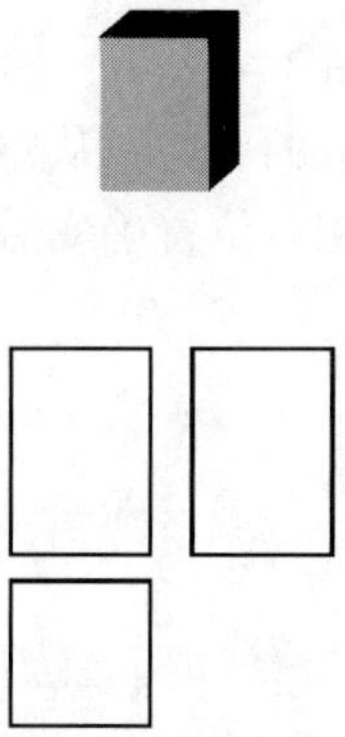	圆柱	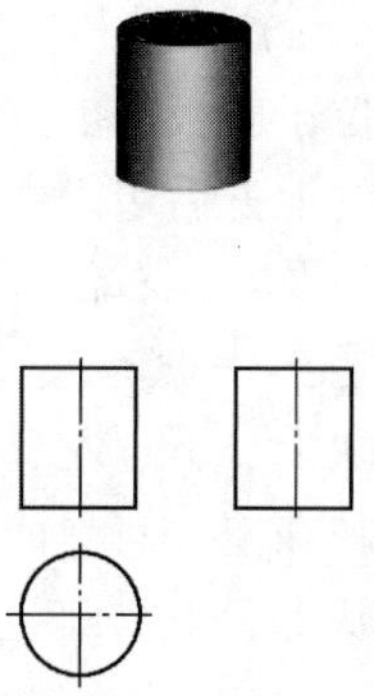
六棱柱	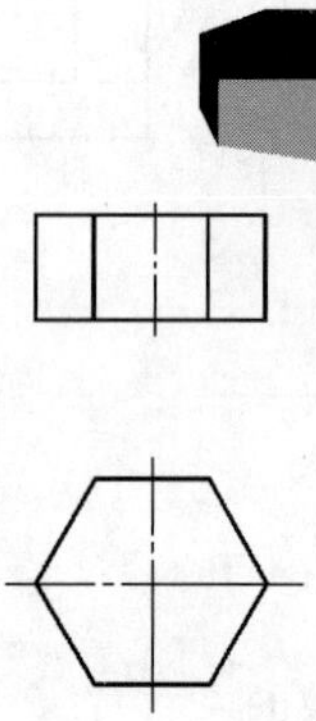	圆锥	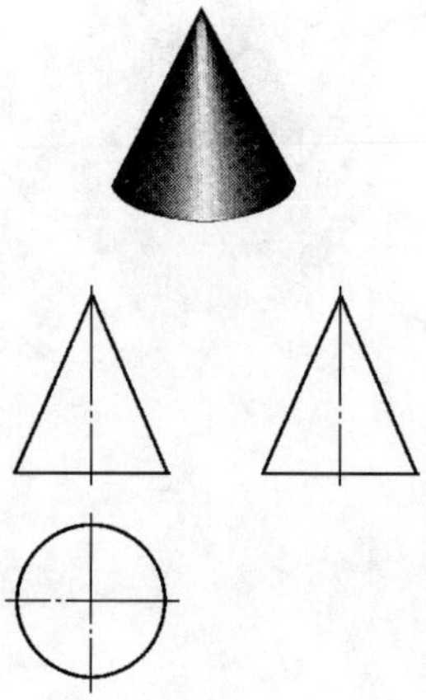

续表

平面立体		曲面立体	
四棱锥	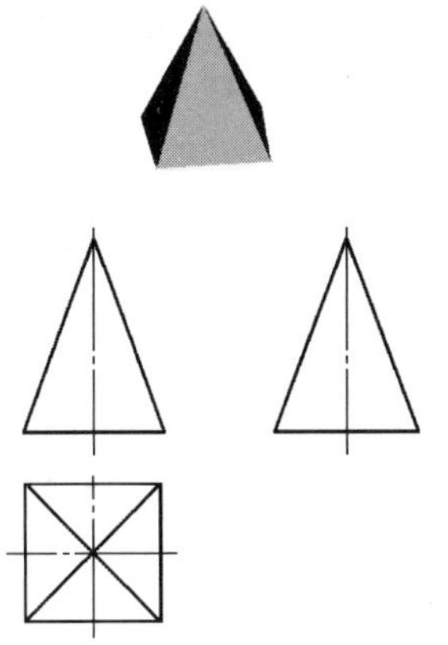	球体	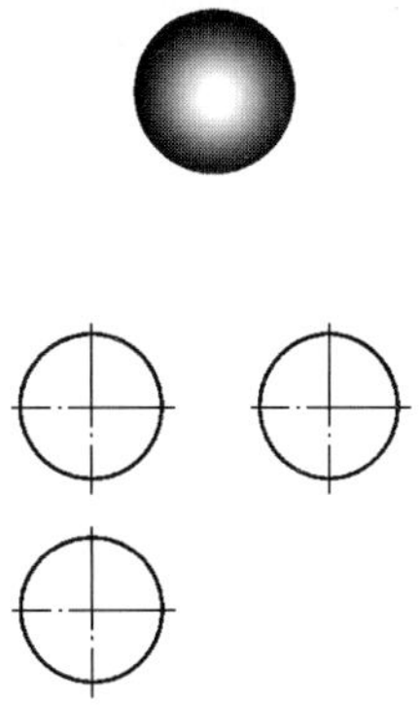
三棱锥	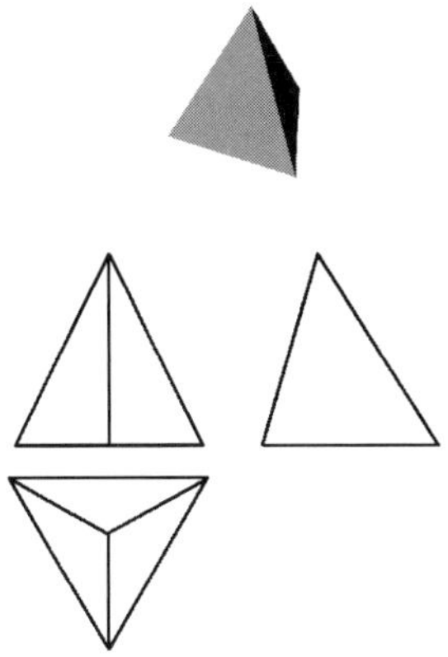	圆环	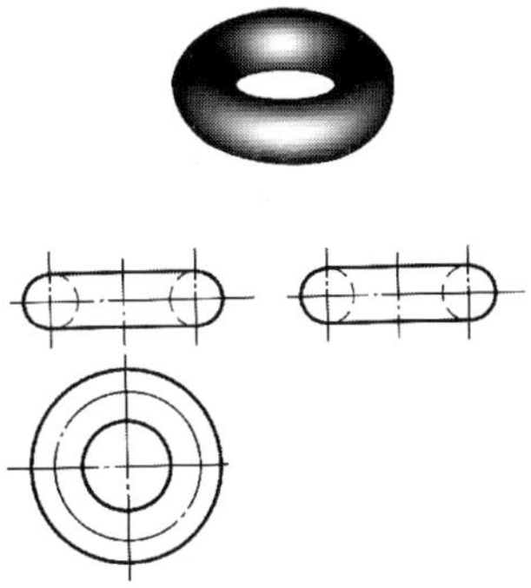

第四章

平面与立体和立体与立体相交

第一节 平面与立体表面的交线

用平面截切立体，其截平面与立体表面的交线，称为截交线。截交线围成一个封闭的多边形平面为截断面，在图上画出截交线的目的就是为在投影图上求出截断面的投影。图4－1所示为平面与回转体表面相交的情况，其中，图4－1（a）为触头的端部，图4－1（b）为接头的槽口和凸榫。

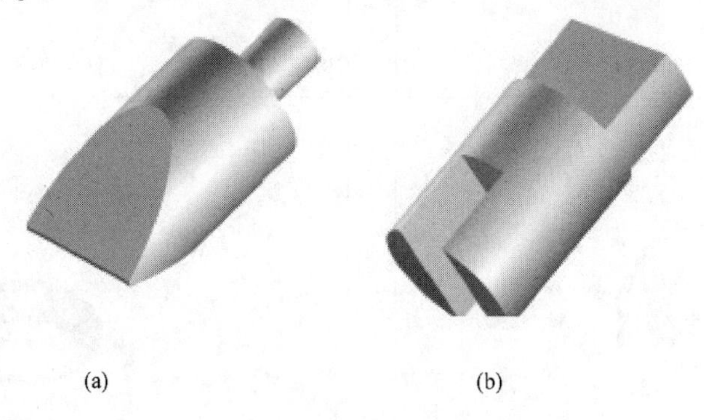

(a) (b)

图4－1 平面与回转体表面相交

（a）触头的端部；（b）接头的槽口和凸榫

一、平面与平面立体相交

平面与平面立体相交所产生的交线，实际上就是不完整的平面立体的棱线。下面以图4－2（b）所示的带缺口的三棱锥为例来说明交线的画法。缺口是由一个水平面和一个正垂面切割三棱锥而形成的。因水平截面平行于底面，所以，它与前棱面的交线 DE 必平行于底边 AB，与后棱面的交线 DF 必平行于底边 AC。正垂面分别与前、后棱面相交于直线 GE、GF。由于两个截平面都垂直于正面，所以，它们的交线 EF 一定是正垂线。

作图过程如图4－2（a）所示。

因这两个截平面都垂直于正面，所以 $d'e'$、$d'f'$ 和 $g'e'$、$g'f'$ 都分别重合在它们的有积聚性的正面投影上，$e'f'$ 则位于它们的有积聚性的正面投影的交点处。在正投影中应标注出这些交线的投影。

（1）由 d' 在 sa 上作出 d，由 d 作 $de /\!/ ab$，$df /\!/ ac$，再分别由 e'、f' 在 de、df 上作出 e、f，由 $d'e'$ 和 $d'f'$、df 作出 $d''e''$、$d''f''$，它们都重合在水平截面的积聚成直线的侧面投影上。

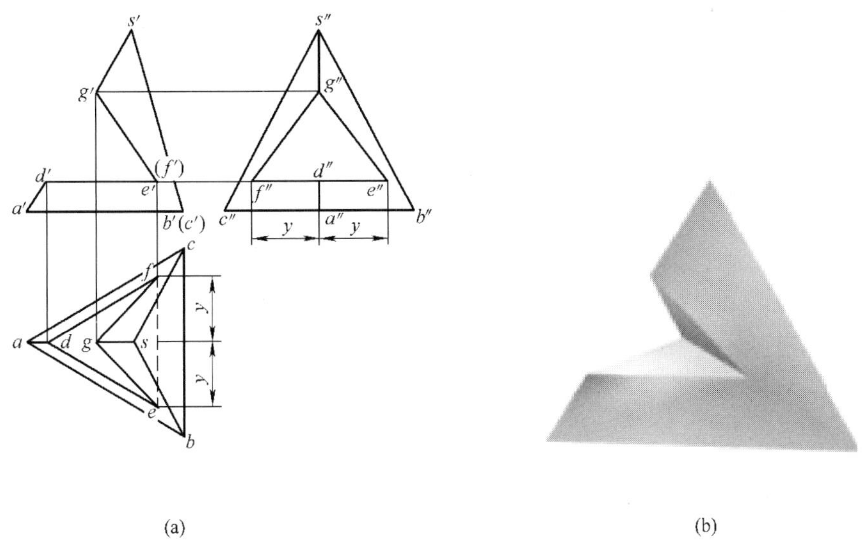

图 4－2　带缺口的三棱锥及作图过程

（2）由 g' 分别在 sa、$s''a''$ 上作出 g、g''，并分别与 e、f 和 e''、f'' 连成 ge、gf 和 $g''e''$、$g''f''$。

（3）连接 e 和 f，因 ef 被三个棱面 SAB、SBC、SCA 的水平投影所遮而不可见，故画成虚线。$e''f''$ 重合在水平截面的积聚成直线的侧面投影上。

二、平面与回转体表面相交

平面与回转体相交时，截交线是截平面与回转体表面的共有线。因此，求截交线的过程可归结为求出截平面和回转体表面的若干共有点，然后依次光滑地连接成平面曲线。为了确切地表示截交线，必须求出其上的某些特殊点，如回转体转向线上的点以及截交线的最高点、最底点、最左点、最右点、最前点和最后点等。

1. 正圆柱的截交线

根据截切平面与圆柱的相对位置不同，截交线有三种不同情况，见表 4－1。

表 4－1　平面与圆柱的交线

截切平面位置	垂直于轴线	平行于轴线	倾斜于轴线
轴测图	P	P	P

续表

截切平面位置	垂直于轴线	平行于轴线	倾斜于轴线
投影图	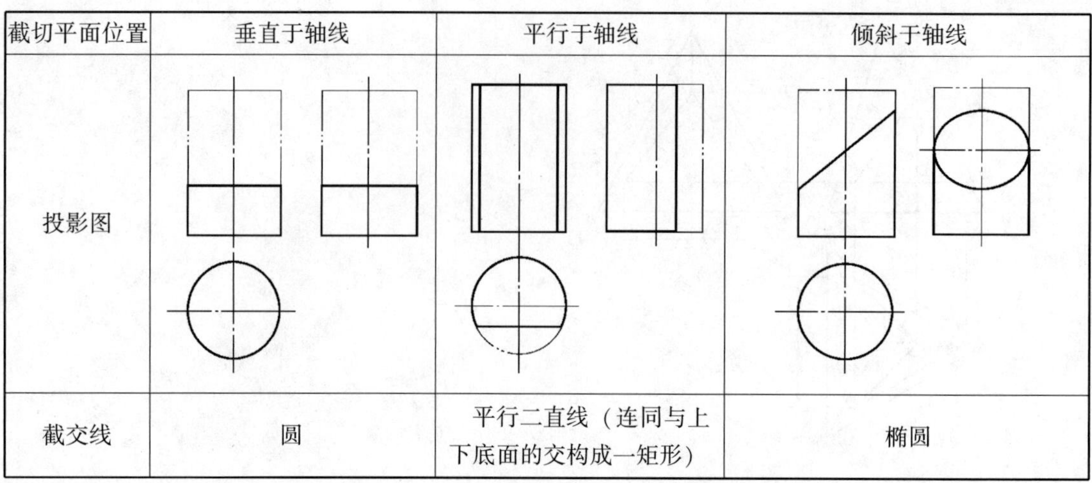		
截交线	圆	平行二直线（连同与上下底面的交构成一矩形）	椭圆

图 4－3 所示为圆柱面被倾斜于轴线的平面截切，截交线是椭圆。该椭圆的正面投影重影为一条直线；水平投影重影于圆柱面的投影上；而侧面投影，在一般情况下仍是椭圆（当 $\alpha = 45°$ 时为圆），但不反映实形。作图时，可按在圆柱面上取点的方法，先找出椭圆长、短轴的端点（A、B、C、D），然后再作一些中间点（如点 E、F），并把它们光滑地连接起来即可。作图过程见图 4－3。

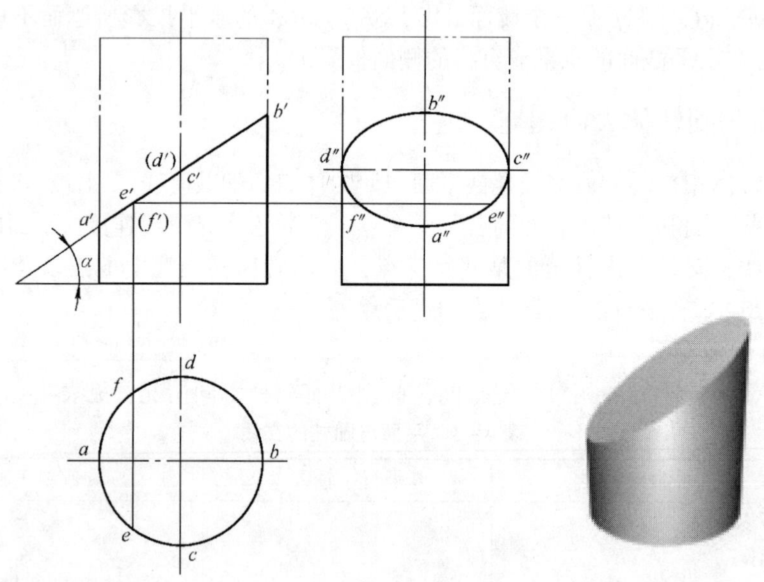

图 4－3　平面斜截圆柱

图 4－4 是圆柱体被水平面和侧平面截去一角，在圆柱面上形成两部分截交线。水平面与圆柱的轴线垂直，截交线应是一个圆。由于水平面没有把圆柱全部截掉，所以，是个弓形，它在俯视图上的投影反映实形，其宽度为 A。水平面在左视图上的投影积聚成一条直线段，其宽度也为 A。侧平面与圆柱面的轴线平行，截断面为一矩形，其水平投影积聚成宽度为 A 的直线段，侧面投影反映实形，即宽度为 A 的矩形。

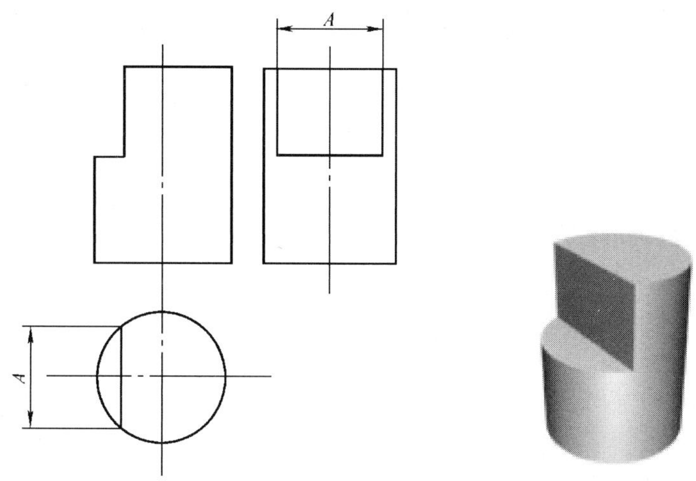

图 4－4　圆柱体被水平面和侧平面截去一角

图 4－5 是四棱柱和圆柱相交，可分析为棱柱的四个平面与圆柱相交。四棱柱的两个平面与圆柱轴线平行，另两个平面与轴线垂直。四段截交线分别为两段直线和两段圆弧，四段线连起来好似一块瓦片轮廓。应当注意，四棱柱和圆柱体本是一个物体，因而中间一段圆柱的轮廓素线是没有的。

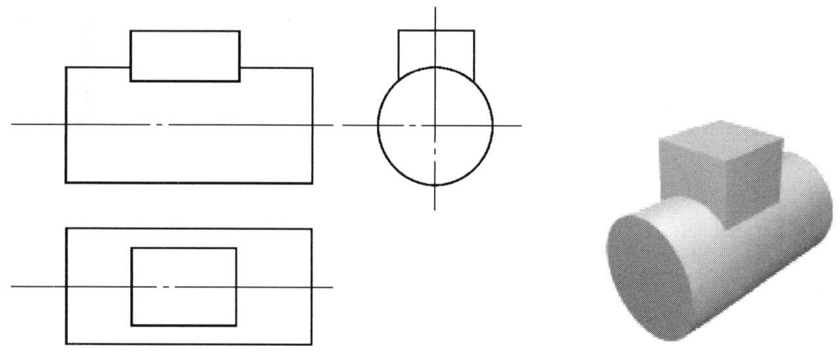

图 4－5　四棱柱与圆柱相交

图 4－6 所示带方孔的圆柱也可分析为四个平面与圆柱相交。还可以设想把图 4－5 中的

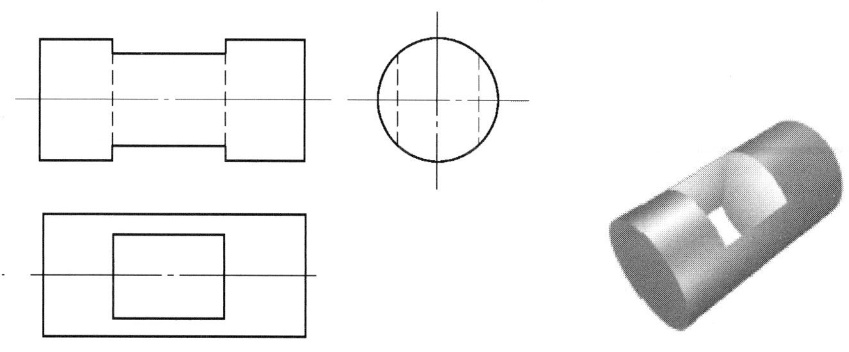

图 4－6　带方孔的圆柱

四棱柱从圆柱上移去而形成方孔，两者的投影情况是一样的。构成方孔的四个平面中，两个为矩形，另两个为前后边是直线而上下边是圆弧的鼓形。在主视图上，矩形反映实形，鼓形积聚成直线。鼓形的投影除两端圆弧部分前方边缘可见外，其余均不可见，故用虚线画出。在左视图上，矩形积聚成直线段，鼓形反映实形，但全部不可见，皆用虚线画出。

例4－1 图4－7（a）表示套筒上部有一切口，这个切口可看做是由三个平面截切圆筒而形成的，为便于分析，可将圆筒简化，如图4－7（b）所示。现已知切口的正面投影，试作出其水平投影和侧面投影。

解 切口是由一个水平面和两个侧平面截切圆柱体形成的。在正面投影中，三个平面均积聚为直线；在水平投影中，两个侧平面积聚为直线，水平面为带圆弧的平面图形，且反映实形；在侧面投影中，两个侧平面为矩形且反映实形，水平面积聚为直线（被圆柱面遮住的一段不可见，应画成虚线）。应当指出，在侧面投影中，圆柱面上侧面的轮廓素线被切去的部分不应画出。有切口的空心圆柱，其投影如图4－7（c）所示。

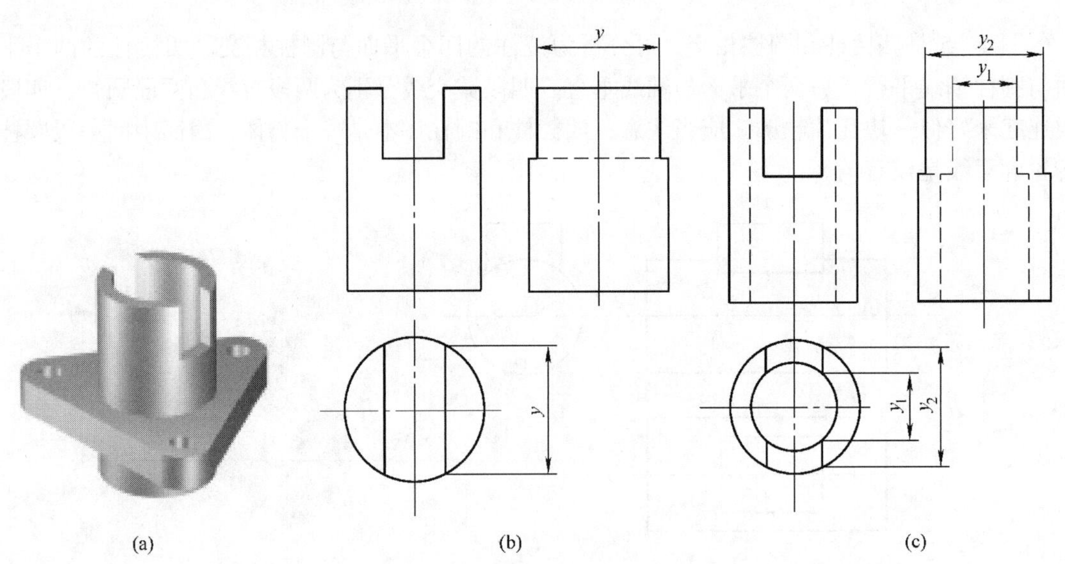

图4－7 套筒切口部分的截交线

2. 正圆锥的截交线

当平面与圆锥相交时，由于平面对圆锥的相对位置不同，其截交线可以是圆、椭圆、抛物线或双曲线，这四种曲线总称为圆锥曲线；当截切平面通过圆锥顶点时，其截交线为过锥顶的两直线。参看表4－2。

表4－2 平面与圆锥的交线

截面位置	垂直于轴线	与所有素线相交	平行于一条素线	平行于轴线	过锥顶
截交线	圆	椭圆	抛物线	双曲线	相交二直线（连同与锥底面的交线为一三角形）

续表

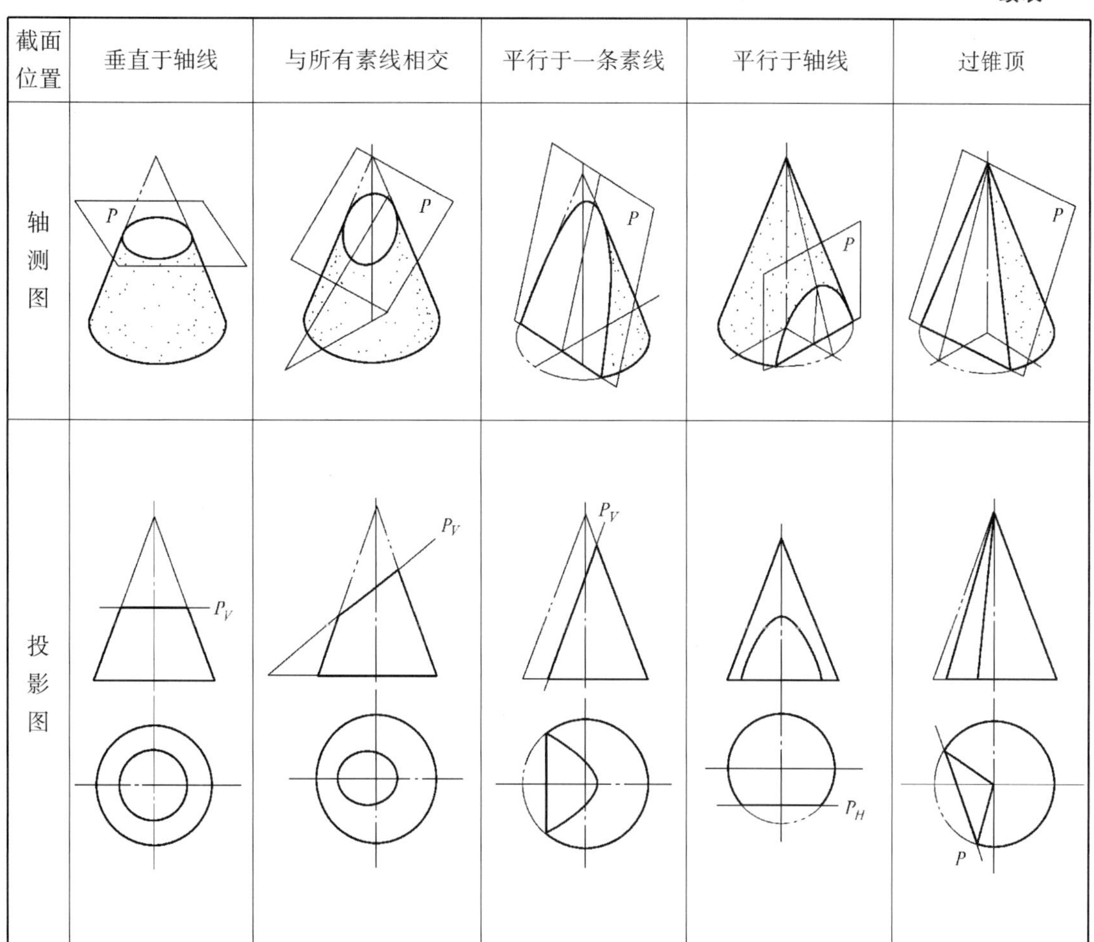

关于圆和椭圆的投影特性前面已经讲过，这里不再赘述。而抛物线的投影一般仍为抛物线，双曲线的投影一般仍为双曲线。

例 4－2　在图 4－8（a）所示的零件中，箭头所指部位为圆锥上的缺口，简化后如图 4－8（b）所示，已知切口的正面投影求其他两个投影。

解　切口可以看做是由一个水平面和两个侧平面截切圆锥而成。水平面截切圆锥得一带有圆弧的平面图形（截交线是两段圆弧），两个侧平面截切圆锥各得一双曲线。

关于双曲线的作图方法如图 4－8（c）所示，截交线的正面投影和水平投影都重影成一条直线，仅需求其侧面投影。作图时，首先找特殊点，离锥顶最近的点 A 为最高点，最远的 B、C 为最低点，已知点 A 的正面投影 a' 在轮廓素线上，可利用面上取点的方法，在轮廓素线的相应投影上，求得 a，a''，最低点 B、C 在底圆上，已知 b'、c' 和 b、c 就可作出侧面投影。在最高点和最低点之间再找一些中间点，例如作一辅助线（或辅助面）求出 D、E 两点的 3 个投影，依次连接各点即可。

如图 4－8（b）所示，切口的正面投影积聚成直线；在水平投影中，两条双曲线均重影为直线，带圆弧的平面图形反映实形；切口的侧面投影为两条双曲线，它们反映实形且重合，带圆弧的平面图形积聚成一直线，其中被圆锥表面遮住的一段因不可见，画成虚线，而圆锥的轮廓素线被切去的部分，不应画出。

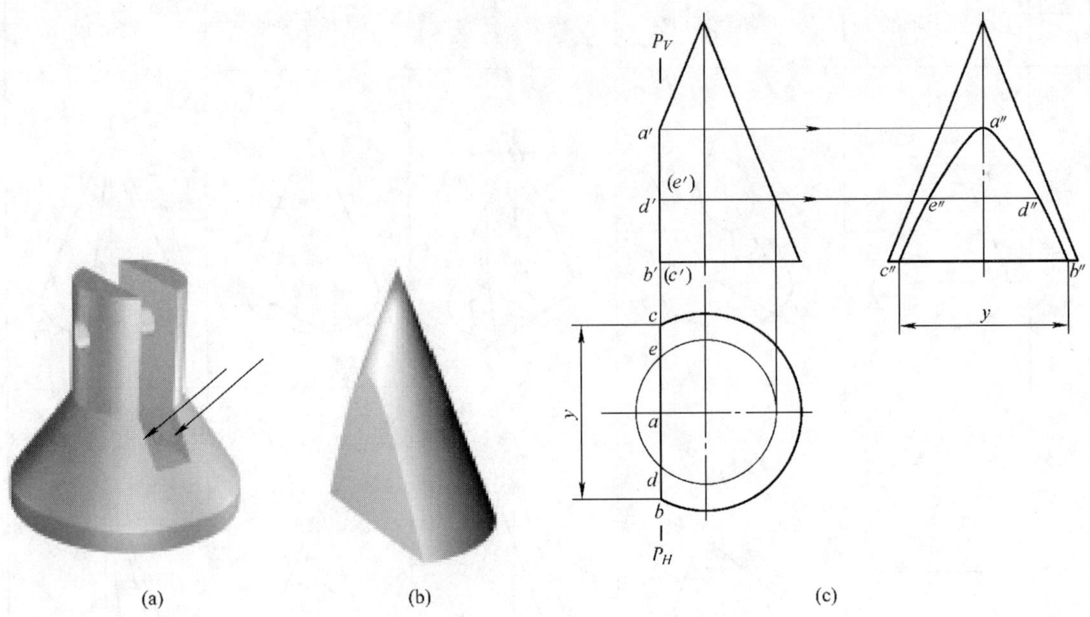

图 4－8　圆锥切口的投影

3. 圆球体的截交线

平面与圆球相交，不论平面与圆球的相对位置如何，其截交线都是圆。但由于截切平面对投影面的相对位置不同，所得截交线（圆）的投影不同。

在图 4－9 中，圆球被水平面截切，所得截交线为水平圆，该圆的正面投影和侧面投影重影成一条直线（如 $a'b'$、$c''d''$），该直线的长度等于所截水平圆的直径，其水平投影反映该圆实形。截切平面距球心愈近（h 愈小），圆的直径（d）愈大；h 愈大，其直径愈小。实例见图 4－10 所示螺钉头部圆球切口的投影。

如果截切平面为投影面的垂直面，则截交线的两个投影是椭圆。

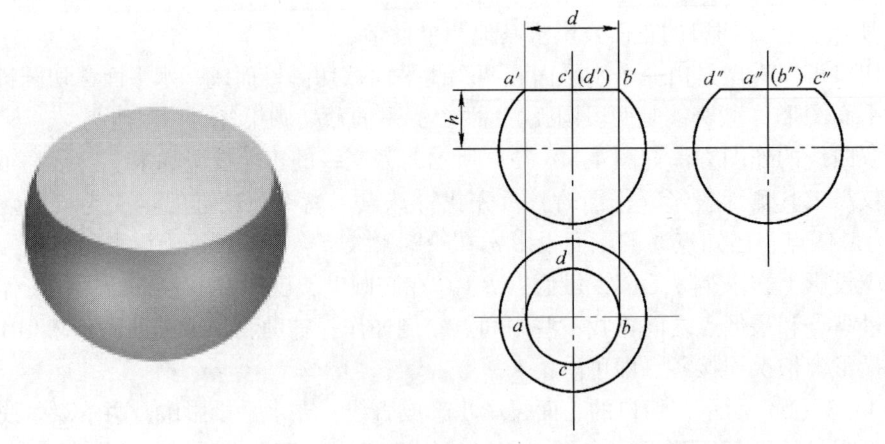

图 4－9　水平面截圆球

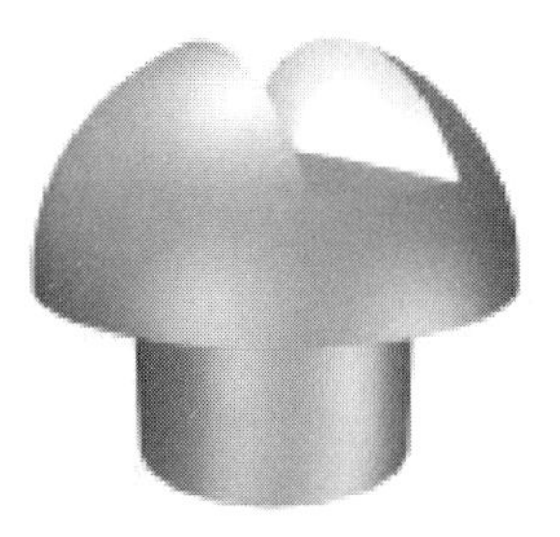
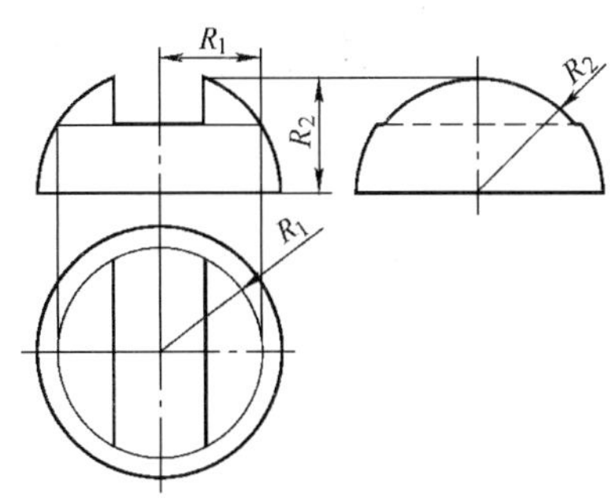

图 4－10　圆球切口的投影

4. 组合回转体的截交线

组合回转体可看成由若干几何体所组成。求平面与组合回转体的截交线就是分别求出平面与各个几何体的截交线。

例 4－3　图 4－11 所示的连杆头，为组合回转体被平行于轴线的两对称平面（正平面）切去前、后部分而形成的，试求它们的截交线。

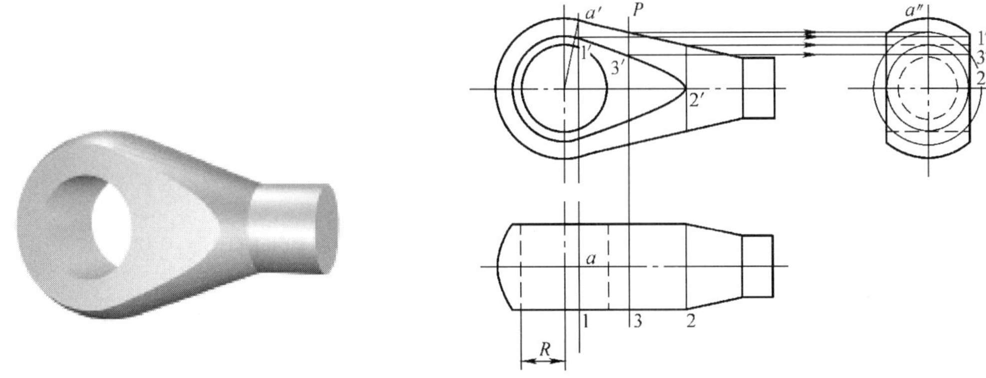

图 4－11　连杆头截交线的投影

解　①分析几何体。连杆的头部由圆球、圆锥及圆柱所组成。圆球和圆锥的分界面为经过切点 A 的侧平面（圆）。

从水平投影可以看出，两截切平面的水平投影和侧面投影均积聚为直线，故只需求作截交线的正面投影。

②求截交线。截切平面（正平面）与圆球的截交线为半径等于 R 的圆。该圆的正面投影反映实形，但只能画到分界面上的点 1′为止。截切平面与圆锥的截交线为一双曲线。可从有积聚性的水平投影上得到平面曲线的最右点Ⅱ（2、2′、2″），再在点Ⅰ和点Ⅱ之间求出若干个一般点，如图 4－11 所示，作辅助的侧平面 P，求出点Ⅲ（3、3′、3″）。然后依次光滑地连接这些点的正面投影即为所求。由于平面与圆柱无截交线，因而全部截交线是由圆弧和双曲线组成的封闭曲线。

第二节 两回转体的表面相交

在一些机件上，常常会见到两个立体表面的交线，最常见的是两回转体表面的交线。两相交立体的表面交线，称为相贯线。把这两个立体看做一个整体，称为相贯体。例如，在图 4 – 12 所示的三通管上，就有两个圆柱的相贯线。在一般情况下，两曲面立体的相贯线是封闭的空间曲线；在特殊情况下，可能是不封闭的，也可能是平面曲线或直线。

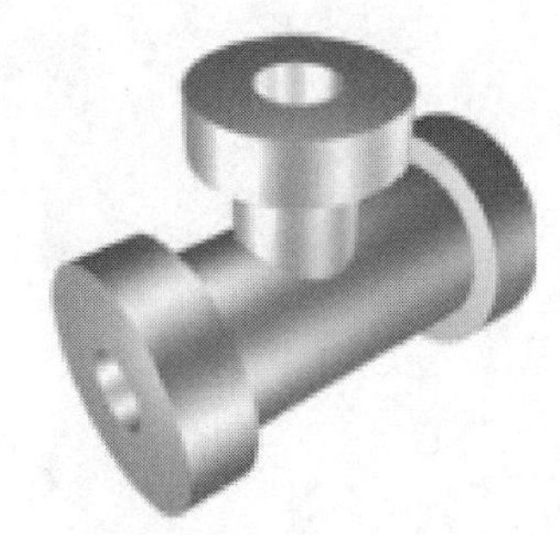

图 4 – 12 两曲面立体的相贯线

两曲面立体的相贯线是两曲面立体表面共有点集合而成的共有线，相贯线上的点是两曲面立体表面的共有点。

求作两曲面立体的相贯线的投影时，一般是先作出两曲面立体表面上的一些共有点的投影，再连成相贯线的投影。通常可用辅助面来求作这些点，也就是求出辅助面与这两个立体表面的三面共点，即为相贯线上的点。辅助面可用平面、球面等。当两个立体中有一个立体表面的投影具有积聚性时，可以用在曲面立体表面上取点的方法作出这些点的投影。在求作相贯线上的这些点时，与求作曲面立体的截交线一样，应在可能和方便的情况下，适当地作出一些在相贯线上的特殊点，即能够确定相贯线的投影范围和变化趋势的点，如相贯体的曲面投影的转向轮廓线上的点，以及最高、最低、最左、最右、最前、最后点等，然后按需要再求作相贯线上一些其他的一般点，从而准确地连得相贯线的投影，并表明可见性。只有一段相贯线同时位于两个立体的可见表面上时，这段相贯线的投影才是可见的；否则，就不可见。

本节用表面取点法和辅助平面法阐述了一些常见的两回转体的相贯线画法。

一、表面取点法

两回转体相交，如果其中有一个是轴线垂直于投影面的圆柱，则相贯线在该投影面上的投影，就重合在圆柱面的有积聚性的投影上。于是求圆柱和另一回转体的相贯线投影的问题，可以看做是已知另一回转体表面上的线的一个投影求其他投影的问题，也就可以在相贯线上取一些点，按已知曲面立体表面上的点的一个投影，求其他投影的方法，即表面取点法，作出相贯线的投影。

如图 4 – 13 所示，求作两正交圆柱的相贯线的投影。

两圆柱的轴线垂直相交，有共同的前后对称面和左右对称面，小圆柱全部穿进大圆柱。因此，相贯线是一条封闭的空间曲线，且前后对称和左右对称。

由于小圆柱面的水平投影积聚为圆，相贯线的水平投影便重合在其上；同理，大圆柱面的侧面投影积聚为圆，相贯线的侧面投影也就重合在小圆柱穿进处的一段圆弧上，且左半和右半相贯线的侧面投影相互重合。于是问题就可归结为已知相贯线的水平投影和侧面投影，求作它的正面投影。因此，可采用在圆柱面上取点的方法，作出相贯线上的一些特殊点和一般点的投影，再顺序连成相贯线的投影。

通过上述分析，可想象出相贯线的大致情况，立体图及作图过程如图 4 – 13 所示。

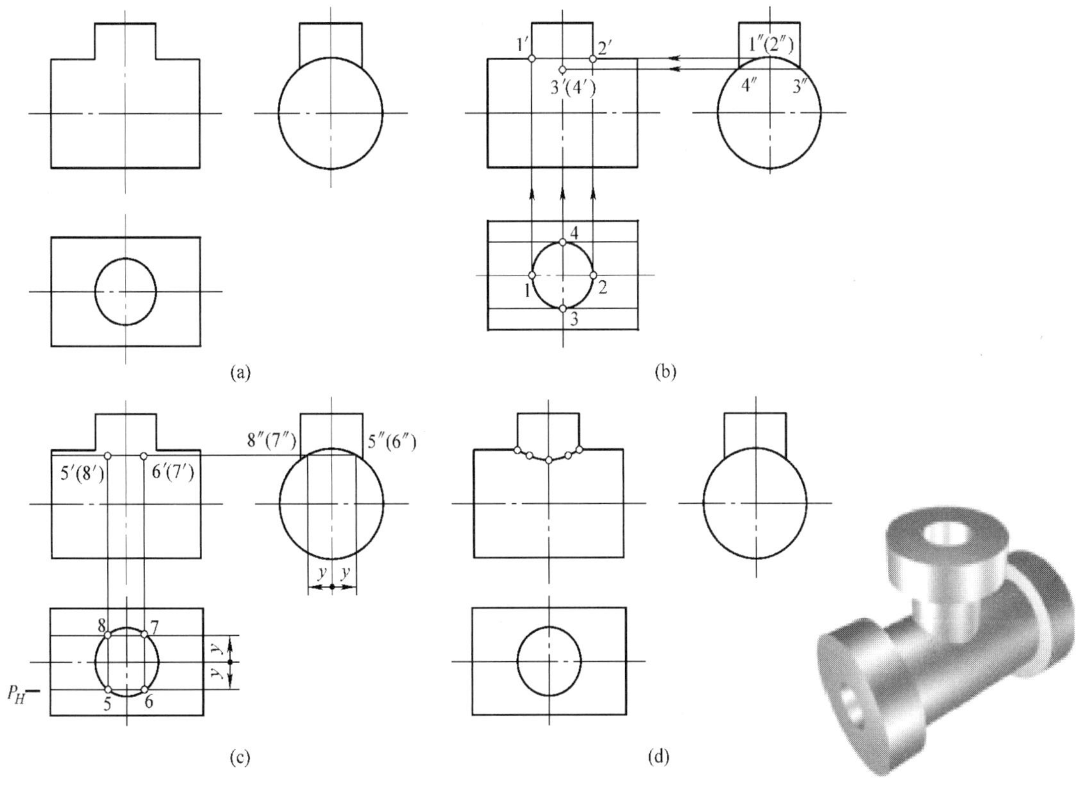

图 4－13　作两正交圆柱的相贯线的投影

（1）作特殊点。先在相贯线的水平投影上，定出最左、最右、最前、最后点Ⅰ、Ⅱ、Ⅲ、Ⅳ的投影 1、2、3、4，再在相贯线的侧面投影上相应地作出 1″、2″、3″、4″。由 1、2、3、4 和 1″、2″、3″、4″作出 1′、2′、3′、4′。可以看出：Ⅰ、Ⅱ和Ⅲ、Ⅳ分别是相贯线上的最高、最低点。

（2）作一般点。在相贯线的侧面投影上，定出左右、前后对称的四个点Ⅴ、Ⅵ、Ⅶ、Ⅷ的投影 5″、6″、7″、8″，由此可在相贯线的水平投影上作出 5、6、7、8。由 5、6、7、8 和 5″、6″、7″、8″即可作出 5′、6′、7′、8′。

（3）按相贯线水平投影所显示的诸点的顺序，连接诸点的正面投影，即得相贯线的正面投影。对正面投影而言，前半相贯线在两个圆柱的可见表面上，所以其正面投影 1′、5′、3′、6′、2′为可见，而后半相贯线的投影 1′、7′、4′、8′、2′为不可见，与前半相贯线的可见投影相重合。

两轴线垂直相交的圆柱，在零件上是最常见的，它们的相贯线一般有如图 4－14 所示的三种形式：

（1）图 4－14（a）表示小的实心圆柱全部贯穿大的实心圆柱，相贯线是上下对称的两条封闭的空间曲线。

（2）图 4－14（b）表示圆柱孔全部贯穿实心圆柱，相贯线也是上下对称的两条封闭的空间曲线，就是圆柱孔的上下孔口曲线。

（3）图 4－14（c）所示的相贯线，是长方体内部两个孔的圆柱面的交线，同样是上下对称的两条封闭的空间曲线。在投影图右下方所附的是这个具有圆柱孔的长方体被切割掉前面一半后的立体图。

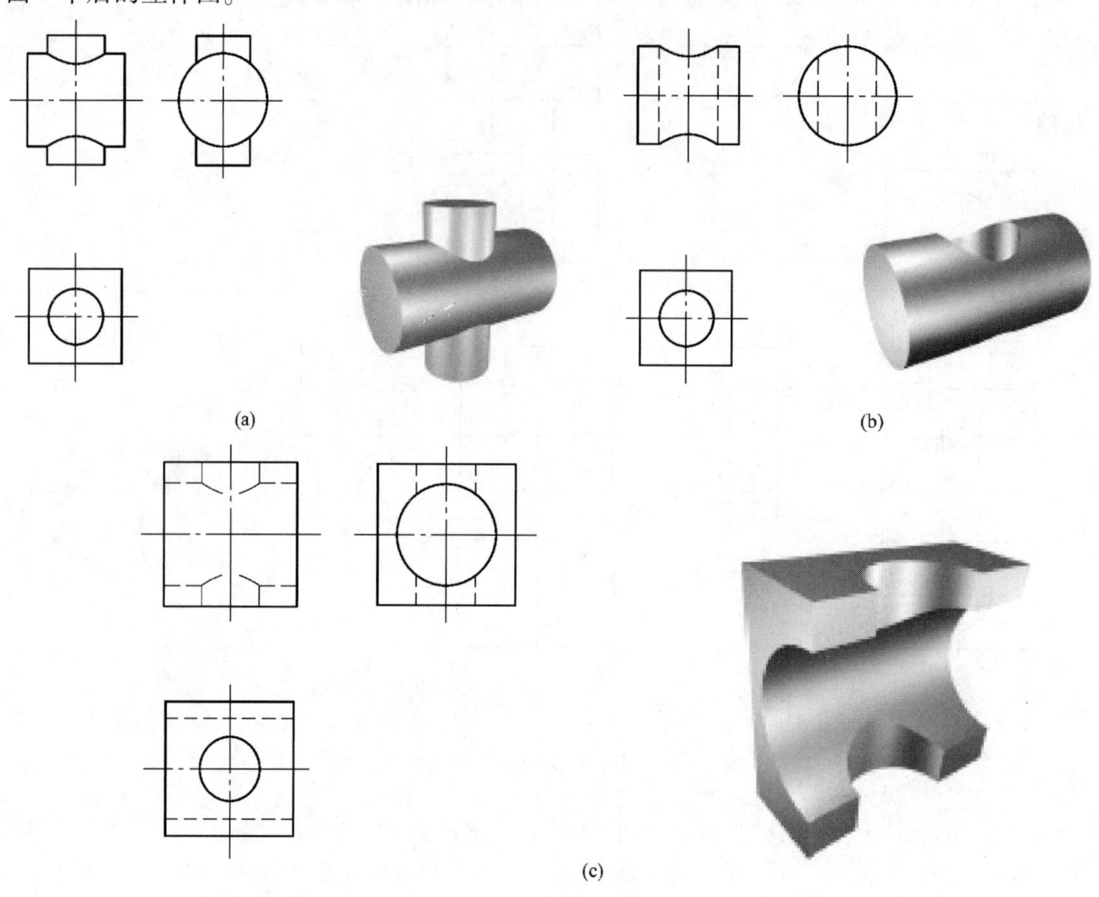

(a)

(b)

(c)

图 4－14　相贯线的三种形式

（a）两实心圆柱相交；（b）圆柱孔与实圆柱相交；（c）两圆柱孔相交

以上三个投影图中所示的相贯线，具有同样的形状，其作图方法也是相同的。为了简化作图，可用如图 4－15 所示的圆弧近似代替这段非圆曲线，圆弧半径为大圆柱半径。必须注意根据相贯线的性质，其圆弧弯曲方向应向大圆柱轴线方向凸起。

二、辅助平面法

求作两曲面立体的相贯线时，假设用辅助平面截切两相贯体，则得两组截交线，其交点是两个相贯体表面和辅助平面的共有点（三面共点），即为相贯线上的点，如图 4－17 所示。

为了能简便地作出相贯线上的点，一般应选用特殊位置平面作为辅助平面，并使辅助平面与两曲面立体的交线为最简单，如交线是直线或平行于投影面的圆，如图 4－17 所示。

下面以图 4－16 所示相贯体实例中圆柱和锥台相贯为例来进行分析，并说明作图过程。

将图 4－16 所示相贯体简化为图 4－17 和图 4－18 所示的圆柱和圆锥相贯。由图可见相贯线是一条封闭的空间曲线，且前后对称，前半、后半相贯线正面投影相互重合。又由于圆柱面的侧面投影积聚为圆，相贯线的侧面投影也必重合在这个圆上。因此，相贯线的侧面投影是已知的，正面投影和水平投影是要求作的。

为了使辅助平面能与圆柱面、圆锥面相交于素线或平行于投影面的圆，对圆柱而言，辅助平面应平行或垂直于轴线；对圆锥而言，辅助平面应垂直于轴线或通过锥顶。综合以上情况，只能选择如图 4－17 所示的两种辅助平面。

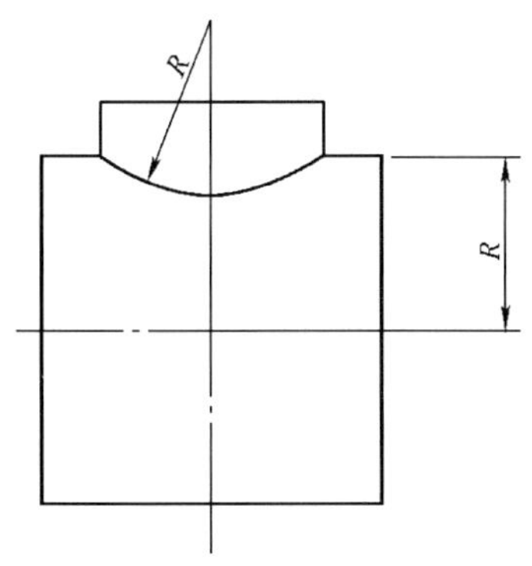

图 4－15　用圆弧近似代替非圆曲线

图 4－16　从实例看相贯线的大致情况

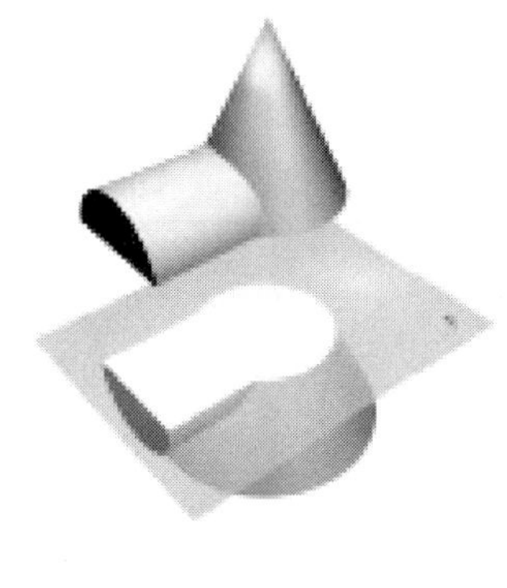

(a)

(b)

图 4－17　选择辅助平面

(a) 平行于柱轴，垂直于锥轴；(b) 通过锥顶，平行于柱轴

(1) 平行于柱轴，且垂直于锥轴，即水平面［图 4－17 (a)］。

(2) 通过锥顶，且平行于柱轴，即通过锥顶的侧垂面或正平面［图 4－17 (b)］。

根据上述分析，作图过程如图 4－18 所示。

(1) 如图 4－18 (b)，通过锥顶作正平面 N，与圆柱面相交于最高和最低两素线，与圆锥面相交于最左素线，在它们的正面投影的相交处作出相贯线上的最高点Ⅰ和最低点Ⅱ的正面投影 1′和 2′。由 1′、2′分别在 N_H 和 N_W 上作出 1、2 和 1″、2″。

通过柱轴作水平面 P，与圆柱面相交于最前、最后两素线，与圆锥面相交于水平面，在它们的水平投影相交处，作出相贯线上的最前点Ⅲ和最后点Ⅳ的水平投影 3 和 4。由 3、4 分别在 P_V、P_W 上作出 3′、4′（3′、4′相互重合）和 3″、4″。

由于 3 和 4 就是圆柱面水平投影的轮廓转向线的端点，也就确定了圆柱面水平投影的轮

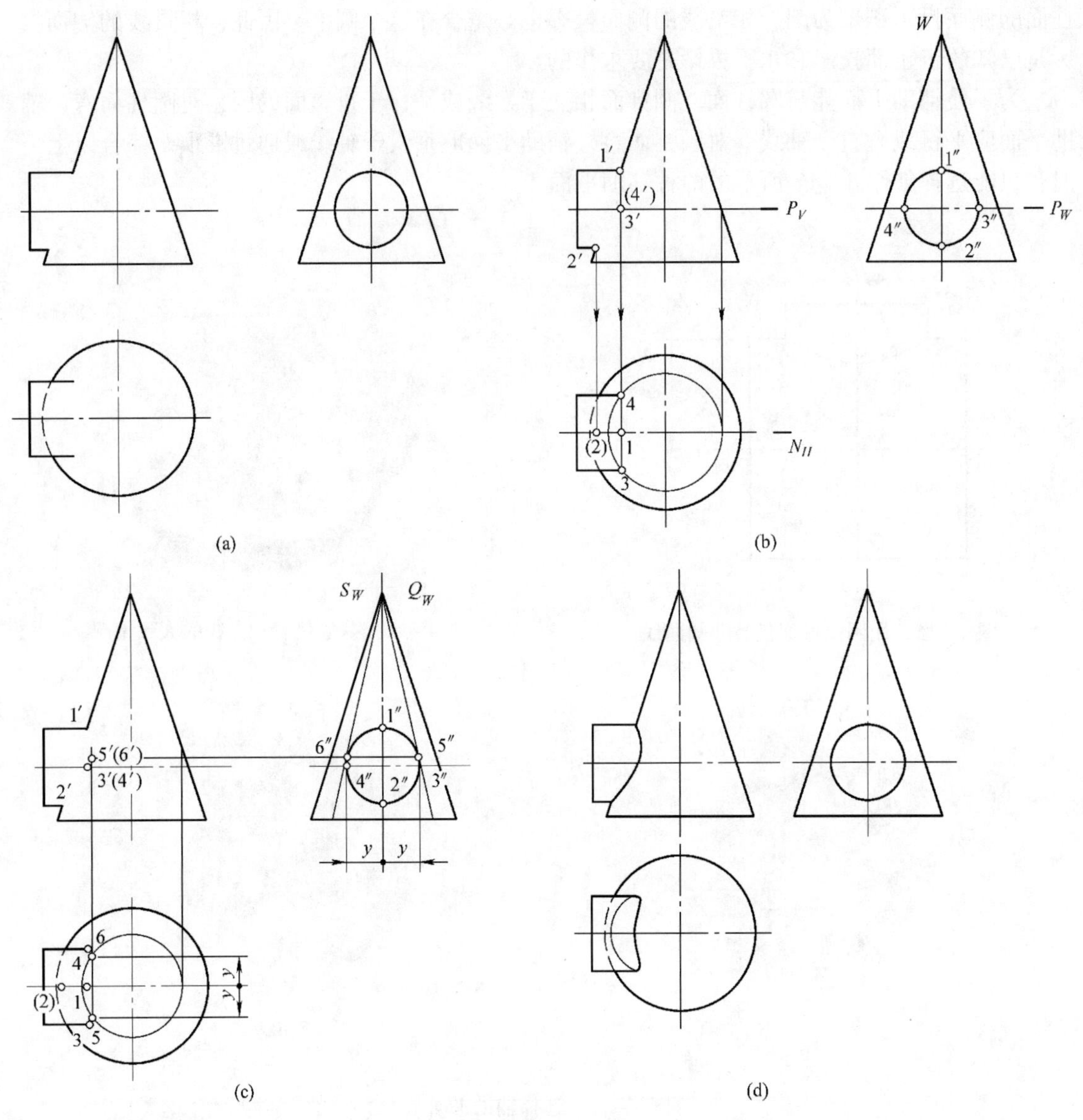

图 4－18　作圆柱和圆锥的相贯线投影

廓转向线的范围。

（2）如图 4－18（c），通过锥顶作与圆柱面相切的侧垂面 Q，与圆柱面相切于一条素线，其侧面投影积聚在 Q_W 与圆柱面侧面投影的切点处；与左圆锥面相交于一条素线，其侧面投影与 Q_W 相重合。这两条素线的交点Ⅴ，就是相贯线上的点，其侧面投影 5″就重合在圆柱面的切线的侧面投影上。由 Q 面与圆柱面的切线和 Q 面与圆锥面的交线的侧面投影，作出它们的水平投影，其交点就是点Ⅴ的水平投影 5，再由 5 和 5″作出 5′。

同理，通过锥顶作与圆柱面相切的侧垂面 S，也可作出相贯线上点Ⅵ的三面投影 6″、6 和 6′。点Ⅴ和Ⅵ是相贯线上的一对前后对称点。

Ⅴ点和Ⅵ点，诸多教材上将其作为最右点的近似解。

按侧面投影中诸点的顺序，把诸点的正面投影和水平投影分别连成相贯线的正面投影和水平投影。按照“只有同时位于两个立体可见表面上的相贯线，其投影才可见”的原则，可以判断：3、5、1、6、4 可见；2 不可见；1′、2′、3′、5′可见 4′、6′不可见，且与 3′、5′重合。

根据圆柱和圆锥的相对位置可以看出，圆柱面的最前、最后素线的水平投影是可见的，所以在圆锥面的水平投影范围内的圆柱面水平投影的转向轮廓线是可见的。

作图结果见图 4－18（d）。

三、相贯线的特殊情况

在一般情况下，两回转体的相贯线是空间曲线，但在一些特殊情况下，也可能是平面曲线或直线。下面介绍相贯线为平面曲线的两种比较常见的特殊情况。

（1）两圆柱轴线相交、直径相等时，其相贯线是两个椭圆，若椭圆是投影面垂直面，其投影积聚成直线段。如图 4－19、图 4－20 所示。

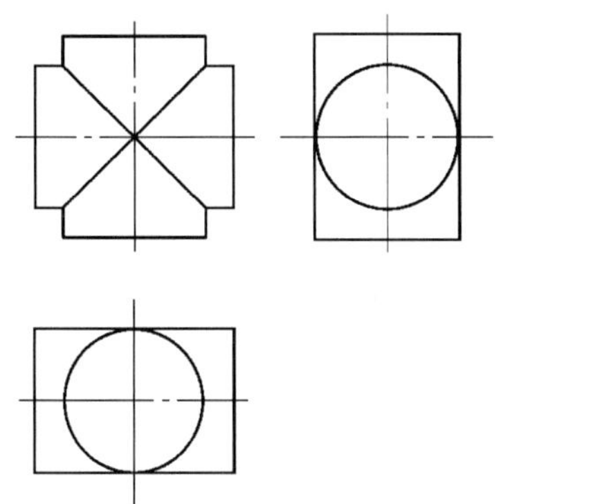
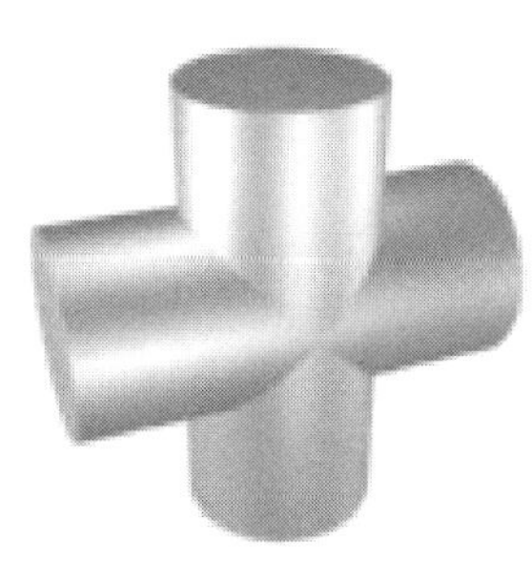

图 4－19　两圆柱轴线正交，直径相等

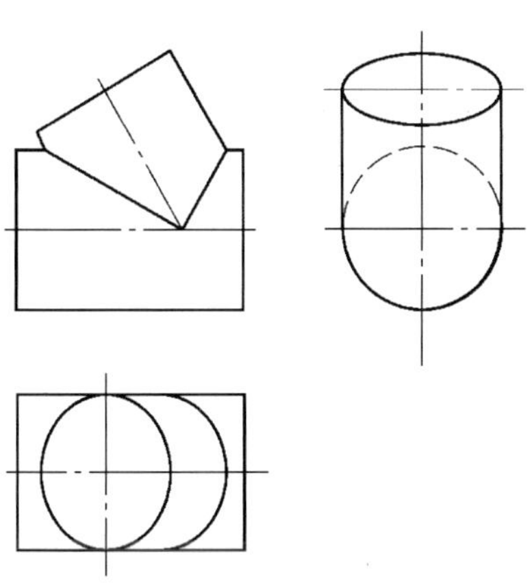
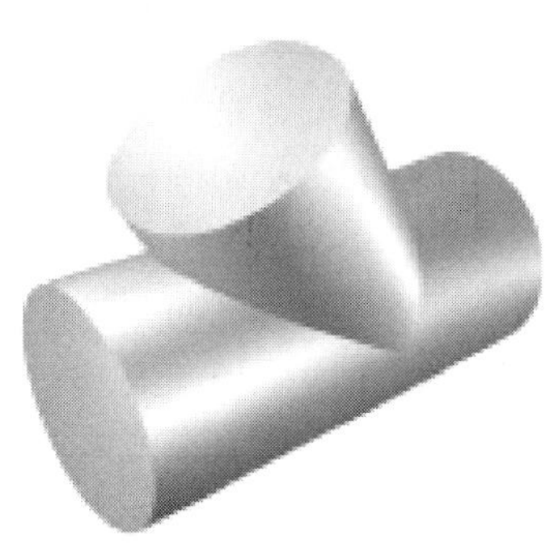

图 4－20　两圆柱轴线斜交，直径相等

（2）两个同轴回转体的相贯线，是垂直于轴线的圆，如图 4－21 所示的圆柱和圆球相贯体；图 4－22 所示为圆柱、圆球和圆锥相贯，由于它们的轴线都是铅垂线，故相贯线均为水平圆。

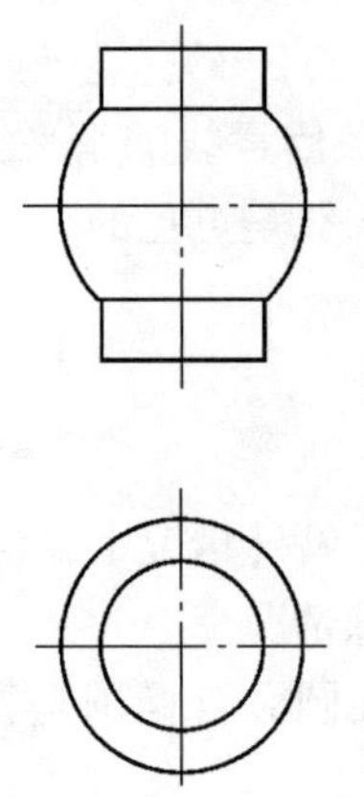
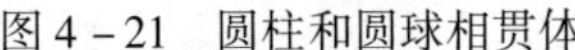

图 4-21　圆柱和圆球相贯体

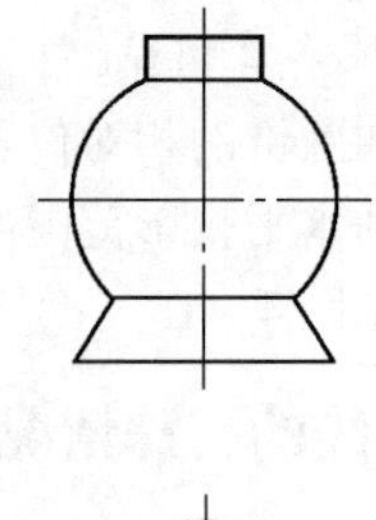
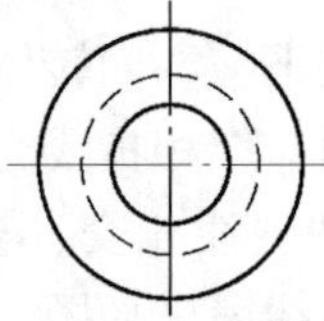

图 4-22　圆柱、圆球和圆锥相贯

第三节　多个立体相交相贯线的画法

前面已经介绍了两立体相交时，相贯线的情况及作投影的方法。而实际零件是多个立体的组合，其零件上常常出现三个或三个以上立体相交的情况，在它们的表面上既有相贯线又存在截交线，此时交线比较复杂。但作图方法与两立体表面交线求作方法相同，只是在作图前，需对零件进行形体分析，弄清各块形体的形状，表面性质和它们之间的相对位置，将它们分解成若干个简单的两形体的相贯问题和平面与立体截交问题，然后逐个作出它们的交线最后将各交线在结合点（三面共点）处分界。

例 4-4　图 4-23 所示为汽车刹车总泵泵体，取其左端部分进行交线分析和作图。

解　（1）分析几何形体及其相互位置关系，判断哪些表面之间有交线，并分析交线趋势，做到心中有数。

从图 4-24 可看出，泵体左端由三个圆柱 Ⅰ、Ⅱ、Ⅲ 组成。其中 Ⅰ 与 Ⅱ 是大、小两圆柱同轴叠加，没有交线；Ⅲ 与 Ⅰ 和 Ⅲ 与 Ⅱ 都是正交关系，应有交线。因为圆柱 Ⅲ 的直径较小，所以两条交线应该分别向圆柱 Ⅰ 及 Ⅱ 轴线方向凸起。

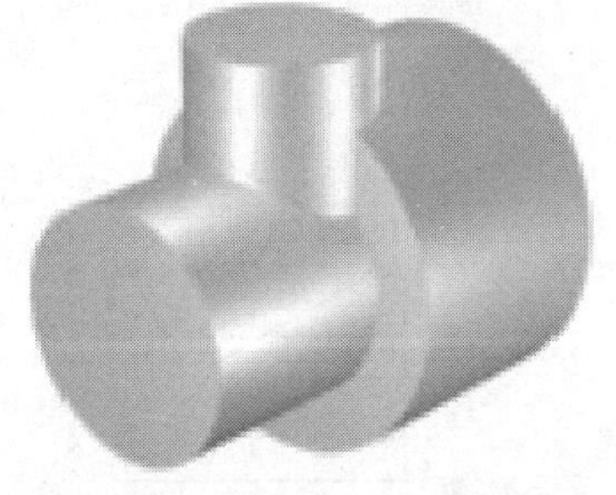

图 4-23　汽车刹车总泵泵体

此外，圆柱 Ⅱ 的左端面 A 与圆柱 Ⅲ 也是相交关系，应该有交线（截交线）。因为平面 A 与圆柱 Ⅲ 的轴线平行，所以交线是两条直线。

（2）作图。先根据从实物上量得的各形体的尺寸，画出它们的三视图 [图 4-24（a）] 再按照上述分析，逐个地画出各形体之间的交线 [图 4-24（b）]。例如可用圆弧代替相贯线的近似画法，先画出圆柱 Ⅲ 与圆柱 Ⅰ 的交线，再画出圆柱 Ⅲ 与 Ⅱ 的交线，最后再画出平面 A 与圆柱 Ⅲ 的交线。平面 A 与圆柱 Ⅲ 的交线是两条垂直于水平面的直线，它们的水平投影积聚成点 4≡5 和 7≡8。它们的侧面投影 4″和 5″和 7″8″可根据等宽关系得出。它们的正面投影是一铅直线段 4′5′和 7′8′（位于两段曲交线之间）。因为从左向右看时，直线 4″5″和 7″8″位于圆柱 Ⅲ 的不可见表面上，所以在左视图上应该是虚线。

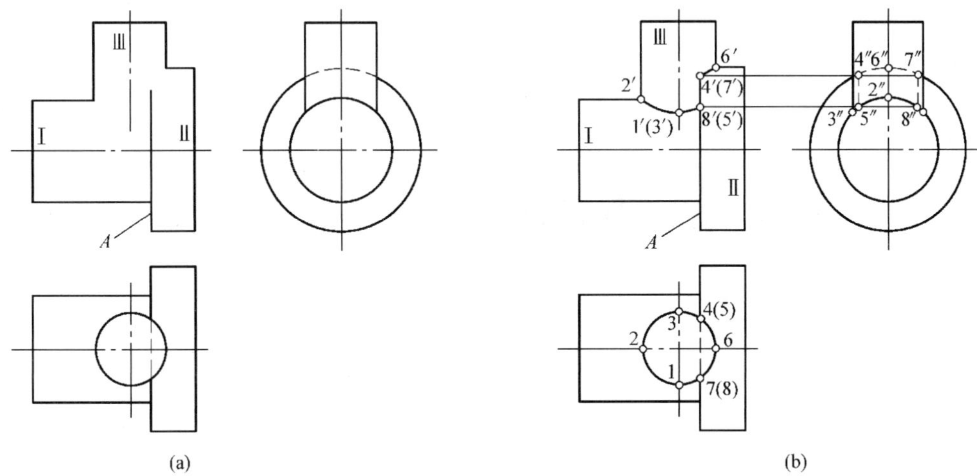

图 4－24　多个形体相交

第五章

组合体的视图及尺寸注法

第一节　组合体的视图

一、组合体的形成

对于机械零件，我们常可把它抽象并简化为若干基本几何体组成的“体”，这种“体”称为组合体。组合方式有叠合和挖切两种。一般较复杂的机械零件往往由叠合和挖切综合而成。图 5 – 1（a）中的轴承架，主要由长方形板Ⅰ、半圆端竖板Ⅱ和三角形肋板Ⅲ三部分叠

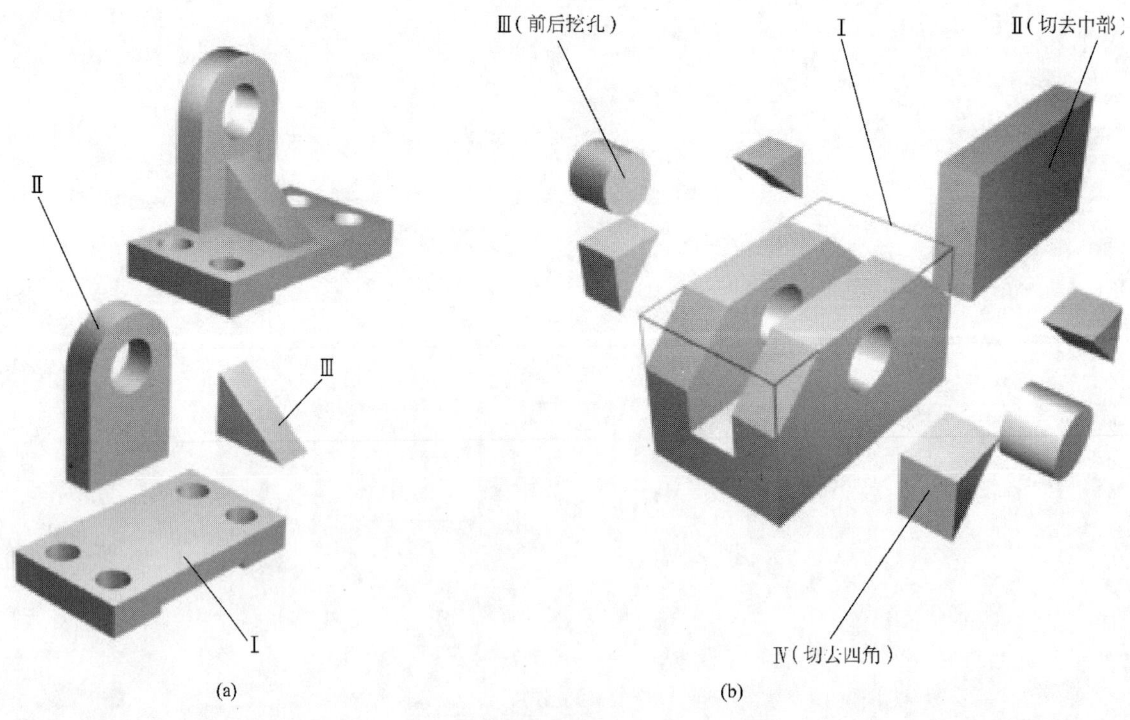

图 5 – 1　组合体的形成

（a）叠合；（b）挖切

合而成，故称为叠合式组合体。图5－1（b）中的支承块，是从一个整体（四棱柱）中间挖去一长方槽Ⅱ，前后壁上挖去两个圆柱孔Ⅲ，并在四角切去四块三棱柱Ⅳ组成的，故称为挖切式组合体。

二、组合体三面视图的画法

画组合体的三视图时，应采用形体分析法把组合体分解为几个基本几何体，然后按它们的组合关系和相对位置有条不紊地逐步画出三视图。

例5－1　以图5－1（a）的轴承架为例，说明画叠合式组合体三视图的方法和步骤。

1. 进行形体分析

轴承架由长方形板Ⅰ、半圆端竖板Ⅱ和三角形肋板Ⅲ三个基本部分组成。

（1）底板。如图5－2（a）所示，其外形是一个四棱柱，下部中间挖一穿通的长方槽，在四个角上挖四个圆柱孔。其三视图见图5－2（b）。

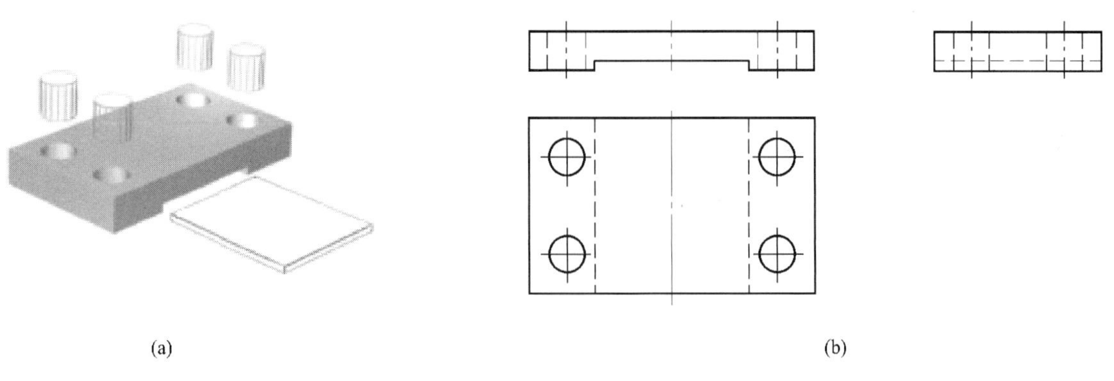

(a)　(b)

图5－2　长方形底板

（a）底板的形体分析；（b）底板的三视图

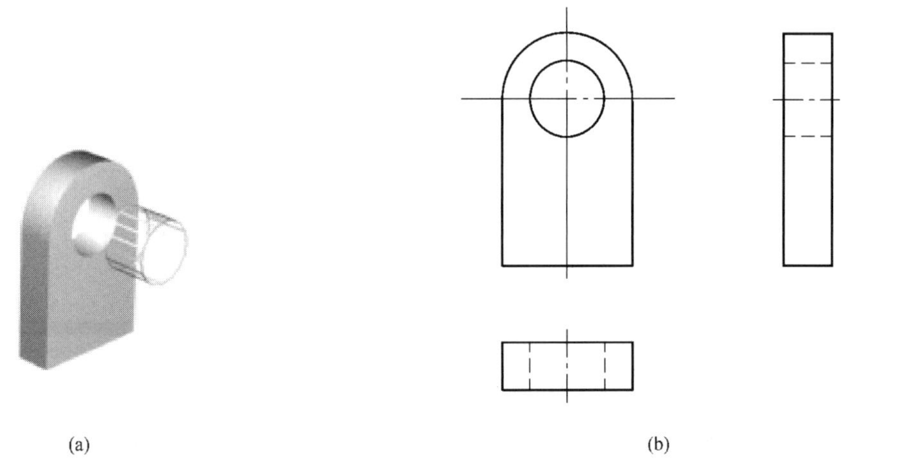

(a)　(b)

图5－3　半圆端竖板

（a）竖板的形体分析；（b）竖板的三视图

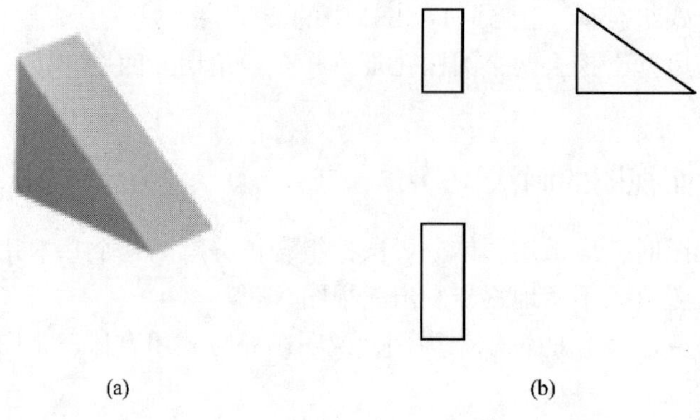

图 5-4　三角形肋板

(a) 肋板的形体分析；(b) 肋板的三视图

(2) 半圆端竖板。如图 5-3 (a) 所示，其下部是一个四棱柱，上部是半个圆柱，中间挖一圆柱孔。其三视图如图 5-3 (b) 所示。

(3) 三角板肋板。如图 5-4 (a) 所示，肋板为一个三棱柱，其三视图见图 5-4 (b)。

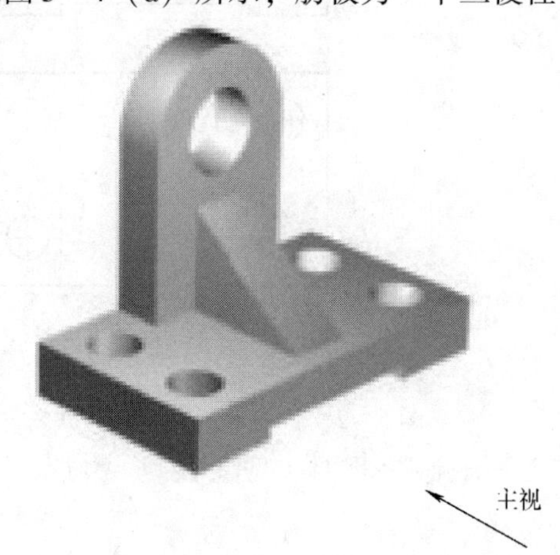

图 5-5　轴承架主视图投影方向

2. 选择主视图

画图时，首先要确定主视图。将组合体摆正，其主视图应能较明显地反映出该组合体的结构特征和形状特征。对于本例的轴承架，按图 5-5 中箭头方向投影画主视图，就可明显地反映也底板、半圆端竖板和肋板的相对位置关系和形状特征。读图者在看了主视图后，就能对该组合体的全貌有个初步的认识，知道它是由哪些部分组成的。

3. 画图步骤

下面总结一个叠合式组合体的画图步骤（图 5-6）及有关注意事项。

(1) 选定比例后画出各视图的对称线、回转体的轴线、圆的中心线及主要形体的端面线，并把它们作为基准线来布置图画。

(2) 运用形体分析法，逐个画出各组成部分。

(3) 一般先画较大的，画主要的组成部分（如轴承架的长方形底板），再画其他部分；先画主要轮廓，再画细节。

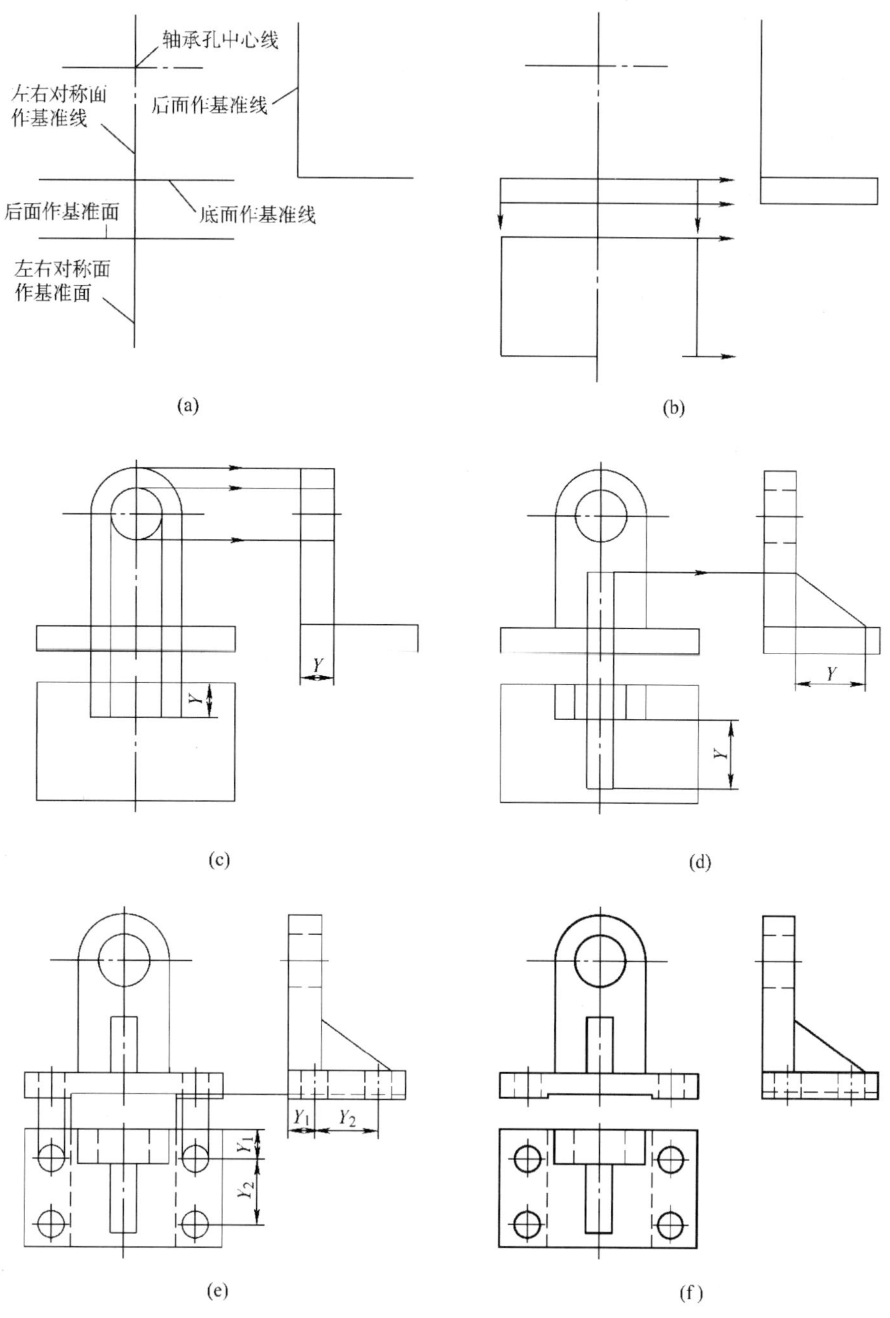

图 5－6　轴承架的画图步骤

（a）布置视图，画作图基准线；（b）画底板；（c）画半圆端立板；（d）画肋板；
（e）画底板上的凹槽及圆孔；（f）校对、擦去作图线、加深

（4）画每一基本几何体时，先从反映实形或有特征的视图（椭圆、三角形、六角形）开始，再按投影关系画出其他视图。对于回转体，先画出轴线、圆的中心线，再画轮廓线。

（5）画图过程中，应按“长对正、高平齐、宽相等”的投影规律，几个视图对应着画，以保持正确的投影关系。

第二节　组合体的尺寸注法

机件的视图只表达其结构形状，它的大小必须由视图上所标注的尺寸来确定。机件视图上的尺寸是制造、加工和检验的依据，因此，标注尺寸时，必须做到正确（严格遵守国家标准规定）、完整和清晰。

在第一章介绍尺寸注法标准及平面图形尺寸注法的基础上，下面进一步介绍几何体和组合体的尺寸注法。

一、几何体的尺寸

常见的基本形体形状和大小的尺寸标注方法及应标注的尺寸数如图 5－7 所示。

任何几何体都需注出长、宽、高三个方向的尺寸，虽因形状不同，标注形式可能有所不同，但基本形体的尺寸数量不能增减。

图 5－8 所示为几个具有斜截面或缺口的几何形体的尺寸注法。

图 5－9 中，列举了几种不同形状板件的尺寸标注方法。

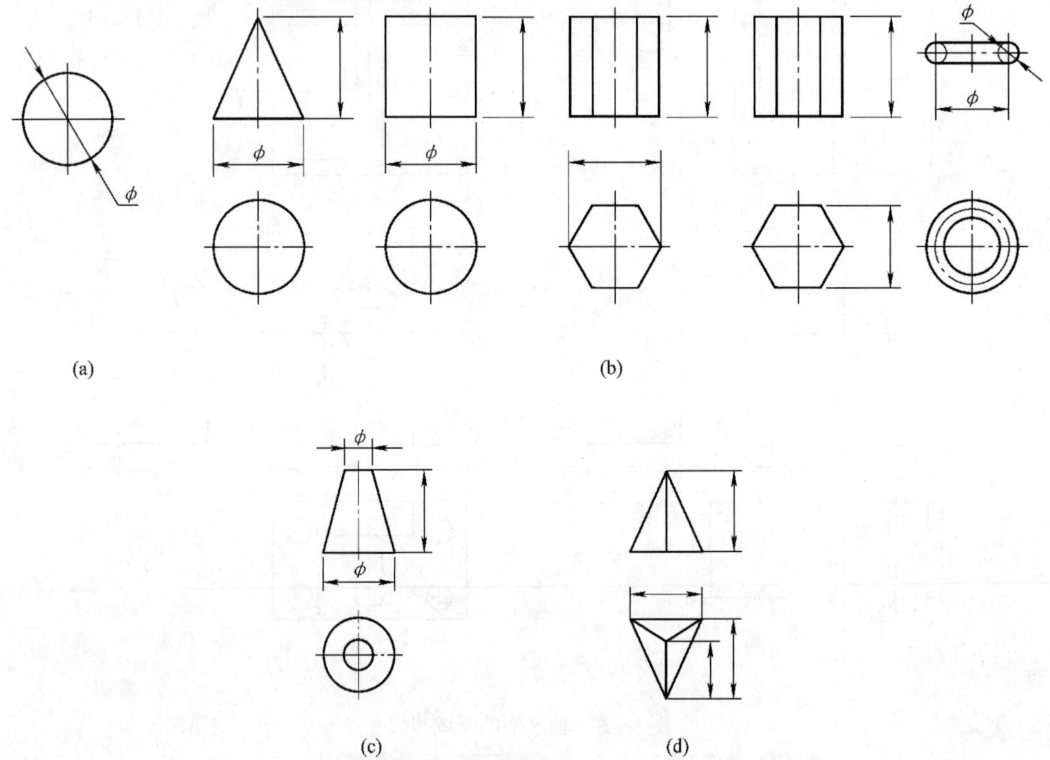

图 5－7　基本形体的尺寸注法

(a) 一个尺寸；(b) 两个尺寸；(c) 三个尺寸；(d) 四个尺寸

二、组合体的尺寸

标注组合体视图尺寸的基本要求是完整和清晰。现分述如下。

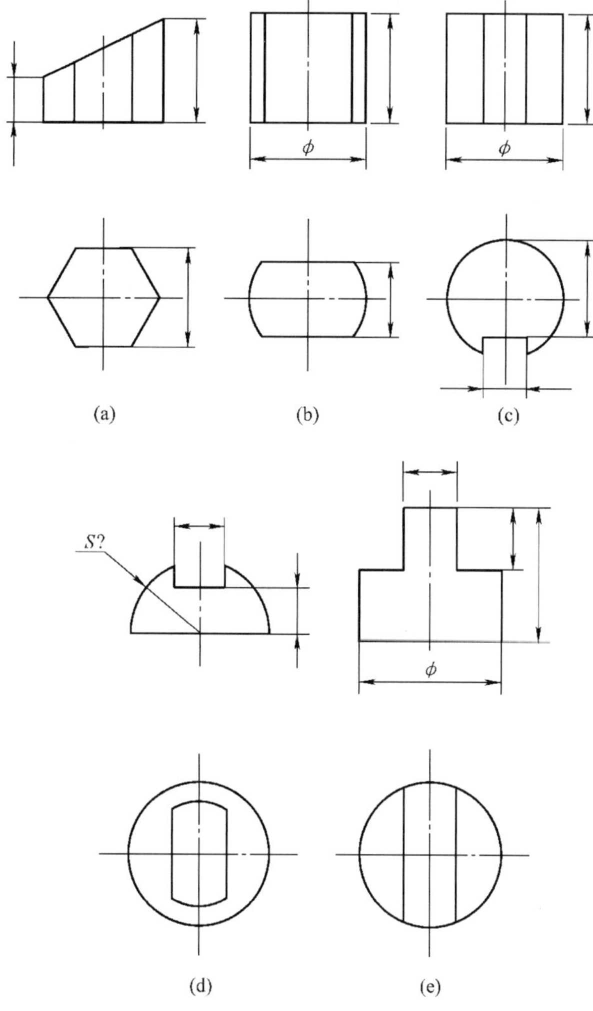

图 5－8　具有斜截面或缺口的几何体的尺寸标注

（1）为保证组合体尺寸标注的完整性，一般采用形体分析法，将组合体分解为若干基本形体，先注出各基本形体的定形尺寸，然后再确定它们之间的相互位置，注出定位尺寸。

①定形尺寸。图 5－7 所示各基本形体的尺寸都是用以确定形体大小的定形尺寸。在图 5－10（b）主视图中，除 30 以外的尺寸也均属定形尺寸。

②定位尺寸。图 5－10（b）主视图中的 21，以及俯视图中的尺寸 27、35，都是确定形成组合体的各基本形体间相互位置的定位尺寸。

标注组合体定位尺寸时，应确定尺寸基准，即确定标注尺寸的起点。在三维空间中，应有长、宽、高三个方向的尺寸基准。一般采用组合体（或基本形体）的对称面、回转体轴线和较大的底面、端面作为尺寸基准。图 5－10 所示的支架，长度方向的尺寸基准为对称面，宽度方向尺寸基准为后端面，高度方向尺寸基准为底面。

③总体尺寸。这是决定组合体总长、总宽、总高的尺寸。总体尺寸不一定都直接注出。如图 5－10 所示，支架的总高可由 21 和 *R*8 确定；长方形底板的长度 35 和宽度 18，即为该支架的总长和总宽。

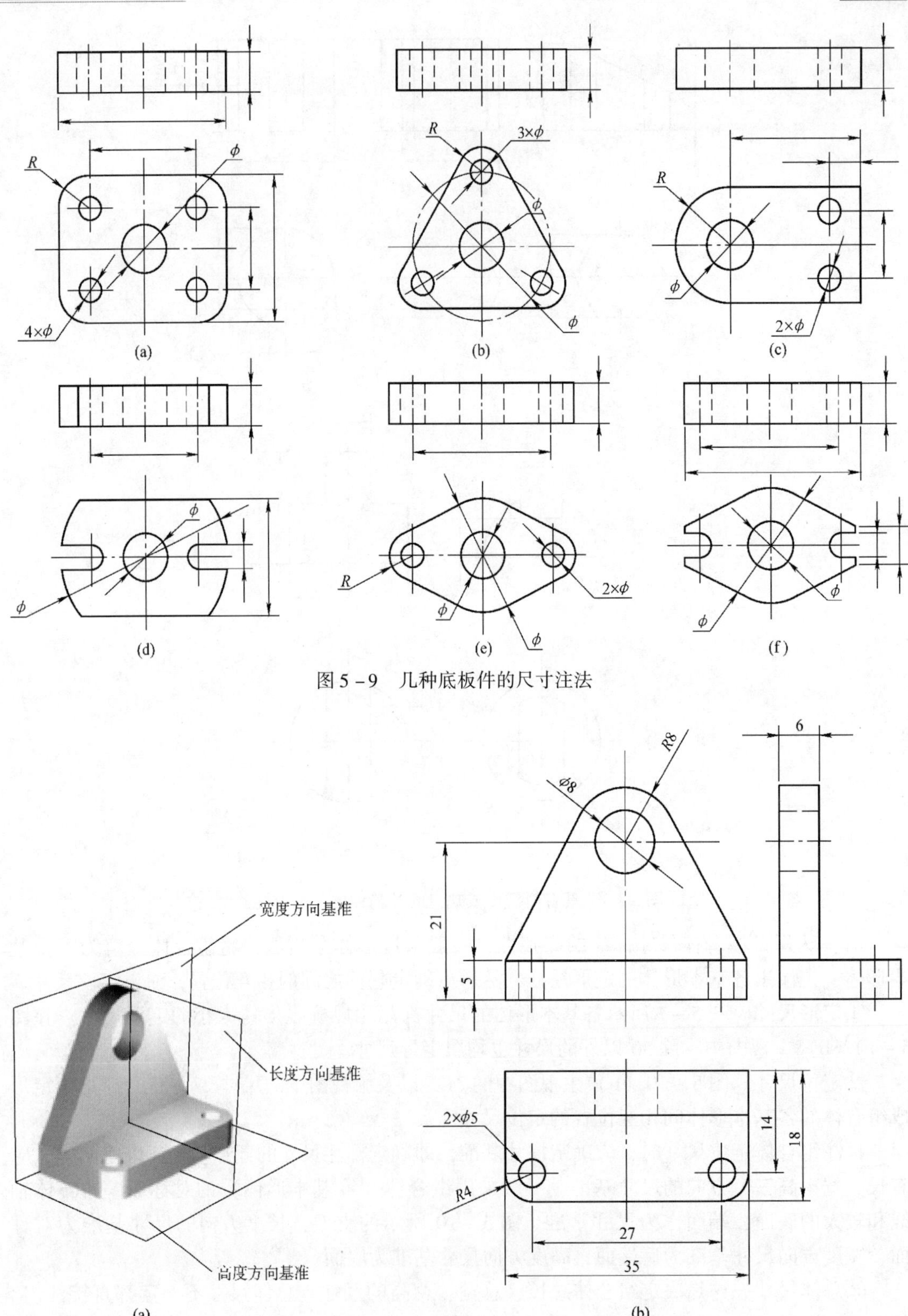

图 5－9　几种底板件的尺寸注法

图 5－10　标注组合体定价尺寸

（2）要使尺寸标注清晰，必须注意以下几点：

①尺寸应尽可能标注在形状特征最明显的视图上，半径尺寸应标注在反映圆弧的视图上，如图 5－9 中的半径 R 和图 5－10（b）中的 $R8$。要尽量避免从虚线引出尺寸。

②同一个基本形体的尺寸，应尽量集中标注。如图 5－11 主视图中的 34 和 2。

③尺寸尽可能标注在视图外部，但为了避免尺寸界线过长或与其他图线相交，必要时也可注在视图内部。如图 5－11 中肋板的定形尺寸 8。

④与两个视图有关的尺寸，尽可能标注在两个视图之间。如图 5－11 主、俯图间的 34、70、52 及主、左视图间的 10、38、16 等。

⑤尺寸布置要齐整，避免过分分散和杂乱。在标明同一方向的尺寸时，应该小尺寸在内，大尺寸在外，以免尺寸线与尺寸界线相交。

三、标注组合体尺寸的步骤

下面以图 5－5 所示轴承架为例说明标注组合体尺寸的方法和步骤，参见图 5－11。

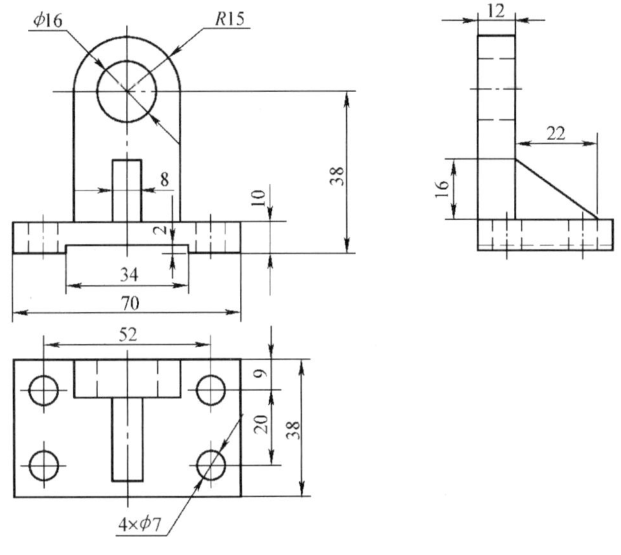

图 5－11　组合体尺寸的标注方法和步骤

（1）形体分析。轴承架的形体分析已在上节开始时进行过［图 5－2（a）、图 5－3（a）和图 5－4（a）］在此不再重复。

（2）选择基准。标注尺寸时，应先选定尺寸基准。这里选定轴承架的左、右对称平面及后端面、底面作为长、宽、高三个方向的尺寸基准。

（3）标注各基本形体的定形尺寸。图 5－11 中的 70、38、10 是长方形底板的定形尺寸；底板下部中央挖切出的长方板的定形尺寸为 34 和 2；其他各形体的定形尺寸请读者自行分析。

（4）标注定位尺寸。底板、挖切的长方板、三角板肋板、半圆头竖板都处在此选定的基准上，不需要标注定位尺寸；竖板上挖切去的 $\phi16$ 的圆柱，长度方向的定位尺寸为零，不必标注，轴线方向（宽）同半圆头竖板，高度方向应注出定位尺寸 38；底板上挖切形成四圆孔，和底板同高，故高方向不必标注定位尺寸，长和宽方向应分别注出定位尺寸 52、9 和 20。

（5）标注总体尺寸。尺寸 38 和 *R*15 确定轴承架的总高，底板的长和宽决定它的总长和总宽，故不必另行标注总体尺寸。应当指出，由于组合体的定形尺寸和定位尺寸已标注完整，如再加注总体尺寸会出现多余尺寸。为保持尺寸数量的恒定，在加注一个总体尺寸的同时，就应减少一个同方向的定形尺寸，以避免尺寸注成封闭式的。例如图 5－11 中竖板的高由 28（既定形又定位）加上 *R*15 确定，图中把它调整为尺寸 38 而减少了这个高方向的尺寸 28。

第三节　看组合体视图的方法

看图就是根据物体的视图，想象出被表达物体的原形。看组合体视图的方法有下述几种。

一、用形体分析法看图

看图是画图的逆过程。画图过程主要是根据物体进行形体分析，按照基本形体的投影特点，逐个画出各形体，完成物体的三视图。因此，看图过程应是根据物体的三视图（或两个视图），用形体分析法逐个分析投影的特点，并确定它们的相互位置，综合想象出物体的结构、形状，下面以图 5－12（a）的三视图为例加以说明。

（1）联系有关视图，看清投影关系。先从主视图看起，借助于丁字尺、三角板、分规等工具，根据“长对正、高平齐、宽相等”的规律，把几个视图联系起来看清投影关系，做好看图准备。

（2）把一个视图分成几个独立部分加以考虑。一般把主视图中的封闭线框（实线框、虚线框或实线与虚线框）作为独立部分，例如图 5－12（b）的主视图分成 5 个独立部分：Ⅰ、Ⅱ、Ⅲ、Ⅳ、Ⅴ。

（3）识别形体，定位置。根据各部分三视图（或两视图）的投影特点想象出形体，并确定它们之间的相对位置。在图 5－12（b）中，Ⅰ为四棱柱与倒 U 形柱的组合；Ⅱ为倒 U 形柱（槽），前后各挖切出一个 U 形柱；Ⅲ、Ⅳ都是横 U 形柱（缺口）；Ⅴ为圆柱（挖切形成圆孔）。它们之间的位置关系，请读者自行分析。

（4）综合起来想整体。综合考虑各个基本形体及其相对位置关系，整个组合体的形状就清楚了。通过逐个分析，可由图 5－12（a）的三面视图，想象出如图 5－12（h）所示的物体。

在上述讨论中，反复强调了要把几个视图联系起来看，只看一个视图往往不能确定形体的形状和相邻表面的相对位置关系。在看图过程中，一定要对各个视图反复对照，直至都符合投影规律时，才能最后定下结论，切忌看了一个视图就下结论。

二、用线、面分析法看图

组合体也可以看成是由若干面（平面或曲面）、线（直线或曲线）所围成的。因此，线、面分析法也就是把组合体分解为若干面、线，并确定它们之间的相对位置以及它们对投

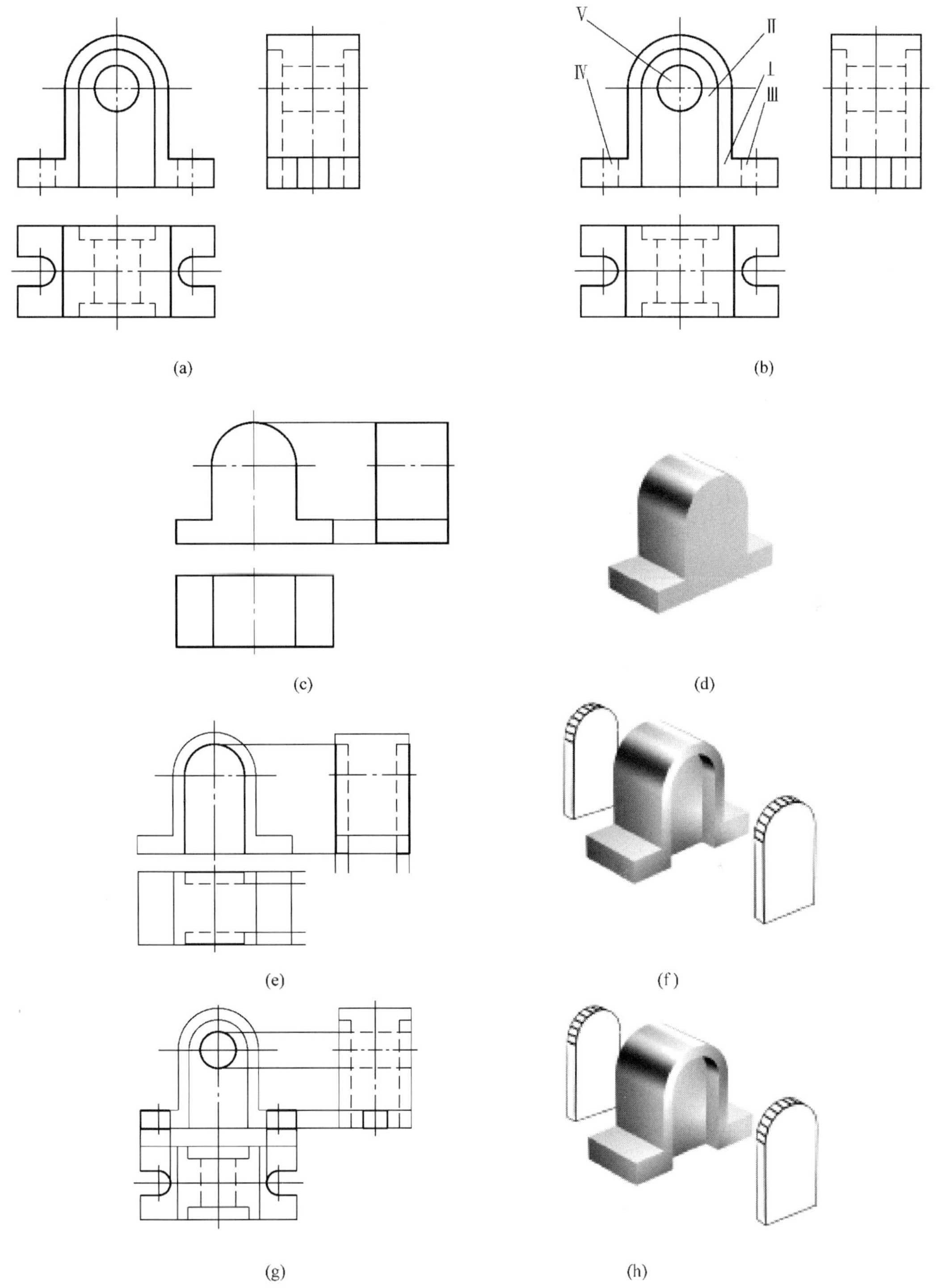

图 5－12　形体分析法看图

影面的相对位置的方法。关于线面的投影规律在第二章中讨论得较为详细，不再赘述。下面以图 5－13 所示压块为例说明用线、面分析看图的一般方法。

先分析整体形状。由于压块的三个视图的轮廓基本上都是长方形（只缺掉了几个角），所以它的基本形体是一个长方块。

进一步分析细节形状。从主、俯视图可以看出，压块右方从上到下有一阶梯孔。主视图的长方形缺个角，说明在长方块的左上方切掉一角。俯视图的长方形缺两个角，说明长方块左端切掉前、后两角。左视图也缺两个角，说明前后两边各切去一块。

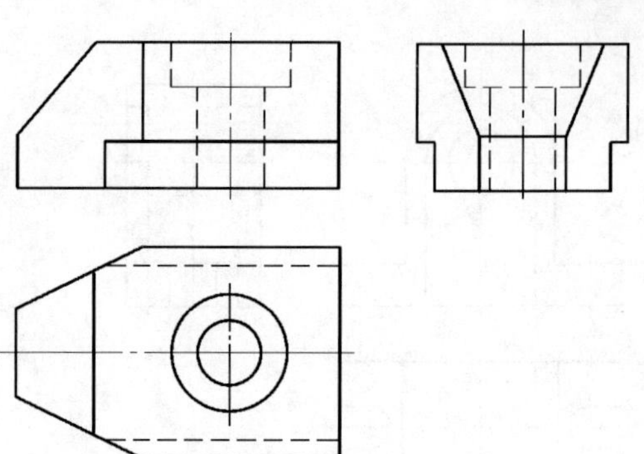

图 5－13　压块的三视图

用这样的形体分析法，压块的基本形状就大致有数了。但是，究竟是被什么样的平面切的？截切以后的投影为什么会是这个样子？还需要用线、面分析法进行分析。

下面我们应用三视图的投影规律，找出每个表面的三个投影。

（1）先看图 5－14（a），从俯视图中的梯形线框出发，在主视图中找出与它对应的斜线 p'，可知 p 面是垂直于正面的梯形平面，长方块的左上角就是由这个平面切割而成的。平面 p 对侧面和水平面都处于倾斜位置，所以它的侧面投影 p'' 和水平投影 p 是类似图形，不反映 p 面的真形。

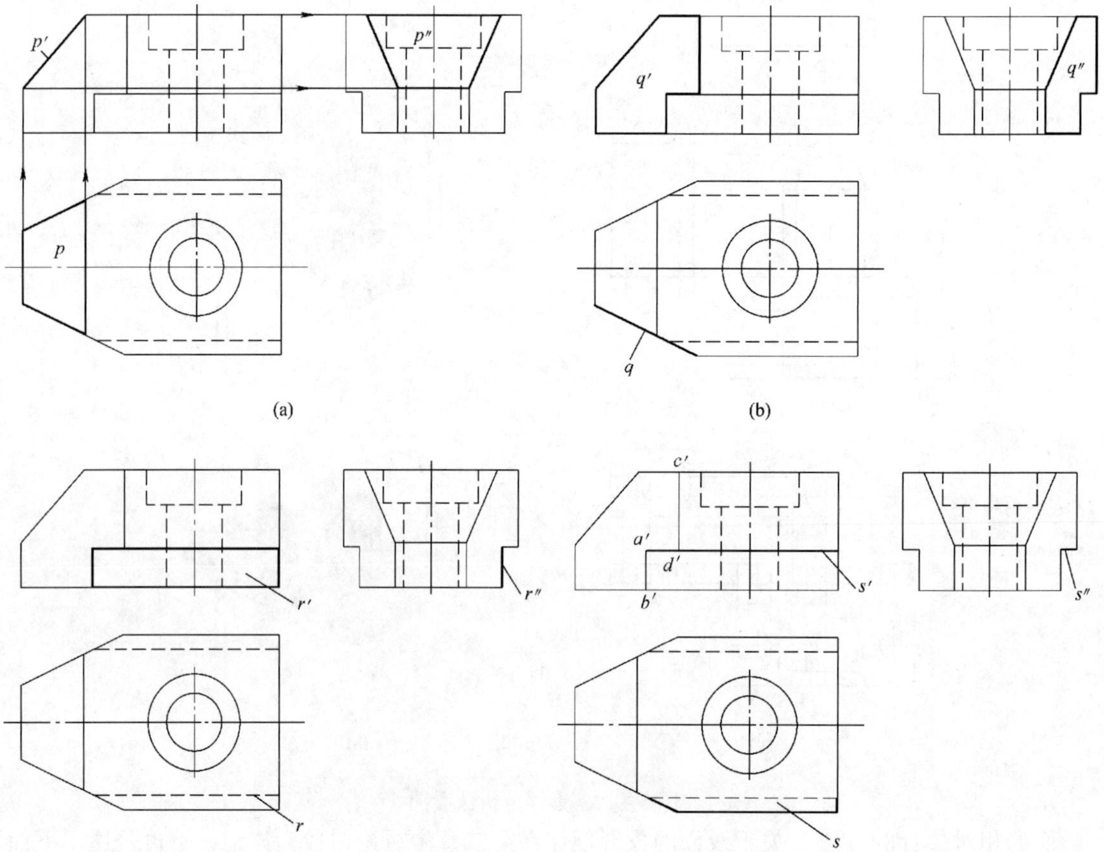

(a)　(b)

(c)　(d)

图 5－14　压块的看图方法

(2) 再看图5－14 (b)。由主视图的七边形 q' 出发，在俯视图上找出与它对应的斜线 q，可知 Q 面是垂直于水平面的。长方块的左端，就是由这样的两个平面切割而成的。平面 Q 对正面和侧面都处于倾斜位置，因而侧面投影 q'' 也是一个类似的七边形。

(3) 然后，从主视图上的长方形 r' 入手，找出面的三个投影（图5－14 (c)）；从俯视图的四边形 S 出发，找到 S 面的三个投影（图5－14 (d)）。不难看出，R 面平行于正面，S 面平行于水平面。长方块的前后两边，就是这两个平面切割而成的。在图5－14 (d) 中，$a'b'$ 线不是平面的投影，而是 R 面与 Q 面的交线。$c'd'$ 线是哪两个平面的交线？请读者自行分析。

其余的表面比较简单易看，不需一一分析。这样，既从形体上，又从线、面的投影上，彻底弄清了整个压块的三面视图，就可以想象出如图5－15所示物体的空间形状了。

看图时一般是以形体分析法为主，线、面分析法为辅。线、面分析方法主要用来分析视图中的局部复杂投影，对于切割式的零件用得较多。

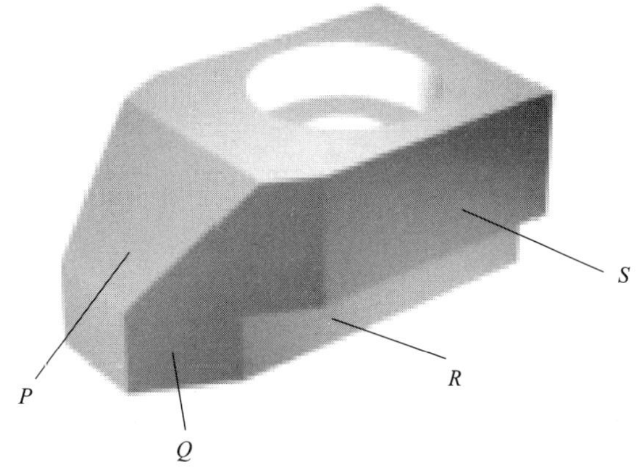

图5－15　压块

第六章

轴测投影图

轴测投影图（简称轴测图）通常称为立体图，立体图直观性强，是生产中的一种辅助图样，常用来说明产品的结构和使用方法等。

第一节　轴测投影的基本知识

一、轴测图的形成

轴测图是将物体连同其参考直角坐标系，沿不平行于任一坐标面的方向，用平行投影法将其投射在单一投影面上所得到的图形。它能同时反映出物体长、宽、高三个方向的尺度，富有立体感，但不能反映物体的真实形状和大小，度量性差。

轴测图的形成一般有两种方式，一种是改变物体相对于投影面的位置，而投影方向仍垂直于投影面，所得轴测图称为正轴测图；另一种是改变投影方向使其倾斜于投影面，而不改变物体对投影面的相对位置，所得投影图为斜轴测图。

如图 6－1 所示，改变物体相对于投影面位置后，用正投影法在 P 面上作出四棱柱及其参考直角坐标系的平行投影，得到一个能同时反映四棱柱长、宽、高三个方向的富有立体感的轴测图。其中平面 P 称为轴测投影面；坐标轴 OX、OY、OZ 在轴测投影面上的投影

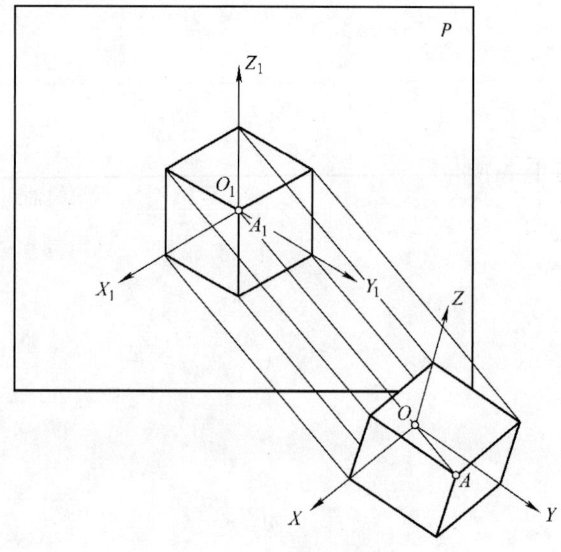

图 6－1　轴测图的概念

O_1X_1、O_1Y_1、O_1Z_1 称为轴测投影轴，简称轴测轴；每两根轴测轴之间的夹角 $\angle X_1O_1Y_1$、$\angle X_1O_1Z_1$、$\angle Y_1O_1Z_1$，称为轴间角；空间点 A 在轴测投影面上的投影 A_1 称为轴测投影；直角坐标轴上单位长度的轴测投影长度与对应直角坐标轴上单位长度的比值，称为轴向伸缩系数，X、Y、Z 方向的轴向伸缩系数分别用 p、q、r 表示。

二、轴测图的分类

根据投影方向不同，轴测图可分为两类：正轴测图和斜轴测图。根据轴向伸缩系数不同，每类轴测图又可分为三类：三个轴向伸缩系数均相等的，称为等测轴测图。其中，只有两个轴向伸缩系数相等的，称为二测轴测图；三个轴向伸缩系数均不相等的，称为三测轴测图。

以上两种分类方法结合，得到六种轴测图，分别简称为正等测、正二测、正三测和斜等测、斜二测、斜三测。工程上使用较多的是正等测和斜二测，本章只介绍这两种轴测图的画法。

第二节　正等轴测图的画法

一、轴间角和轴向伸缩系数

在正投影情况下，当 $p=q=r$ 时，三个坐标轴与轴测投影面的倾角都相等，均为 35°16′。由几何关系可以证明，其轴间角均为 120°，三个轴向伸缩系数均为：$p=q=r=\cos 35°16' \approx 0.82$。

在实际画图时，为了作图方便，一般将 O_1Z_1 轴取为铅垂位置，各轴向伸缩系数采用简化系数 $p=q=r=1$。这样，沿各轴向的长度均被放大 1/0.82≈1.22 倍，轴测图也就比实际物体大，但对形状没有影响。图 6－2 给出了轴测轴的画法和各轴向的简化轴向伸缩系数。

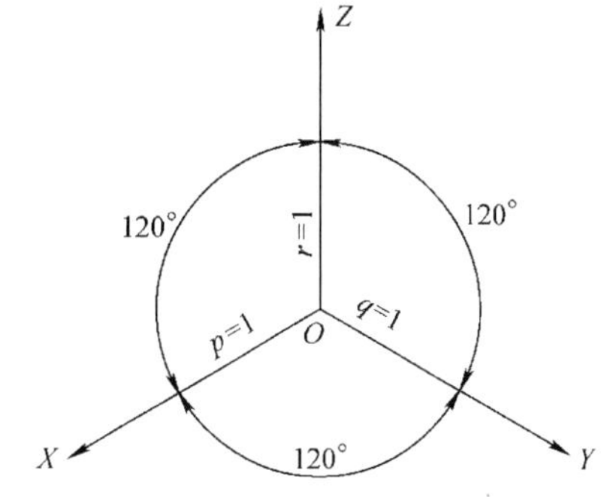

图 6－2　正等测图的轴间角和简化轴向伸缩系数

二、平面立体的正等测图

画平面立体正等测图的方法有：坐标法、切割法和叠加法。

1. 坐标法

使用坐标法时，先在视图上选定一个合适的直角坐标系 $OXYZ$ 作为度量基准，然后根据物体上每一点的坐标，定出它的轴测投影。

例 6－1　画出正六棱柱的正等测图。

解　首先进行形体分析，将直角坐标系原点 O 放在顶面中心位置，并确定坐标轴（图 6－3）；再作轴测轴，并在其上采用坐标量取的方法，得到顶面各点的轴测投影；接着从顶面 1_1、2_1、3_1、6_1 点沿 Z 向向下量取 h 高度，得到底面上的对应点；分别连接各点，用粗实

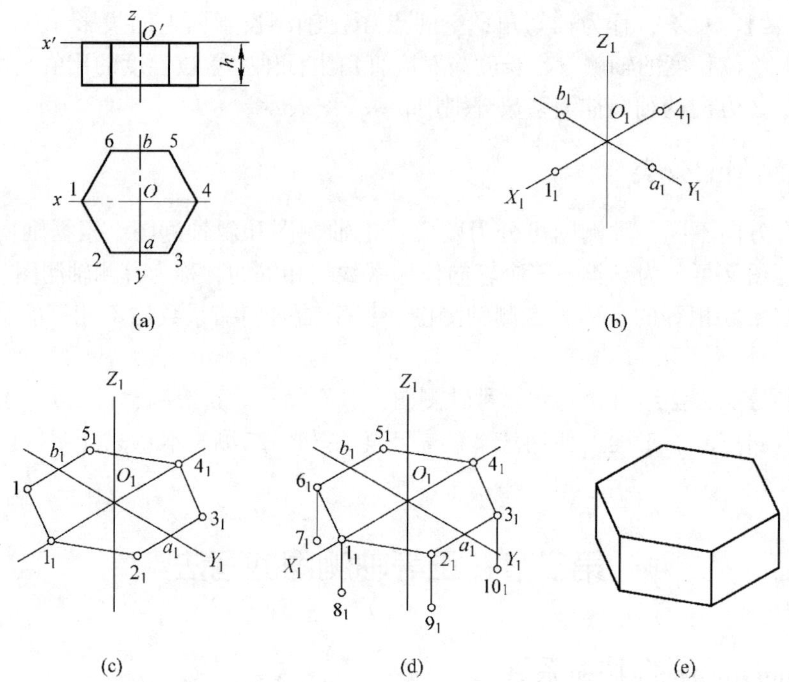

图6-3　坐标法画正等测图

线画出物体的可见轮廓，擦去不可见部分，得到六棱柱的轴测投影。

在轴测图中，为了使画出的图形明显起见，通常不画出物体的不可见轮廓，上例中坐标系原点放在正六棱柱顶面有利于沿 Z 轴方向从上向下量取棱柱高度 h，避免画出多余作图线，使作图简化。

2. 切割法

切割法又称方箱法，适用于画由长方体切割而成的轴测图，它是以坐标法为基础，先用坐标法画出完整的长方体，然后按形体分析的方法逐块切去多余的部分。

例6-2　画出如图6-4（a）所示三视图的正等测图。

解　首先根据尺寸画出完整的长方体；再用切割法分别切去左上角的三棱柱、左前方的三棱柱；擦去作图线，描深可见部分即得垫块的正等测图。

3. 叠加法

叠加法是先将物体分成几个简单的组成部分，再将各部分的轴测图按照它们之间的相对位置叠加起来，并画出各表面之间的连接关系，最终得到物体轴测图的方法。

例6-3　画出如图6-5（a）所示三视图的正等测图。

解　先用形体分析法将物体分解为底板Ⅰ、竖板Ⅱ和筋板Ⅲ三个部分；再分别画出各部分的轴测投影图，擦去作图线，描深后即得物体的正等测图。

切割法和叠加法都是根据形体分析法得来的，在绘制复杂零件的轴测图时，常常是综合在一起使用的，即根据物体形状特征，决定物体上某些部分是用叠加法画出，而另一部分需要用切割法画出。

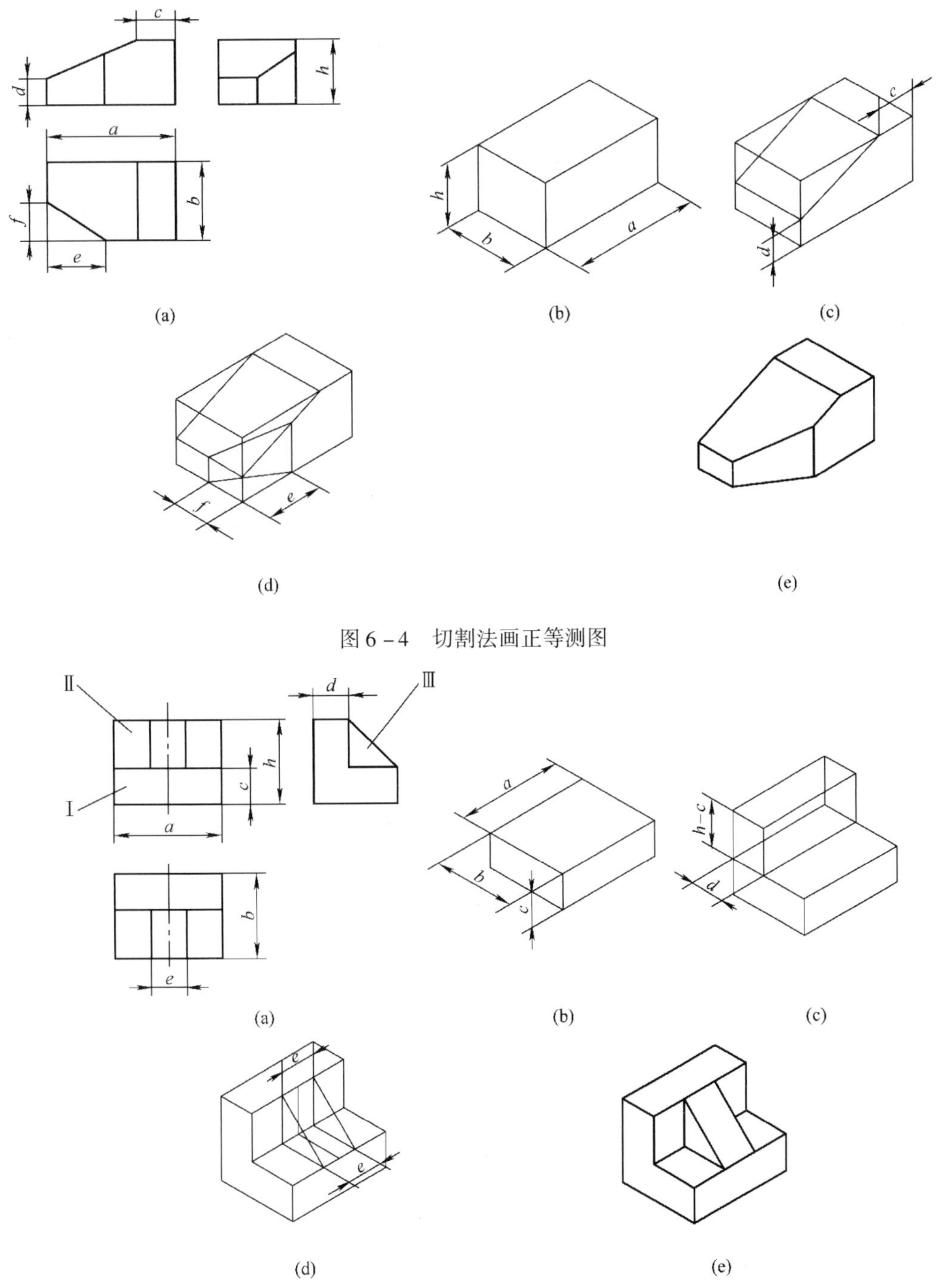

图 6－4　切割法画正等测图

图 6－5　叠加法画正等测图

三、回转体的正等测图

1. 平行于坐标面圆的正等测图画法

常见的回转体有圆柱、圆锥、圆球、圆台等。在作回转体的轴测图时，首先要解决圆的轴测图画法问题。圆的正等测图是椭圆，三个坐标面或其平行面上的圆的正等测图是大小相等、形状相同的椭圆，只是长短轴方向不同，如图6－6所示。

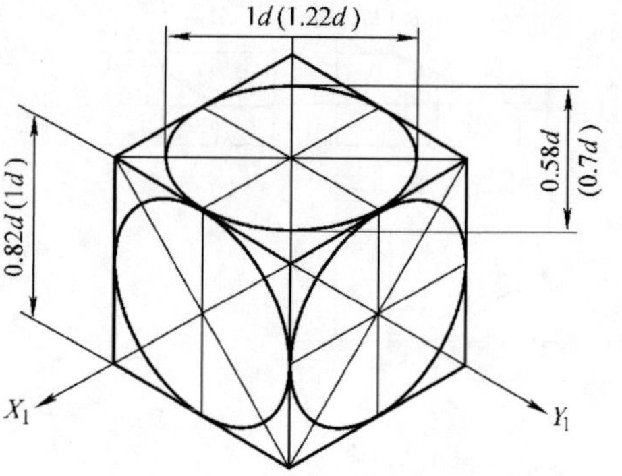

在实际作图时中，一般不要求准确地画出椭圆曲线，经常采用“菱形法”进行近似作图，将椭圆用四段圆弧连接而成。下面以水平面上圆的正等测图为例，说明“菱形法”近似作椭圆的方法。如图6－7所示，其作图过程如下：

图6－6　平行于坐标面圆的正等测投影

① 通过圆心 O 作坐标轴 OX 和 OY，再作圆的外切正方形，切点为1、2、3、4（图6－7a）。

② 作轴测轴 O_1X_1、O_1Y_1，从点 O_1 沿轴向量得切点 1_1、2_1、3_1、4_1，过这四点作轴测轴的平行线，得到菱形，并作菱形的对角线（图6－7b）。

③ 过 1_1、2_1、3_1、4_1 各点作菱形各边的垂线，在菱形的对角线上得到四个交点 O_2、O_3、O_4、O_5，这四个点就是代替椭圆弧的四段圆弧的中心（图6－7c）。

④ 分别以 O_2、O_3 为圆心，O_21_1、O_33_1 为半径画圆弧 1_12_1、3_14_1；再以 O_4、O_5 为圆心，O_41_1、O_52_1 为半径画圆弧 2_13_1、1_14_1，即得近似椭圆（图6－7d）。

⑤ 加深四段圆弧，完成全图（图6－7e）。

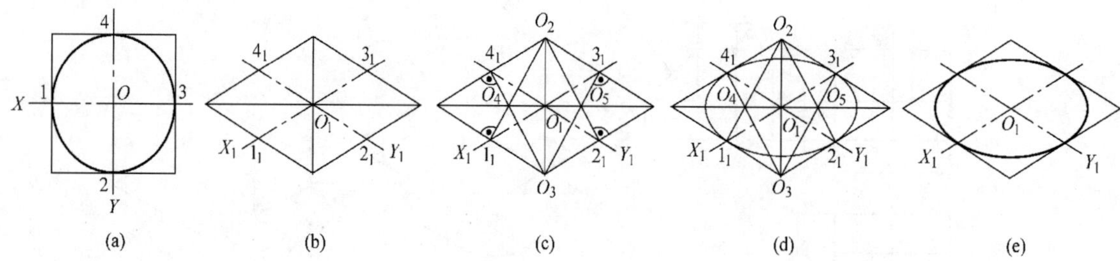

图6－7　菱形法求近似椭圆

例6－4　画出如图6－8（a）所示圆柱的正等测图。

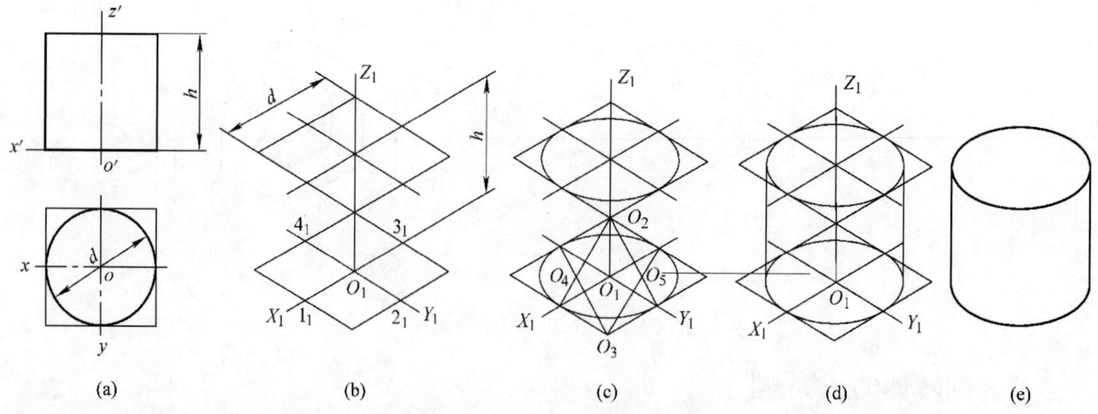

图6－8　作圆柱的正等测图

解　先在给出的视图上定出坐标轴、原点的位置，并作圆的外切正方形；再画轴测轴及圆外切正方形的正等测图的菱形，用菱形法画顶面和底面上椭圆；然后作两椭圆的公切线；

最后擦去多余作图线，描深后即完成全图。

2. 圆角的正等测图画法

在产品设计上，经常会遇到由 1/4 圆柱面形成的圆角轮廓，画图时就需画出由 1/4 圆周组成的圆弧，这些圆弧在轴测图上正好近似椭圆的四段圆弧中的一段。因此，这些圆角的画法可由菱形法画椭圆演变而来。

如图 6－9 所示，根据已知圆角半径 R，找出切点 1_1、2_1、3_1、4_1，过切点作切线的垂线，两垂线的交点即为圆心。以此圆心到切点的距离为半径画圆弧，即得圆角的正等轴测图。顶面画好后，采用移心法将 O_1、O_2 向下移动 h，即得下底面两圆弧的圆心 O_3、O_4。画弧后描深即完成全图。

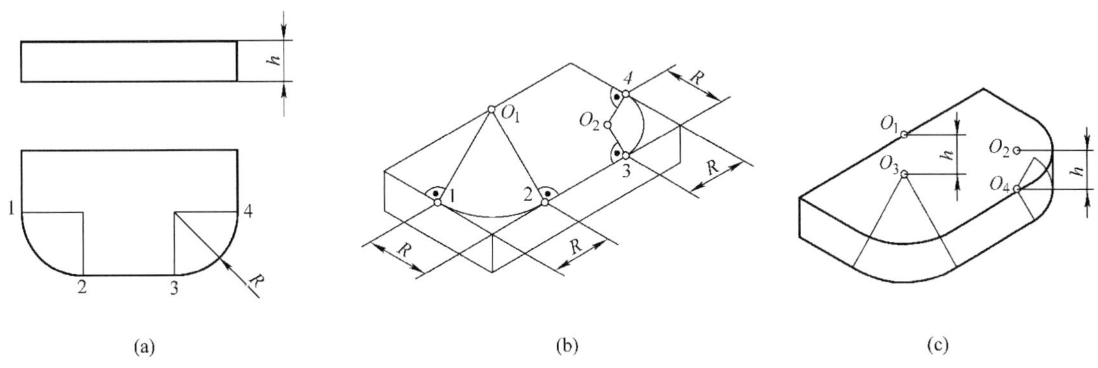

图 6－9　作圆角的正等测图

四、组合体正等测图的画法

组合体是由若干个基本形体以叠加、切割、相切或相贯等连接形式组合而成。因此在画正等测时，应先用形体分析法，分析组合体的组成部分、连接形式和相对位置，然后逐个画出各组成部分的正等轴测图，最后按照它们的连接形式，完成全图。

例 6－5　画出如图 6－10（a）所示组合体的正等测图。

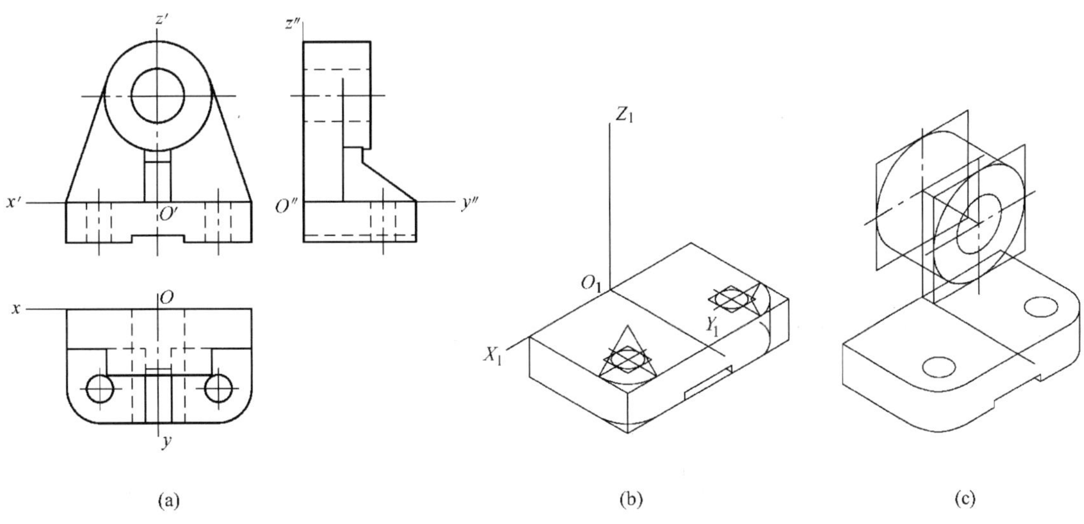

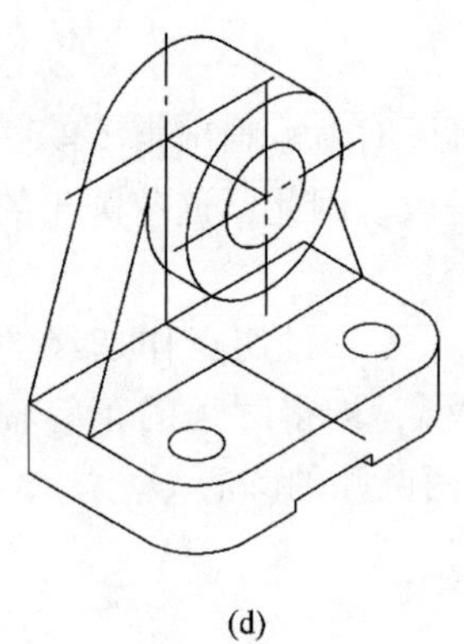
(d)

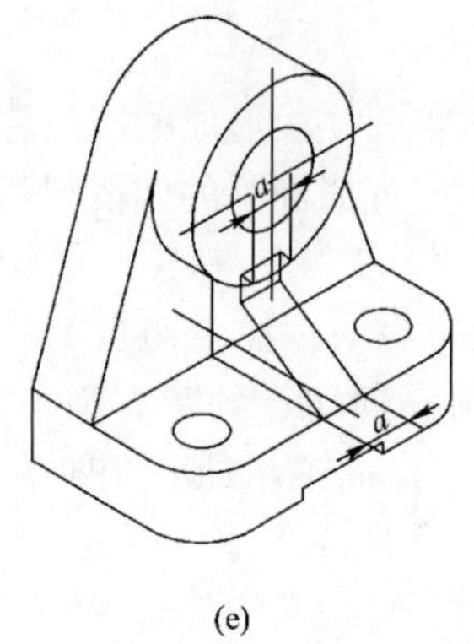

(e)

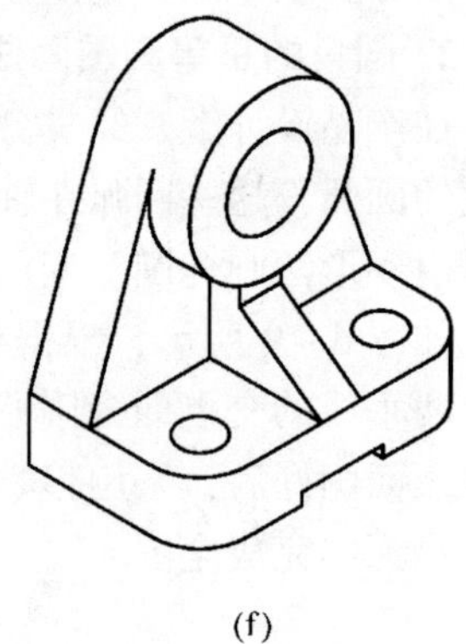
(f)

图 6－10　作组合体的正等测图

解　作图过程如图 6－10（b）～（f）。

第三节　斜二测图的画法

一、轴间角和轴向伸缩系数

由于空间坐标轴与轴测投影面的相对位置可以不同，投影方向对轴测投影面倾斜角度也可以不同，所以斜轴测投影可以有许多种。最常采用的斜轴测图是使物体的 XOZ 坐标面平行于轴测投影面，称为正面斜轴测图。通常将斜二测图作为一种正面斜轴测图来绘制。

在斜二测图中，轴测轴 X_1 和 Z_1 仍为水平方向和铅垂方向，即轴间角 $\angle X_1O_1Z_1=90°$，物体上平行于坐标 XOZ 的平面图形都能反映实形，轴向伸缩系数 $p=r=2q=1$。为了作图简便，并使斜二测图的立体感强，通常取轴间角 $\angle X_1O_1Y_1=\angle Y_1O_1Z_1=135°$。图 6－11 给出了轴测轴的画法和各轴向伸缩系数。

图 6－11　斜二测图的轴间角和轴向伸缩系数

二、平行于坐标面圆的斜二测图画法

平行于 $X_1O_1Z_1$ 面上的圆的斜二测投影还是圆，大小不变。平行于 $X_1O_1Y_1$ 和 $Z_1O_1Y_1$ 面上的圆的斜二测投影都是椭圆，且形状相同，它们的长轴与圆所在坐标面上的一根轴测轴成 7°9′20″（可近似为 7°）的夹角。根据理论计算，椭圆长轴长度为 $1.06d$，短轴长度为 $0.33d$。如图 6－12 所示。由于此时椭圆作图较繁，所以，当物体的某两个方向有圆时，一般不用斜二测图，而采用正等测图。

三、组合体斜二测图的画法

由于斜二测图能如实表达物体正面的形状，因而它适合表达某一方向的复杂形状或只有一个方向有圆的物体。

例 6－6　画出如图 6－13（a）所示轴套的斜二测图。

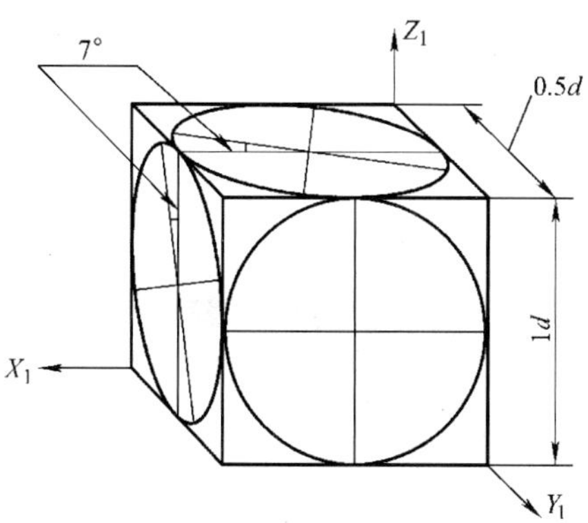

图 6－12　平行于坐标面圆的斜二测投影

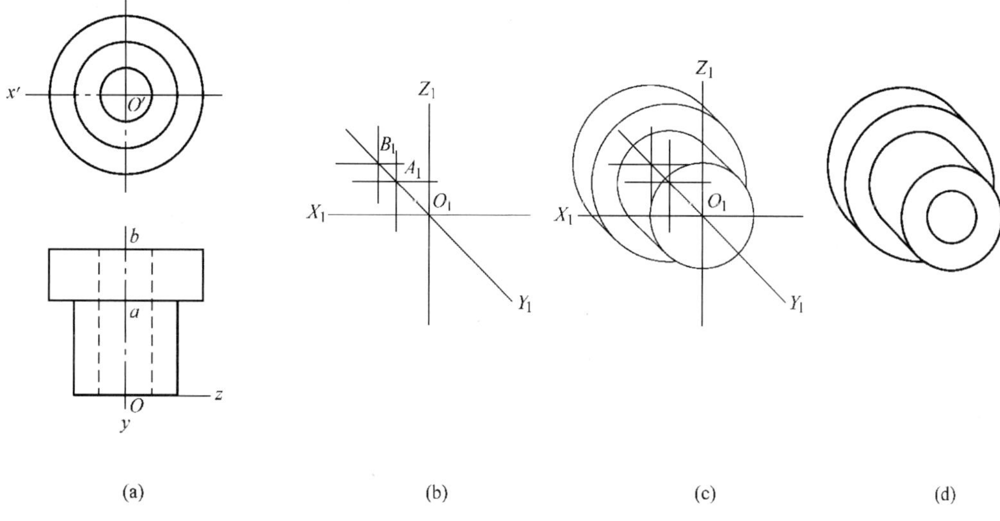

图 6－13　作轴套的斜二测图

解　轴套上平行于 XOZ 面的图形都是同心圆，而其他面的图形则很简单，所以采用斜二测图。作图时，先进行形体分析，确定坐标轴；再作轴测轴，并在 Y_1 轴上根据 $q=0.5$ 定出各个圆的圆心位置 O_1、A_1、B_1；然后画出各个端面圆的投影、通孔的投影，并作圆的公切线；最后擦去多余作图线，加深完成全图。

第七章

机件的常用表达方法

在实际工程中，由于使用场合和要求的不同，机件结构形状也是各不相同的。根据国家标准（GB 16675.1—1996）规定："在绘制技术图样时，应首先考虑看图方便。根据物体的结构特点，选用适当的表示方法。在完整、清晰地表示物体形状的前提下，力求制图简便。"本章将介绍机件的各种常用表达方法。

第一节　表达机件外形的方法——视图

视图主要用来表达机件的外部结构形状，视图通常有基本视图、向视图、局部视图、和斜视图。

一、基本视图和向视图

机件在基本投影面上的投影称为基本视图，即将机件置于一正六面体内［图 7－1（a），正六面体的六面构成基本投影面］，向该六面投影所得的视图为基本视图。该 6 个视图分别

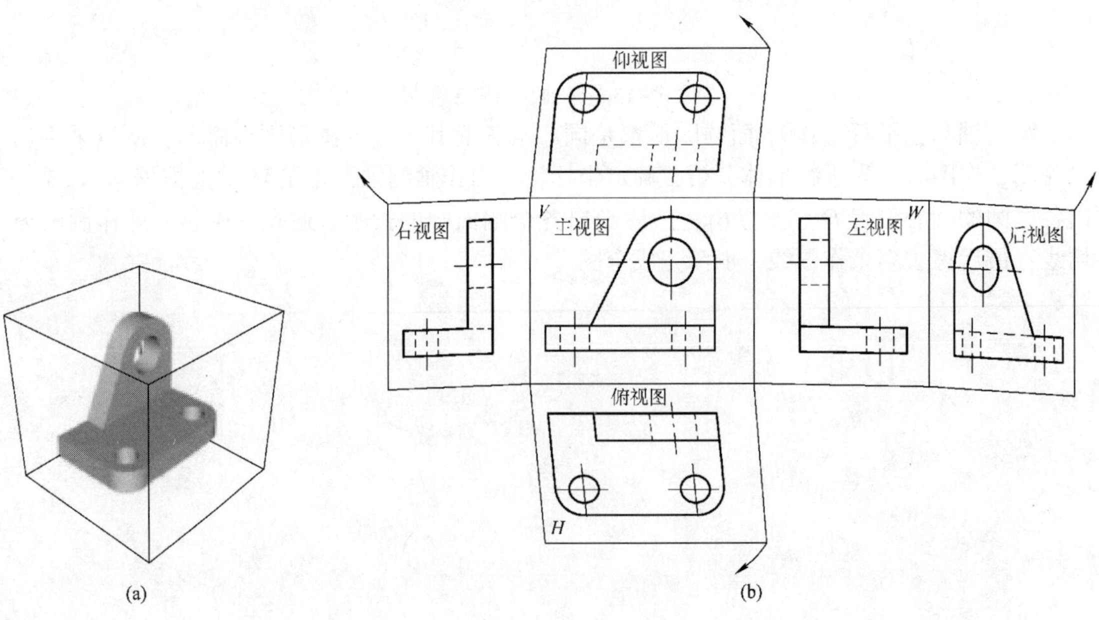

图 7－1　基本视图的形成

（a）基本视图的六面投影箱；（b）基本视图的展开

是由前向后、由上向下、由左向右投影所得的主视图、俯视图和左视图，以及由右向左、由下向上、由后向前投影所得的右视图、仰视图和后视图。各基本投影面的展开方式如图 7－1（b)所示，展开后各视图的配置如图 7－2 所示。基本视图具有“长对正、高平齐、宽相等”的投影规律，即主视图、俯视图和仰视图长对正（后视图同样反映零件的长度尺寸，但不与上述三视图对正)，主视图、左、右视图和后视图高平齐，左、右视图与俯、仰视图宽相等。另外，主视图与后视图、左视图与右视图、俯视图与仰视图还具有轮廓对称的特点。

向视图是可自由配置的视图。如果视图不能按图 7－2 配置时，则应在向视图的上方标注“×”（“×”为大写的拉丁字母)，在相应的视图附近用箭头指明投影方向，并注上相同的字母，如图 7－3 所示。

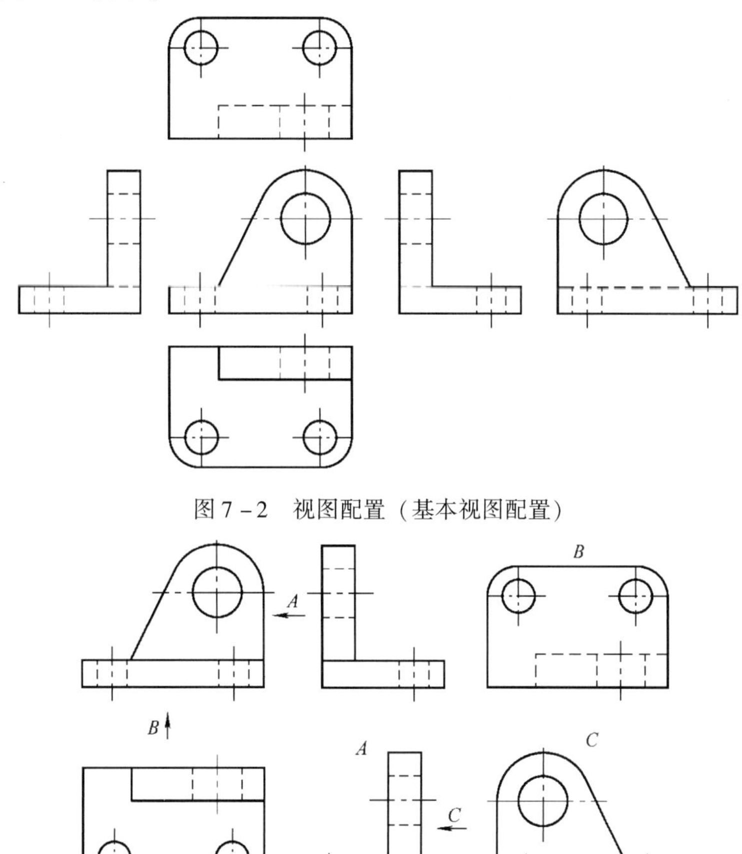

图 7－2　视图配置（基本视图配置）

图 7－3　视图配置（向视图）

二、局部视图

将机件的某一部分向基本投影面投影，所得到的视图叫做局部视图。画局部视图的主要目的是为了减少作图工作量。图 7－4 所示机件，当画出其主俯视图后，仍有两侧的凸台没有表达清楚。因此，需要画出表达该部分的局部左视图和局部右视图。局部视图的断裂边界用波浪线画出，当所表达的局部结构是完整的，且外轮廓又成封闭时，波浪线可以省略，如图 7－4 中的局部视图 B。

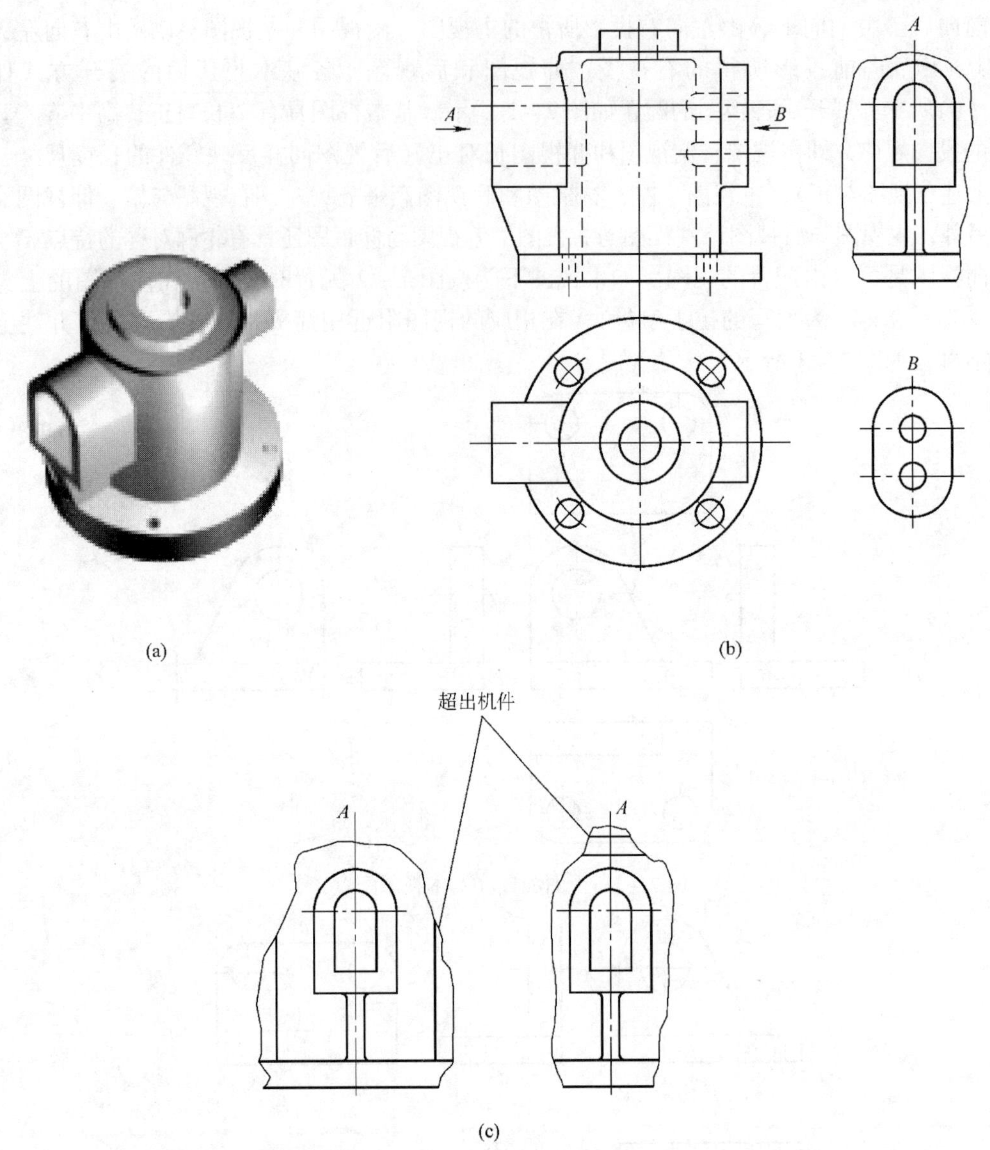

图 7－4　局部视图的画法

（a）机件立体图；（b）正确；（c）波浪线错误画法

画图时，一般应在局部视图上方标上视图的名称“X”（“X”为大写拉丁字母），在相应的视图附近用箭头指明投影方向，并注上同样的字母。当局部视图按投影关系配置，中间又无其他图形隔开时，可省略各标注。局部视图可按基本视图的配置形式配置，见图 7－5 的俯视图，也可按向视图的配置形式配置并标注。

三、斜视图

机件向不平行于任何基本投影面的平面投射所得的视图称斜视图。斜视图主要用于表达机件上倾斜部分的实形。图 7－5 所示的连接弯板，其倾斜部分在基本视图上不能反映实形，为此，可选用一个新的投影面，使它与机件的倾斜部分表面平行，然后将倾斜部分向新投影面投影，这样便可在新投影面上反映实形。

斜视图一般按向视图的形式配置并标注，必要时也可配置在其他适当位置，在不引起误解时，允许将视图旋转配置，表示该视图名称的大写拉丁字母应靠近旋转符号的箭头端，见图7－5，也允许将旋转角度标注在字母之后。

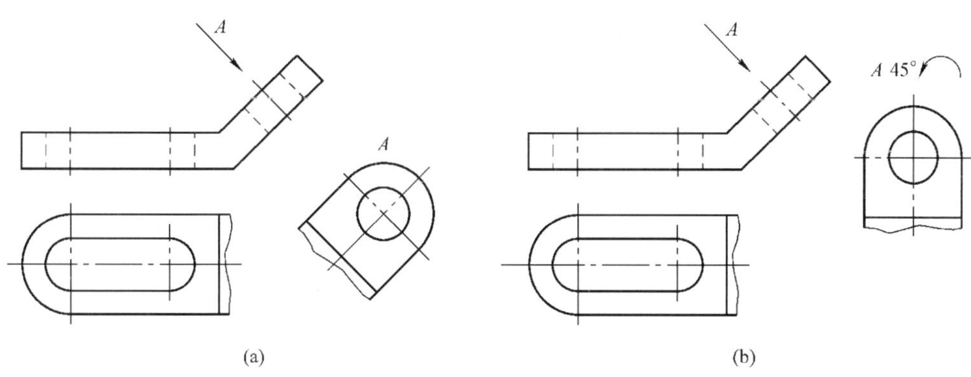

图7－5　斜视图及其标注

第二节　剖　视　图

剖视图主要用来表达机件的内部结构形状。剖视图分为：全剖视图、半剖视图和局部剖视图三种。获得三种剖视图的剖切面和剖切方法有：单一剖切面（平面或柱面）剖切、几个相交的剖切平面剖切、几个平行的剖切平面剖切、组合的剖切平面剖切。

一、剖视图的概念和画剖视图的方法步骤

1. 剖视图的概念

机件上不可见的结构形状规定用虚线表示，不可见的结构形状愈复杂，虚线就愈多，这样对读图和标注尺寸都不方便。为此，对机件不可见的内部结构形状经常采用剖视图来表达，如图7－6所示。

图7－6（a）是机件的三视图，主视图上有多条虚线。

图7－6（b）表示进行剖视图的过程，假想用剖切平面R把机件切开，移去观察者与剖切平面之间的部分，将留下的部分向投影面投影，这样得到的图形就称为剖视图，简称剖

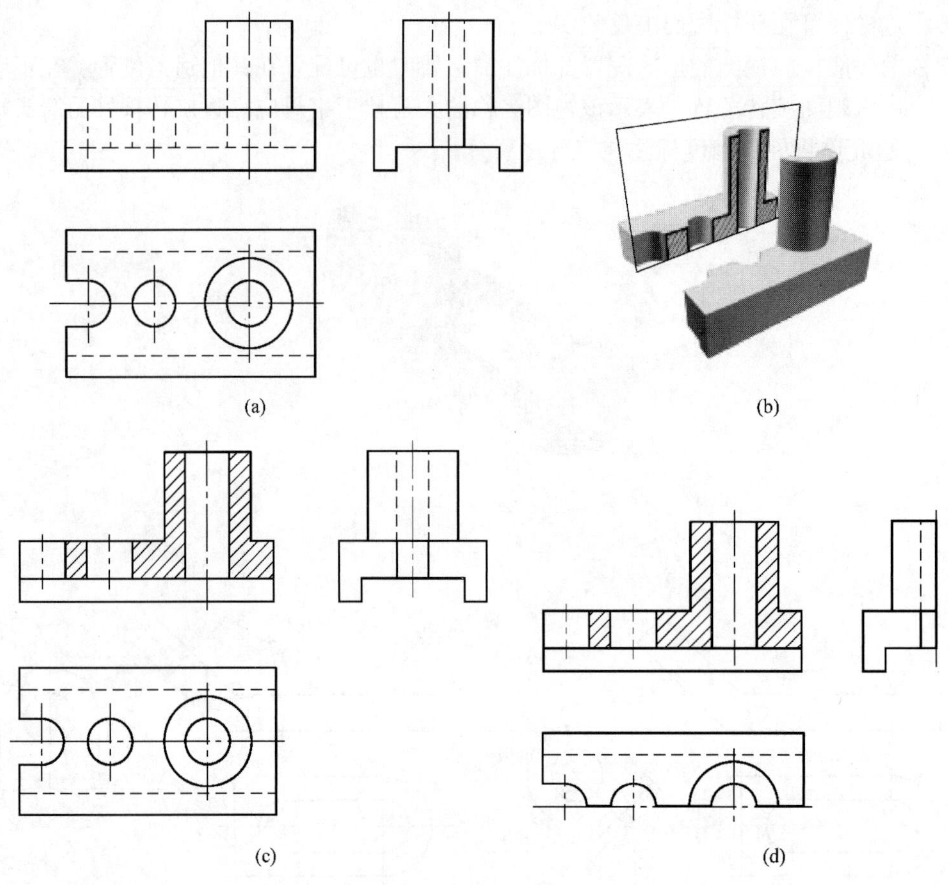

图 7-6　剖视的概念

（a）三视图；（b）立体图；（c）正确；（d）错误

视。见图 7-6（c）。

剖切平面与机件接触的部分，称为剖面。剖面是部切平面 R 和物体相交所得的交线围成的图形。为了区别剖到和未剖到的部分，要在剖到的实体部分上画上剖面符号，见图7-6（c）。

因为剖切是假想的，实际上机件仍是完整的，所以画其他视图时，仍应按完整的机件画出。因此，图 7-6（d）中的左视图与俯视图的画法是不正确的。

为了区别被剖到的机件的材料，国家标准 GB 4457.5—1984 规定了各种材料剖面符号的画法，见表 7-1。

在同一张图样中，同一个机件的所有剖视图的剖面符号应该相同。例如金属材料的剖面符号，都画成与水平线成 45°（可向左倾斜，也可向右倾斜）且间隔均匀的细实线。

2. 剖切平面位置的选择

因为画剖视图的目的在于清楚地表达机件的内部结构，因此，应尽量使剖切平面通过内部结构比较复杂的部位（如孔、沟槽）的对称平面或轴线。另外，为便于看图，剖切平面应取平行于投影面的位置，这样可在剖视图中反映出剖切到的部分实形。

3. 虚线的省略问题

剖切平面后方的可见轮廓线都应画出，不能遗漏。不可见部分的轮廓线——虚线，在不

表 7－1　剖面符号

材料名称	剖面符号	材料名称	剖面符号
金属材料（已有规定剖面符号者除外）		砖	
线圈绕组元件		玻璃及供观察用的其他透明材料	
转子、电枢、变压器和电抗器等的叠钢片		液体	
型砂、填砂、粉末冶金、砂轮、陶瓷刀片、硬质合金刀片等		非金属材料（已有规定剖面符号者除外）	
注：1. 剖面符号仅表示材料的类别，材料的名称和代号必须另行注明。 2. 叠钢片的剖面线方向，应与束装中叠钢片的方向一致。 3. 液面用细实线绘制。			

影响对机件形状完整表达的前提下，不再画出。

4. 标注问题

剖视图标注的目的，在于表明剖切平面的位置和数量，以及投影的方向。一般用断开线（粗短线）表示剖切平面的位置，用箭头表示投影方向，用字母表示某处做了剖视。

剖视图如满足以下 3 个条件，可不加标注。

（1）剖切平面是单一的，而且是平行于要采取剖视的基本投影面的平面。

（2）剖视图配置在相应的基本视图位置。

（3）剖切平面与机件的对称面重合。

凡完全满足以下两个条件的剖视，在断开线的两端可以不画箭头。

（1）部切平面是基本投影面的平行面。

（2）剖视图配置在基本视图位置，而中间又没有其他图形间隔。

二、剖视图的种类及其画法

根据机件被剖切范围的大小，剖视图可分为全剖视图、半剖视图和局部剖视图。

1. 全剖视

用剖切平面完全地剖开机件后所得到的剖视图，称为全剖视图。

图 7－6（b）的主视图为全剖视，因它满足前述不加标注的 3 个条件，所以，没有加任何标注。图 7－7（b）的俯视图做了全剖视，它不满足不加标注的 3 个条件中的第三条，所以要标注。

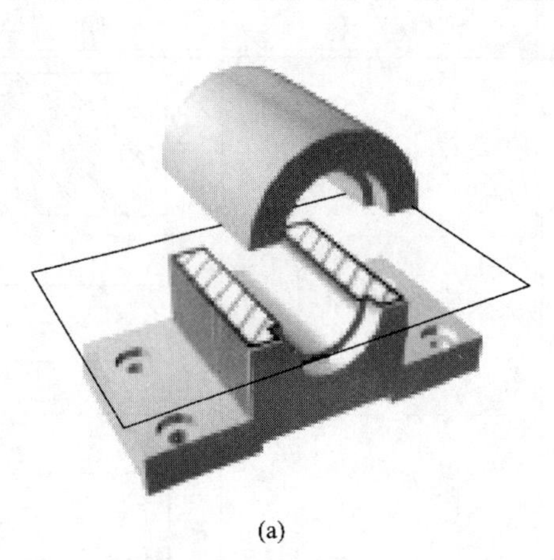

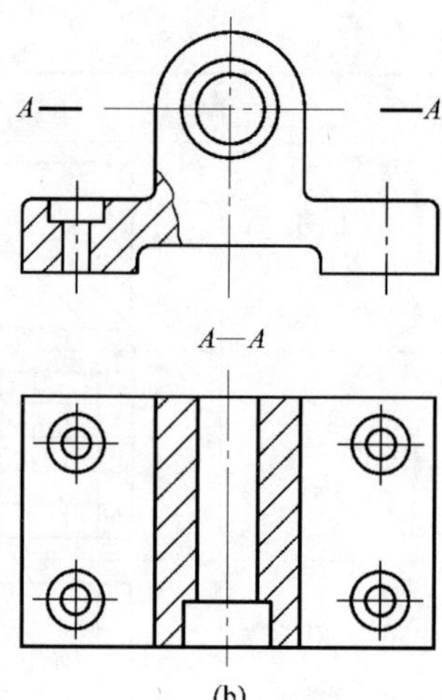

(a)　　(b)

图 7－7　全剖视图

（a）主视图全剖；（b）俯视图全剖

标注方法是，在剖切位置画断开线（断开的粗实线）。断开线应画在图形轮廓线之外，不与轮廓线相交，且在两段粗实线的旁边写上两个相同的大写字母，然后在剖视图的上方标出同样的字母，如“*A—A*”，见图 7－7（b）。因为这个剖视符合前述不画箭头的两个条件，所以没有画箭头。

全剖视图用于表达内形复杂又无对称平面的机件，如图 7－7。为了便于标注尺寸，对于外形简单，且具有对称平面的机件也常采用全剖视图，如图 7－6。

2. 半剖视图

当机件具有对称平面，向垂直于对称平面的投影面上投影时，以对称中心线（细点画线）为界，一半画成视图用以表达外部结构形状，另一半画成剖视图用以表达内部结构形状，这样组合的图形称为半剖视图，如图 7－8。

半剖视的特点是用剖视和视图的一半分别表达机件的内形和外形。由于半剖视图的一半表达了外形，另一半表达了内形，因此在半剖视图上一般不需要把看不见的内形用虚线画出来。

图 7－8 中的三个视图均采用半剖视。主视图的半剖视符合前述剖视不加标注的 3 个条件，所以，不标注。而俯视图的半剖视不符合不标注 3 个条件上第三条，所以，需要加注；但它符合不画箭头的两个条件，故可不画箭头。

3. 局部剖视图

当机件尚有部分的内部结构形状未表达清楚，但又没有必要作全剖视或不适合于作半剖视时，可用剖切平面局部地剖开机件，所得的剖视图称为局部剖视图，如图 7－9 所示。局部剖切后，机件断裂处的轮廓线用波浪线表示。为了不引起读图的误解，波浪线不要与图形中的其他图线重合，也不要画在其他图线的延长线上。图 7－10 所示为波浪线的错误画法。

应该指出的是，如图 7－11 所示机件，虽然对称，但由于机件的分界处有轮廓线，因此，不宜采用半剖视而采用了局部剖视，而且局部剖视范围的大小，视机件的具体结构形状而定，可大可小。

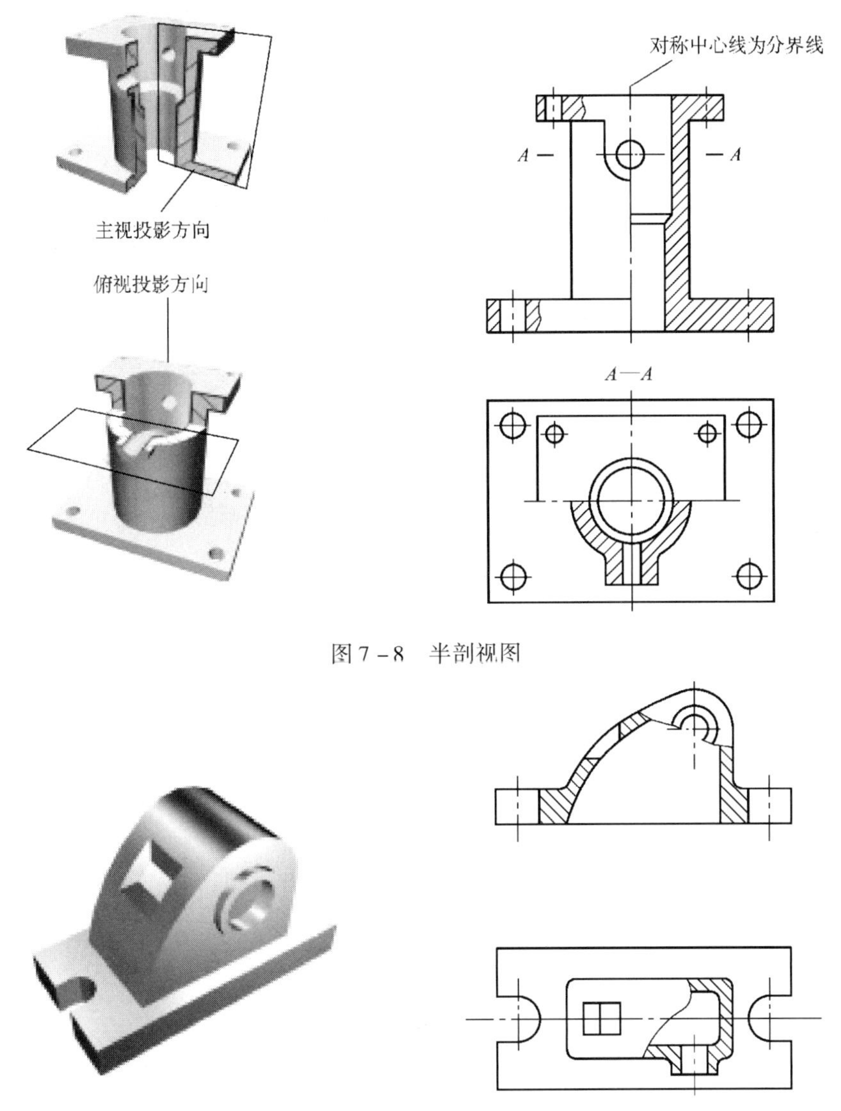

图7－8　半剖视图

图7－9　局部剖视图

三、剖切面的种类及方法

1. 单一剖切面

单一剖切面用得最多的是投影面的平行面，前面所举图例中的剖视图都是用这种平面剖切得到的。

单一剖切面还可以用垂直于基本投影面的平面，当机件上有倾斜部分的内部结构需要表达时，可和画斜视图一样，选择一个垂直于基本投影面且与所需表达部分平行的投影面，然后再用一个平行于这个投影面的剖切平面剖开机件，向这个投影面投影，这样得到的剖视图称为斜剖视图，简称斜剖视。

斜剖视图主要用以表达倾斜部分的结构，机件上与基本投影面平行的部分，在斜剖视图中不反映实形，一般应避免画出，常将它舍去画成局部视图。

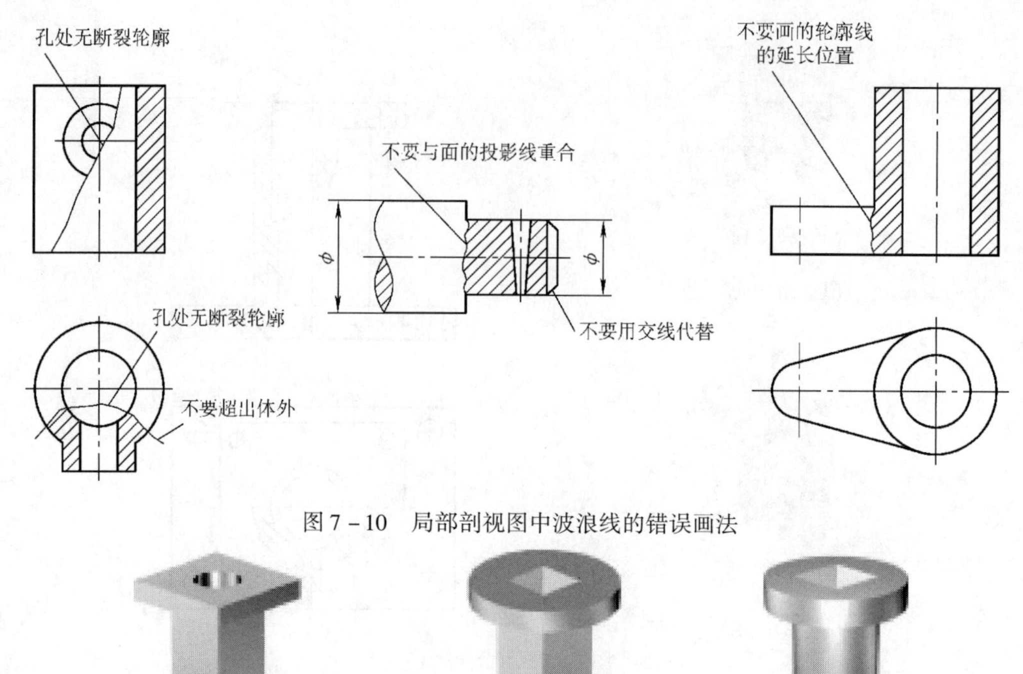

图 7－10　局部剖视图中波浪线的错误画法

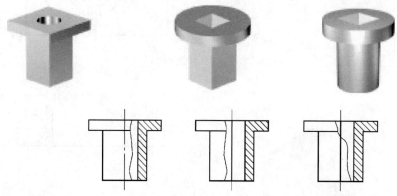

图 7－11　局部剖视图

画斜剖视时应注意以下几点。

（1）斜剖视最好配置在与基本视图的相应部分保持直接投影关系的地方，标出剖切位置和字母，并用箭头表示投影方向，还要在该斜视图上方用相同的字母标明图的名称，如图 7－12（b）所示。

（2）为使视图布局合理，可将斜剖视保持原来的倾斜程度，平移到图纸上适当的地方；为了画图方便，在不引起误解时，还可把图形旋转到水平位置，表示该剖视图名称的大写字母应靠近旋转符号的箭头端，如图 7－12（c）所示。

（3）当斜剖视的剖面线与主要轮廓线平行时，剖面线可改为与水平线成 30°或 60°角，原图形中的剖面线仍与水平线成 45°角，但同一机件中剖面线的倾斜方向应大致相同。

2. 几个相交的剖切平面

当机件的内部结构形状用一个剖切平面不能表达完全，且这个机件在整体上又具有回转轴时，可用两个相交的剖切平面剖开，这种剖切方法称为旋转剖，如图 7－13（b）的俯视图为旋转剖切后所画出的全剖视图。

采用旋转剖面剖视图时，首先把由倾斜平面剖开的结构连同有关部分旋转到与选定的基本投影面平行，然后再进行投影，使剖视图既反映实形又便于画图。需要指出的是：

（1）旋转剖必须标注，标注时，在剖切平面的起、迄、转折处画上剖切符号，标上同

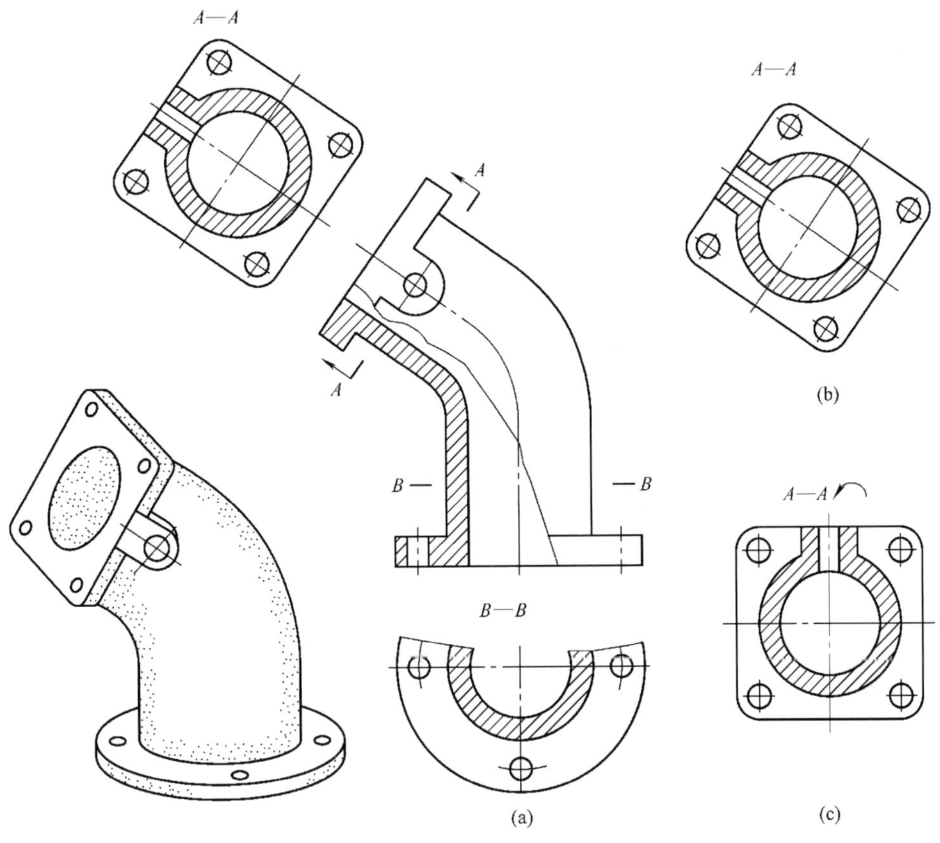

图 7-12　斜剖视

一字母，并在起讫画出箭头表示投影方向，在所画的剖视图的上方中间位置用同一字母写出其名称"×—×"，如图 7-13（b）所示。

（2）在剖切平面后的其他结构一般仍按原来位置投影，如图 7-13（b）中小油孔的两个投影。

（3）当剖切后产生不完整要素时，应将该部分按不剖画出，如图 7-14 所示。

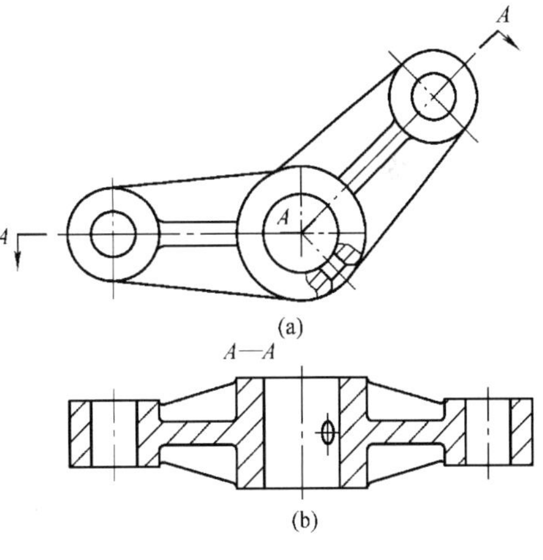

图 7-13　旋转剖视图

3. 几个平行的剖切平面

当机件上有较多的内部结构形状，而它们的轴线不在同一平面内时，可用几个互相平行的剖切平面剖切，这种剖切方法称为阶梯剖。图 7-15 所示机件用了两个平行的剖切平面剖切后画出的"A—A"全剖视图。

采用阶梯剖面剖视图时，各剖切平面剖切后所得的剖视图是一个图形，不应在剖视图中画出各剖切平面的界线，如图 7-15（c）；在图形内也不应出现不完整的结构要素，如图 7-15（d）所示。

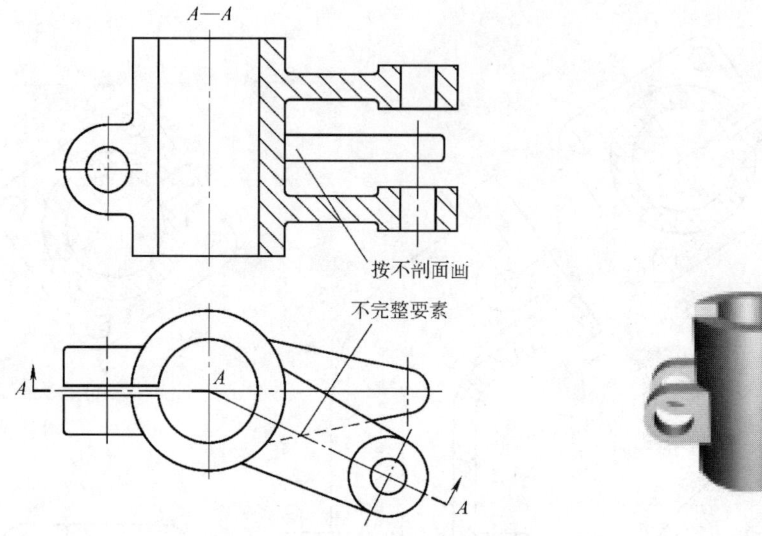

图 7－14　剖切后产生不完整要素时的画法

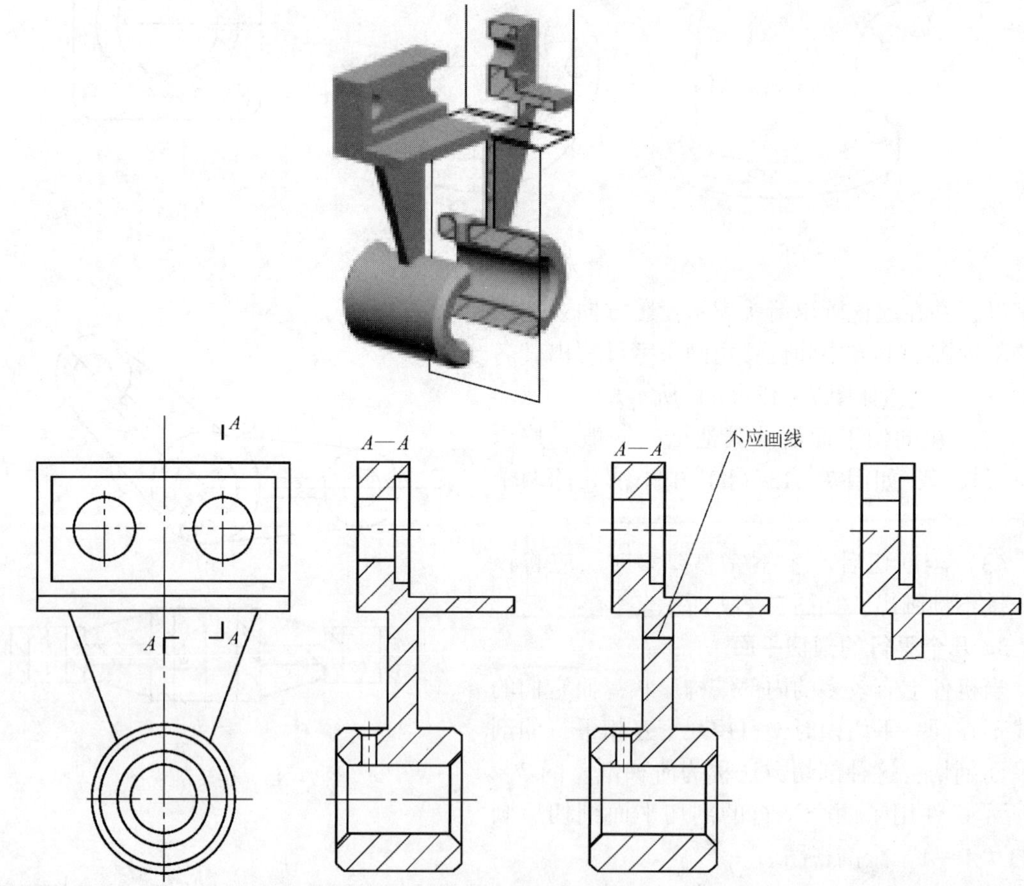

A—A　　A—A　　不应画线

(a)　　(b)　　(c)　　(d)

图 7－15　阶梯剖切的画法

阶梯剖的标注与旋转剖的标注要求相同。在相互平行的剖切平面的转折处的位置不应与视图中的粗实线（或虚线）重合或相交，如图 7 – 15 所示。当转折处的地方很小时，可省略字母。

第三节　断　面　图

断面图主要用来表达机件某部分断面的结构形状。

一、断面的概念

假想用剖切平面把机件的某处切断，仅画出断面的图形，此图形称为断面图（简称断面）。如图 7 – 16 所示吊钩，只画了一个主视图，并在几处画出了断面形状，就把整个吊钩的结构形状表达清楚了，比用多个视图或剖视图显得更为简便、明了。

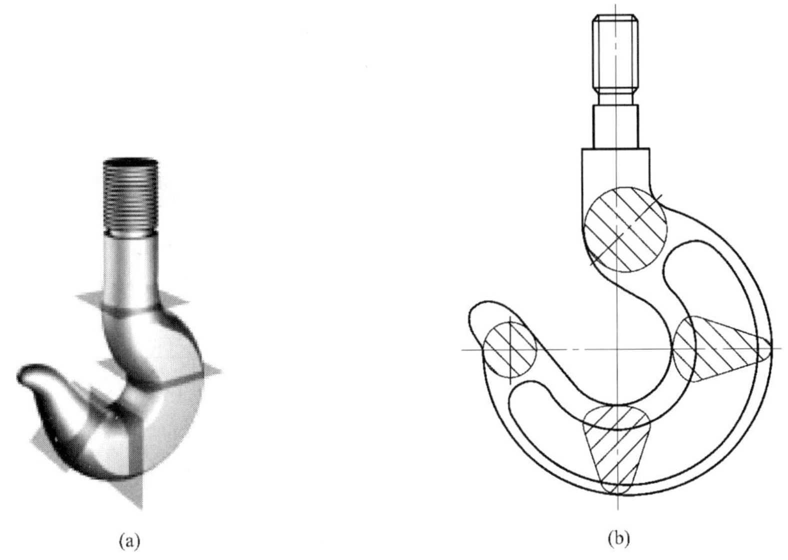

图 7 – 16　吊钩的断面图

断面与剖视的区别在于：断面只画出剖切平面和机件相交部分的断面形状，而剖视则须把断面和断面后可见的轮廓线都画出来，如图 7 – 17 所示。

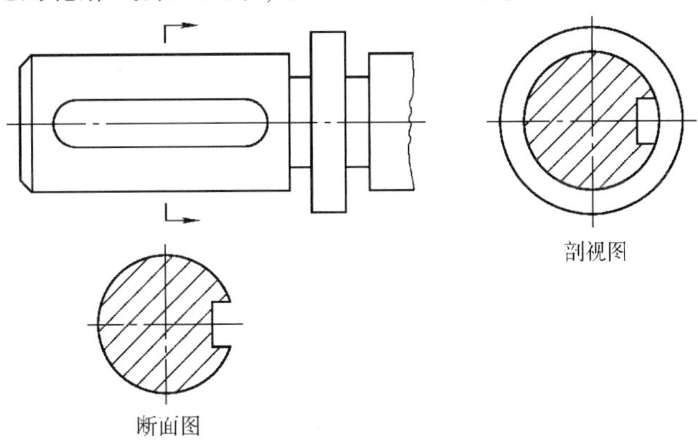

图 7 – 17　断面和剖视

二、断面的种类

断面按其在图纸上配置的位置不同，分为移出断面和重合断面。

1. 移出断面

画在视图轮廓线以外的断面，称为移出断面。例如，图 7－18（a）、（b）、（c）、（d）均为移出断面。

移出断面的轮廓线用粗实线表示，图形位置应尽量配置在剖切位置符号或剖切平面迹线的延长线上（剖切平面迹线是剖切平面与投影面的交线），见图 7－18（a）、（b）。也允许放在图上任意位置，如图 7－18（c）、（d）。当断面图形对称时，也可将断面画在视图的中断处，如图 7－19 所示。

一般情况下，画断面时只画出剖切的断面形状，但当剖切平面通过机件上回转面形成的孔或凹坑的轴线时，这些结构按剖视画出，如图 7－18（a）、（c）、（d）。当剖切平面通过非圆孔会导致出现完全分离的两个断面时，这结构也应按剖视画出，如图 7－20 所示。

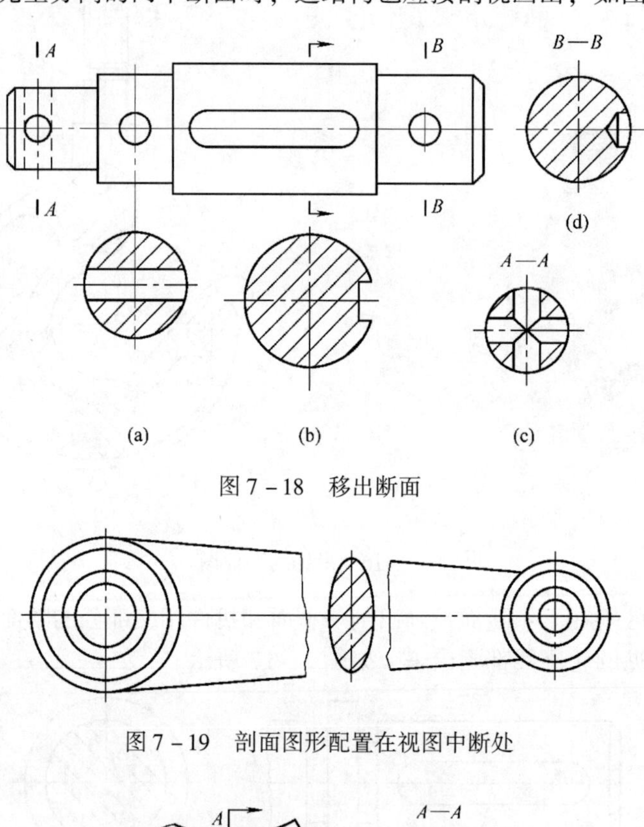

图 7－18　移出断面

图 7－19　剖面图形配置在视图中断处

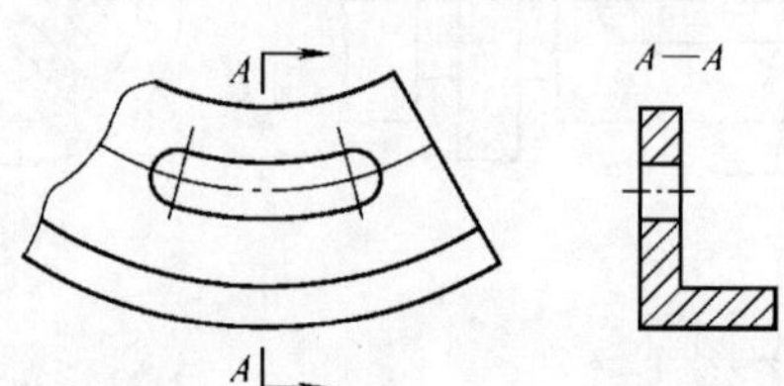

图 7－20　剖切平面通过非圆孔断面按剖视画出

2. 重合断面

画在视图轮廓线内部的断面，称为重合断面，例如，图7－17、图7－22（a）都是重合断面。

重合断面的轮廓线用细实线绘制，断面线应与断面图形的对称线或主要轮廓线成45°角。当视图的轮廓线与重合断面的图形线相交或重合时，视图的轮廓线仍要完整地画出，不得中断，如图7－21（b）的画法是错误的。

表7－2列出了画断面时几个应注意的问题。

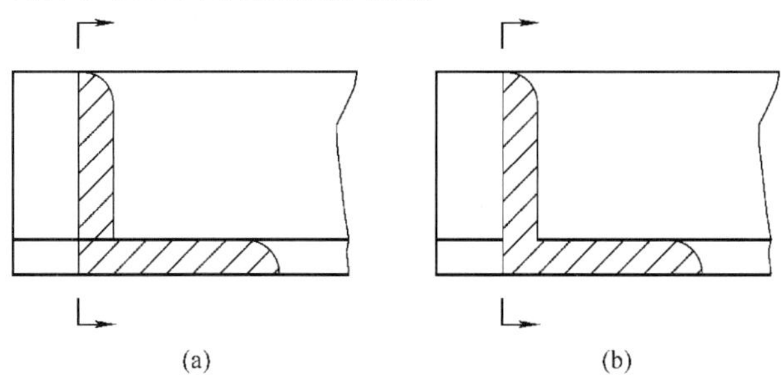

图7－21　重合断面画法

（a）正确；（b）错误

表7－2　断面正误对照表

说明	正	误
1. 断面应符合投影关系	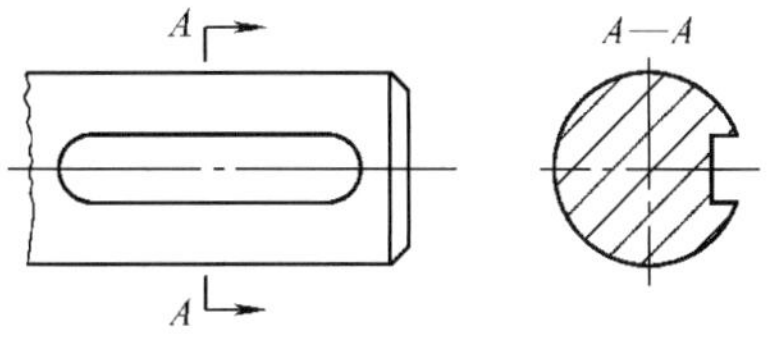 A　A—A　A	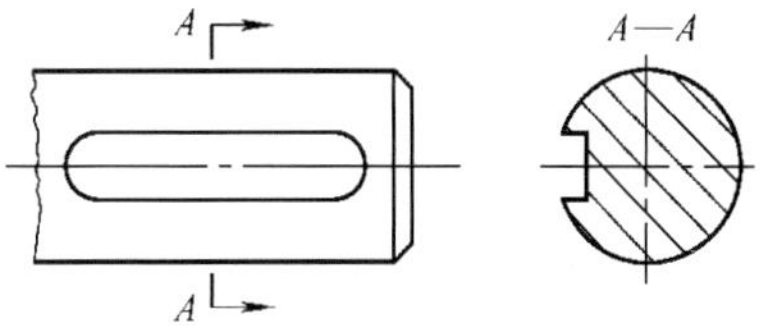 A　A—A　A
2. 当剖切平面通过回转面形成的孔（或凹坑）等结构时，则这些结构按剖视画出（即外轮廓封闭）	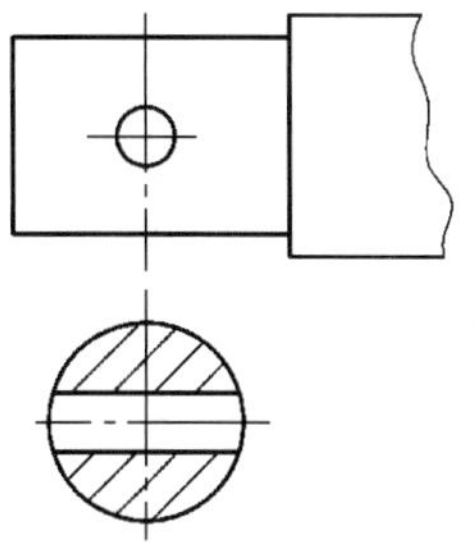	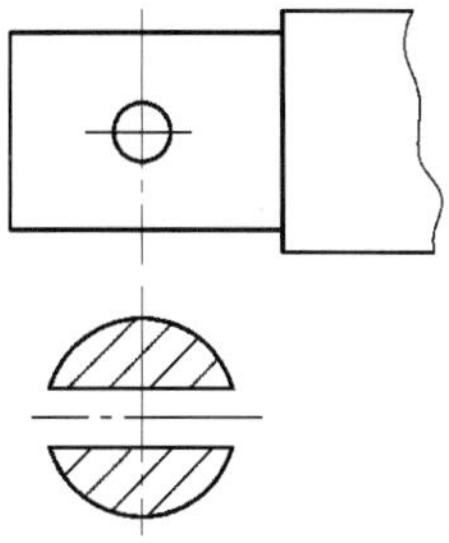
3. 重合断面的轮廓线应为细实线	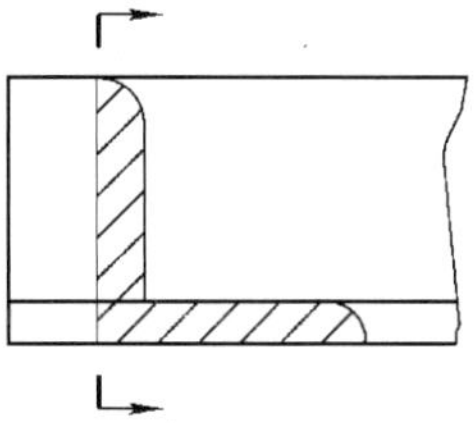	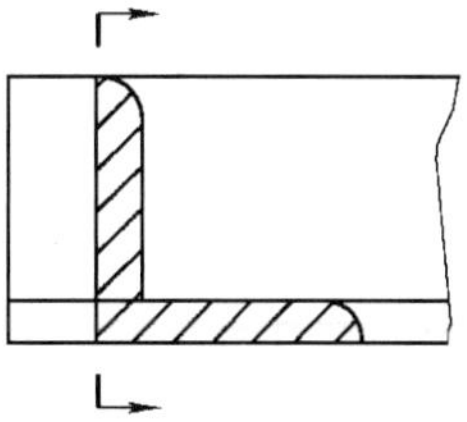
4. 断面应与零件轮廓线垂直。如由两个或多个相交平面切出的移出断面，中间应断开	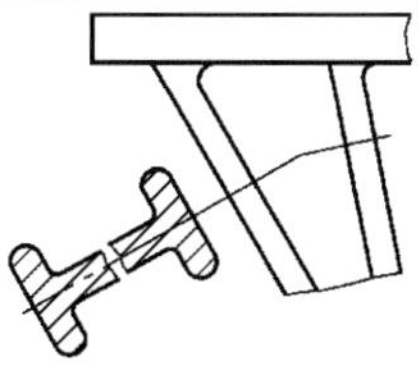	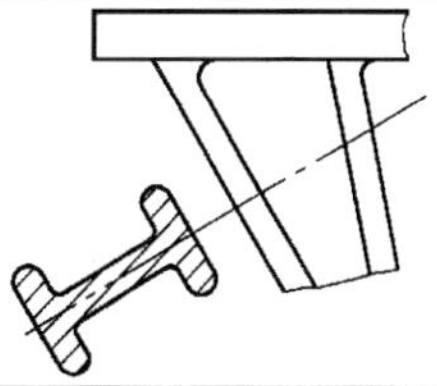

三、断面的标注

断面图的一般标注要求见表 7－3。

表 7－3　断面的标注

<table>
<tr><th colspan="2" rowspan="2">断面种类及位置</th><th colspan="2">移出断面</th><th rowspan="2">重合断面</th></tr>
<tr><th>在剖切位置延长线上</th><th>不在剖切位置延长线上</th></tr>
<tr><td rowspan="2">剖面图形</td><td>对称</td><td>省略标注［图 7－18（a）］
以断面中心线代替剖切位置线</td><td>画出剖切位置线，标注断面图名称［图 7－18（c）］</td><td>省略标注［图 7－16（b）］</td></tr>
<tr><td>不对称</td><td>画出剖切位置线与表示投影方向的箭头［图 7－18（b）］</td><td>画出剖切位置线，并给出投影方向，标注断面图名称［图 7－18（d）］</td><td>画出剖切位置线与表示投影方向的箭头［图 7－21（a）］</td></tr>
</table>

第四节　习惯画法和简化画法

对机件上的某些结构，国家标准 GB/T 16675. 1—1996 规定了习惯画法和简化画法，现分别介绍如下。

一、断裂画法

对于较长的机件（如轴、连杆、筒、管、型材等），若沿长度方向的形状一致或按一定规律变化时，为节省图纸和画图方便，可将其断开后缩短绘制，但要标注机件的实际尺寸。

画图时，可用图 7－22 所示方法表示。折断处的表示方法一般有两种：一是用波浪线断开，如图 7－22（a）；另一种是用双点画线断开，如图 7－22（b）。

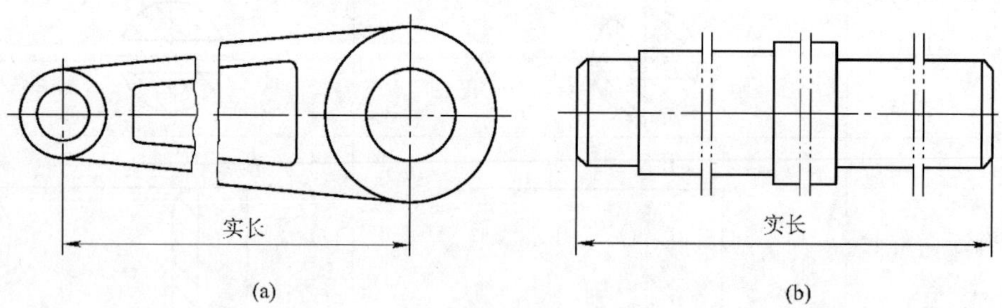

图 7－22　各种断裂画法

（a）拉杆轴套断裂画法；（b）阶梯轴断裂画法

二、局部放大图

当机件的某些局部结构较小，在原定比例的图形中不易表达清楚或不便标注尺寸时，可将此局部结构用较大比例单独画出，这种图形称为局部放大图，如图 7 – 23 所示，此时，原视图中该部分结构可简化表示。

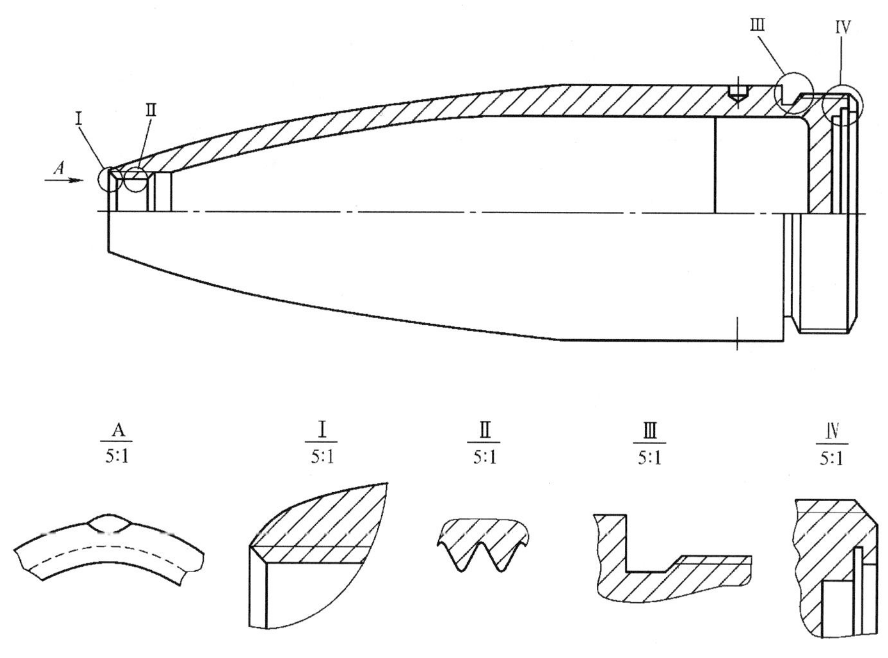

图 7 – 23　局部放大图

局部放大图可画成剖视、断面或视图。

三、其他习惯画法和简化画法

（1）当机件具有若干相同结构（齿、槽等），并按一定规律分布时，只需要画出几个完整的结构，其余的用细实线连接，在零件图中则必须注明该结构的总数，见图 7 – 24。

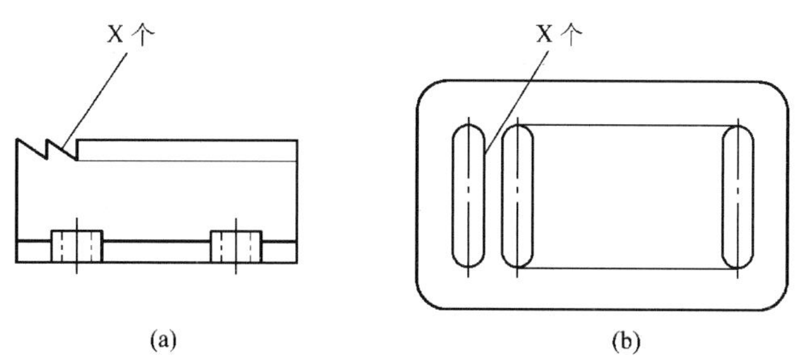

图 7 – 24　成规律分布的若干相同结构的简化画法

（2）若干直径相同且成规律分布的孔（圆孔、螺孔、沉孔等），可以仅画出一个或几个。其余只需用点画线表示其中心位置，在零件图中应注明孔的总数，见图 7 – 25。

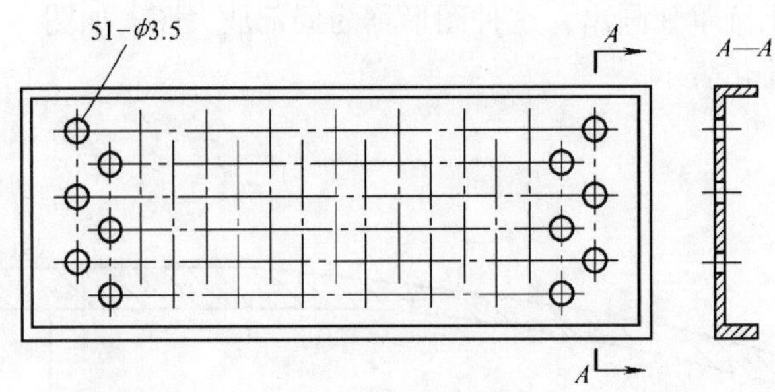

图 7－25　成规律分布的相同孔的简化画法

（3）对于机件的肋、轮辐及薄壁等，如按纵向剖切，这些结构都不画剖面符号，而用粗实线将它与其邻接的部分分开。当零件回转体上均匀分布的肋、轮辐、孔等结构不处于剖切平面上时，可将这些结构旋转到剖切平面上画出，见图 7－26（a）。

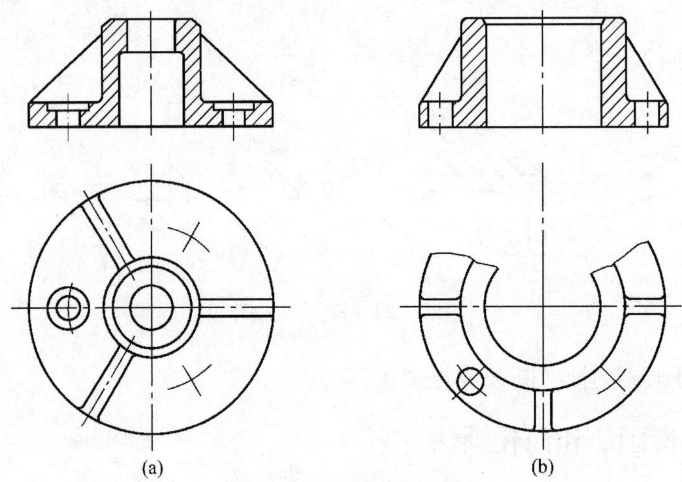

图 7－26　回转体上均匀分布的肋、孔的画法

（4）当某一图形对称时，可画略大于一半，如图 7－26（b）的俯视图，在不致引起误解时，对于对称机件的视图也可只画出一半或 1/4，此时必须在对称中心线的两端画出两条与其垂直的平行细实线，见图 7－27（b）。

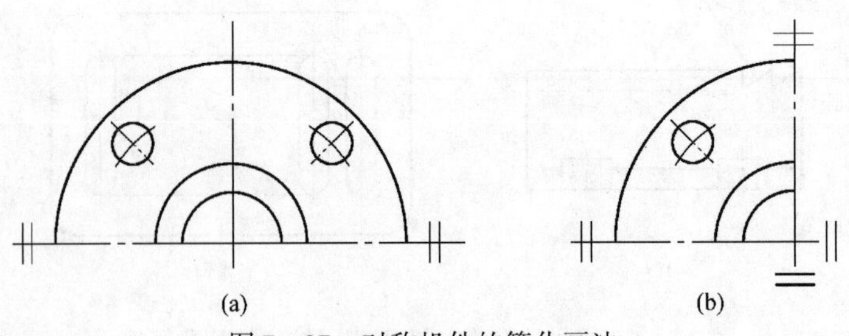

图 7－27　对称机件的简化画法

（5）对于网状物、编织物或机件上的滚花部分，可以在轮廓线附近用细实线示意画出，并在图上或技术要求中注明这些结构的具体要求，见图 7－28。

（6）当图形不能充分表达平面时，可用平面符号（相交的两细实线）表示，见图7－29。

（7）机件上的一些较小结构，如在一个图形中已表达清楚时，其他图形可简化或省略，见图 7－30。

（8）机件上斜度不大的结构，如在一个图形中已表达清楚时，其他图形可按小端画出，见图 7－31。

（9）零件上对称结构的局部视图，如键槽、方孔等，可按图 7－32 所示的方法表示。

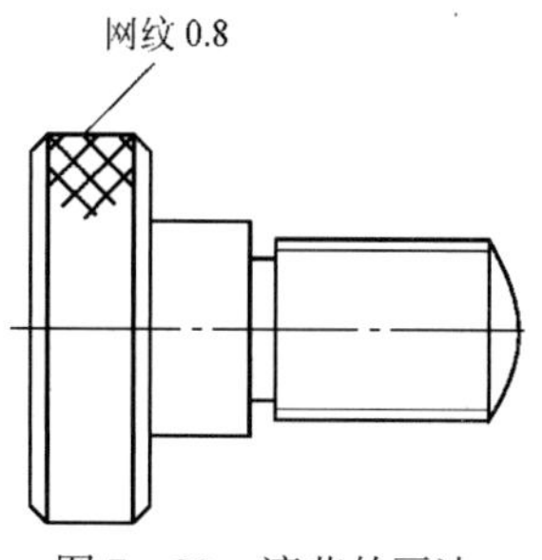

图 7－28　滚花的画法

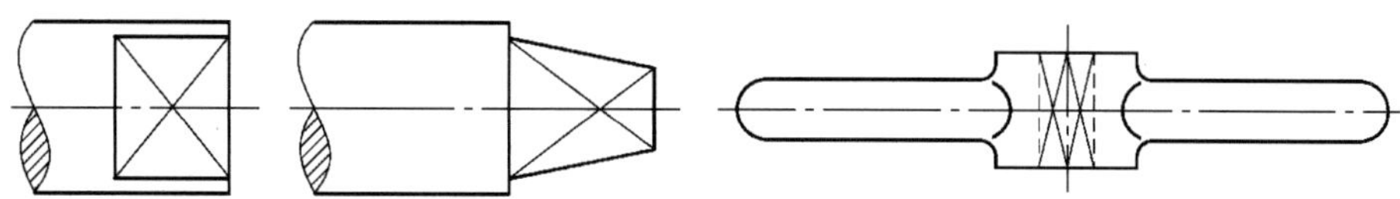

图 7－29　表示平面的简化画法

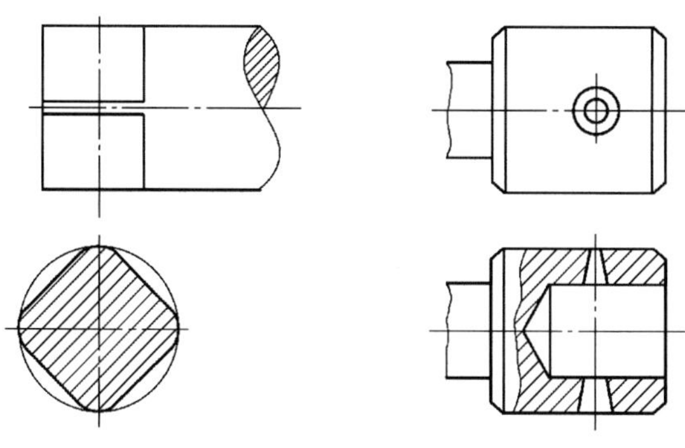

图 7－30　机件上较小结构的简化画法

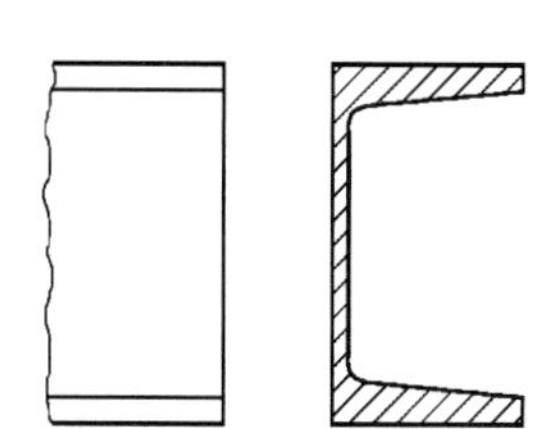

图 7－31　斜度不大结构的简化画法

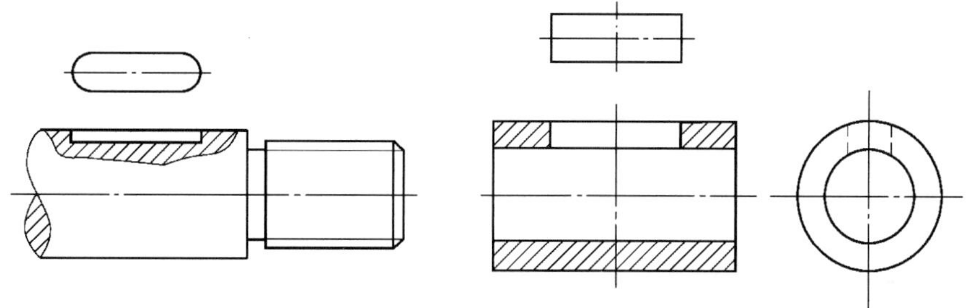

图 7－32　零件上对称结构局部剖视图的简化画法

第八章

零　件　图

第一节　零件图的内容

表达零件的图样称为零件工作图，简称零件图。它是制造和检验零件的重要技术文件。一张完整的零件图应包括下列基本内容。

(1) 一组图形：用视图、剖视、断面及其他规定画法来正确、完整、清晰地表达零件的各部分形状和结构。

(2) 尺寸：正确、完整、清晰、合理地标注零件的全部尺寸。

(3) 技术要求：用符号或文字来说明零件在制造、检验等过程中应达到的一些技术要求，如表面粗糙度、尺寸公差、形状和位置公差、热处理要求等。技术要求的文字一般注写在标题栏上方图纸空白处。

(4) 标题栏：标题栏位于图纸的右下角，应填写零件的名称、材料、数量、图的比例以及设计、描图、审核人的签字、日期等各项内容。

第二节　典型零件的视图与尺寸

本节中，将结合若干具体零件，讨论零件的视图选择和尺寸标注问题。

选择视图时，要结合零件的工作位置和加工位置，选择最能反映零件形状特征的视图作为主视图，包括运用各种表达方法，如剖视、断面等，并选好其他视图。选择视图的原则是：在完整、清晰地表达零件内外形状和结构的前提下，尽量减少视图数量。

在零件图上标注尺寸，除满足完整、正确、清晰的要求外，还要求注得合理，即所注尺寸能满足设计和加工要求，使零件有满意的工作性能，又便于加工、测量和检验。

尺寸注得合理，需要较多的机械设计与加工方面的知识，这里只能作简单的分析。

零件的种类繁多，这里仅就有代表性的零件作些分析。

一、轴套类零件

图 8－1 所示的柱塞阀即属于轴套类零件。

1. 视图选择

轴套类零件一般在车床上加工，要按形状和加工位置确定主视图，轴线水平放置，大头在左、小头在右，键槽和孔结构可以朝前。轴套类零件主要结构形状是回转体，一般只画一

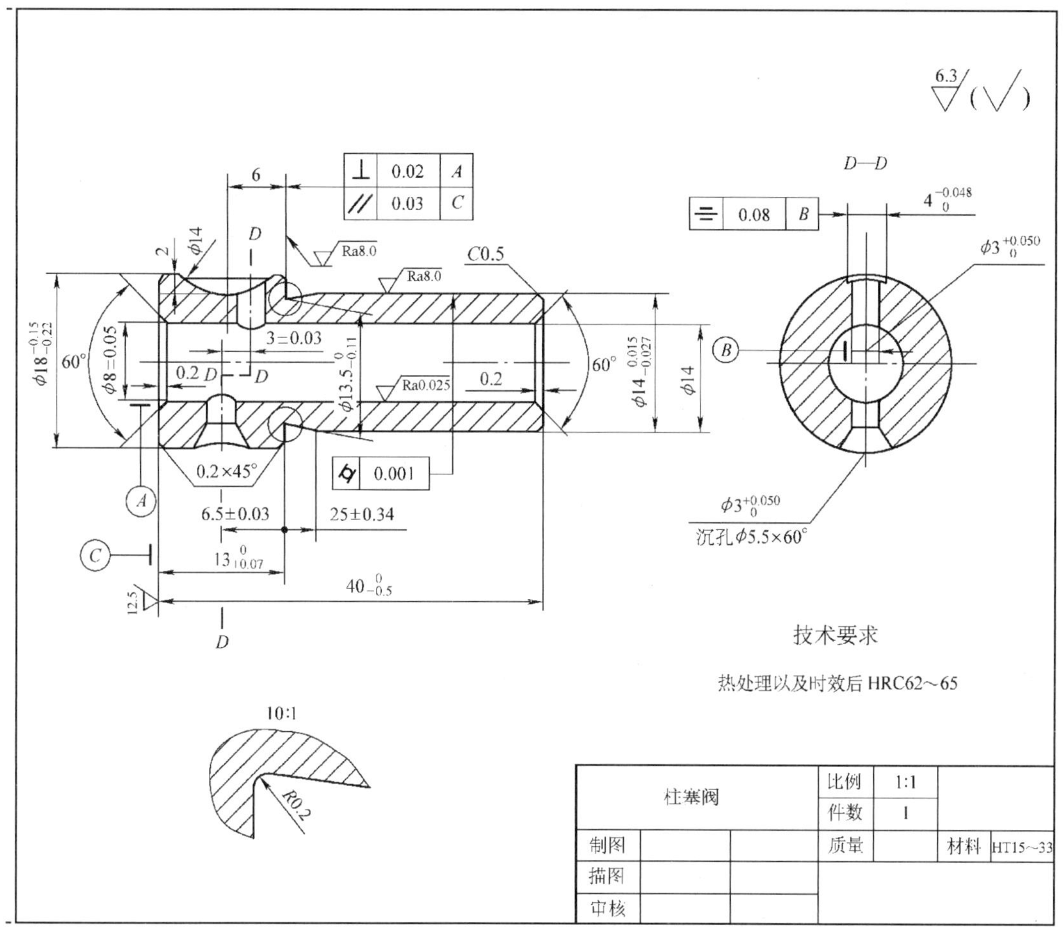

图 8－1　柱塞阀零件图

个主视图。对于零件上的键槽、孔等，可作出移出断面。砂轮越程槽、退刀槽、中心孔等可用局部放大图表达。

2. 尺寸分析

（1）这类零件的尺寸主要是轴向和径向尺寸，径向尺寸的主要基准是轴线，轴向尺寸的主要基准是端面。

（2）主要形体是同轴的，可省去定位尺寸。

（3）重要尺寸必须直接注出，其余尺寸多按加工顺序注出。

（4）为了清晰和便于测量，在剖视图上，内外结构形状尺寸应分开标注。

（5）零件上的标准结构，应按该结构标准尺寸注出。

二、轮盘类零件

图 8－2 所示的轴承盖以及各种轮子、法兰盘、端盖等属于此类零件。其主要形体是回转体，径向尺寸一般大于轴向尺寸。

1. 视图选择

（1）这类零件的毛坯有铸件或锻件，机械加工以车削为主，主视图一般按加工位置水

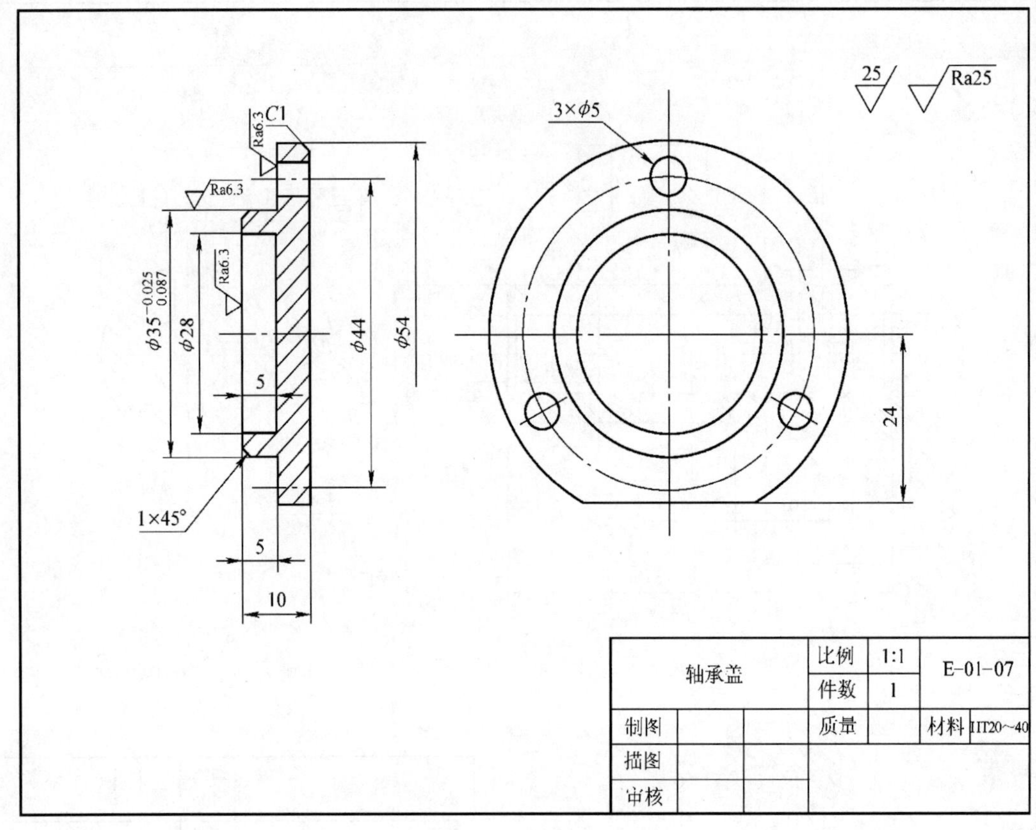

图 8－2　轴承盖零件图

平放置，但有些较复杂的盘盖，因加工工序较多，主视图也可按工作位置画出。

（2）一般需要两个以上基本视图。

（3）根据结构特点，视图具有对称面时，可作半剖视；无对称面时，可作全剖或局部剖视。其他结构形状如轮辐和肋板等可用移出断面或重合断面，也可用简化画法。

2. 尺寸分析

（1）此类零件的尺寸一般为两大类：轴向及径向尺寸，径向尺寸的主要基准是回转轴线，轴向尺寸的主要基准是重要的端面。

（2）定形和定位尺寸都较明显，尤其是在圆周上分布的小孔的定位圆直径是这类零件的典型定位尺寸，多个小孔一般采用如“3－ϕ5 均布”形式标注，均布即等分圆周，角度定位尺寸就不必标注了。

（3）内外结构形状尺寸应分开标注。

三、叉架类零件

图 8－3 所示的托架以及各种杠杆、连杆、支架等属于此类零件。

1. 视图选择

（1）这类零件结构较复杂，需经多种加工，主视图主要由形状特征和工作位置来确定。

（2）一般需要两个以上基本视图，并用斜视图、局部视图，以及剖视、断面等表达内

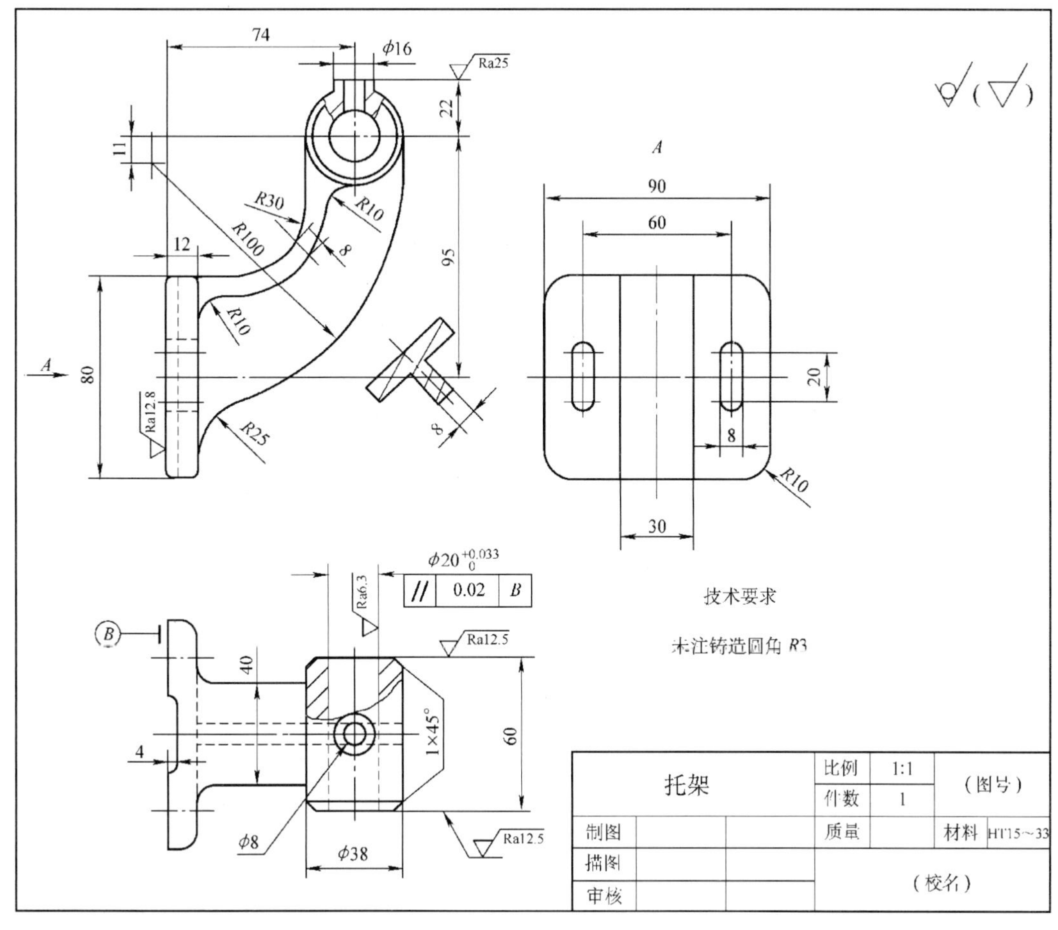

图 8－3　托架零件图

外形状和细部结构。

2. 尺寸分析

（1）它们的长、宽、高方向的主要基准一般为加工的大底面、对称平面或大孔的轴线。

（2）定位尺寸较多，一般注出孔的轴线（中心）间的距离，或孔轴线到平面间的距离，或平面到平面间的距离。

（3）定形尺寸多按形体分析法标注，内外结构形状要保持一致。

四、箱体类零件

图 8－4 所示阀体以及减速器箱体、泵体、阀座等属于这类零件，大多为铸件，一般起支承、容纳、定位和密封等作用，内外形状较为复杂。

1. 视图选择

（1）这类零件一般经多种工序加工而成，因而主视图主要根据形状特征和工作位置确定，图 8－4 的主视图就是根据工作位置选定的。

（2）由于零件结构较复杂，常需三个以上的图形，并广泛地应用各种方法来表达。在图8－4中，由于主视图上无对称面，采用了大范围的局部剖视来表达内外形状，并选用了 *A—A* 剖视、*C—C* 局部剖和密封槽处的局部放大图。

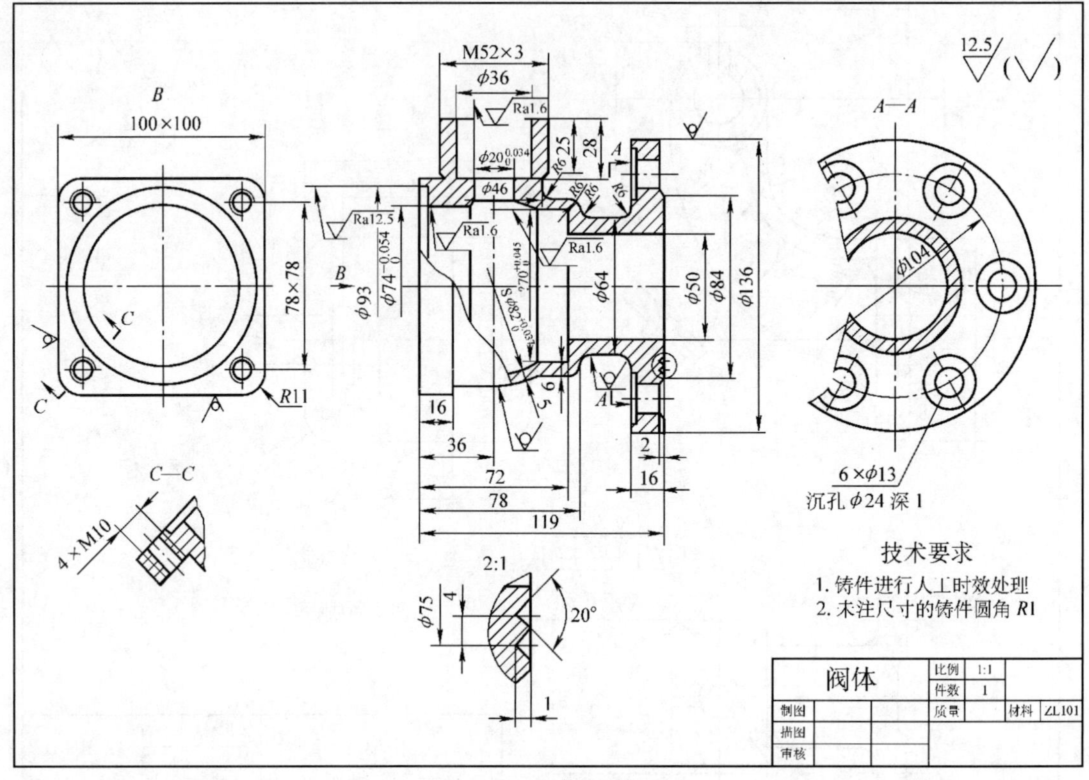

图 8-4　阀体零件图

2. 尺寸分析

(1) 它们的长、宽、高方向的主要基准是大孔的轴线、中心线、对称平面或较大的加工面。

(2) 较复杂的零件定位尺寸较多，各孔轴线或中心线间的距离要直接注出。

(3) 定形尺寸仍用形体分析法注出。

第三节　零件上的常见结构

零件的结构形状，主要是根据它在部件或机器中的作用决定的。但是制造工艺对零件的结构也有某些要求。因此，为了正确绘制图样，必须对一些常见的结构有所了解，下面介绍它们的基本知识和表示方法。

一、螺纹

1. 螺纹的形成

平面图形（三角形、矩形、梯形等）绕一圆柱（圆锥）作螺旋运动，形成一圆柱（圆锥）螺旋体。工业上，常将螺旋体称为螺纹。在外表面上加工的螺纹，称为外螺纹；在内表面上加工的螺纹，称为内螺纹。

在加工螺纹的过程中，由于刀具的切入（或压入）构成了凸起和沟槽两部分，凸起的顶端称为螺纹的牙顶，沟槽的底部称为螺纹的牙底，在通过螺纹轴线的剖面上，螺纹的轮廓形状称为螺纹的牙型，螺纹的最大直径称为螺纹大径，螺纹的最小直径称为螺纹小径，如图8－5所示。

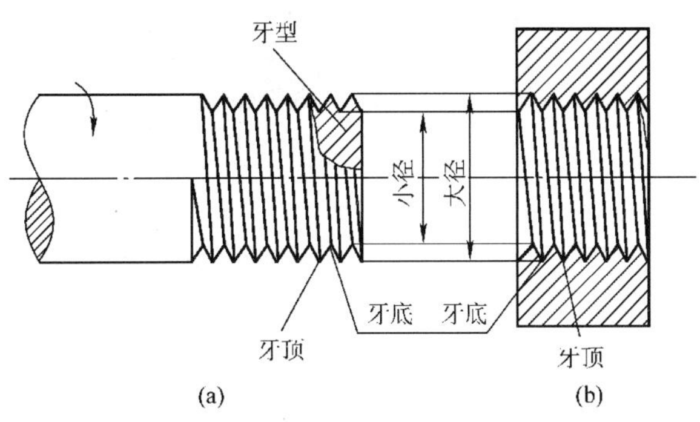

图8－5　外螺纹和内螺纹

（a）外螺纹；（b）内螺纹

2. 螺纹的结构

（1）螺纹末端。为了防止外螺纹起始圈损坏和便于装配，通常在螺纹起始处做出一定形式的末端，如图8－6所示。

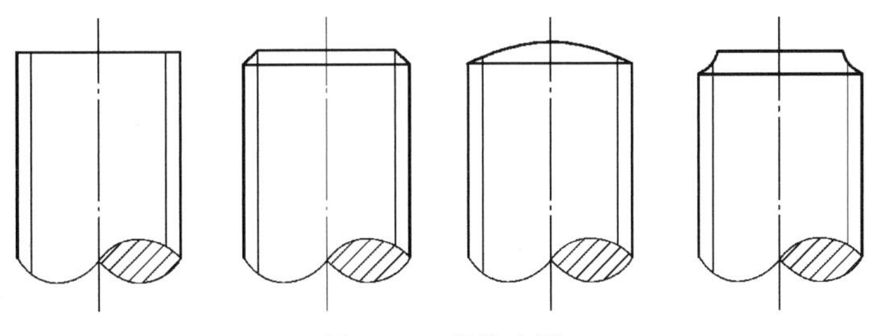

图8－6　螺纹末端

（2）螺纹收尾、退刀槽和肩距。车削螺纹的刀具将近螺纹末尾时要逐渐离开工件，因而螺纹末尾附近的螺纹牙型不完整，如图8－7（a）中标有尺寸的一段长度称为螺尾。有时为了避免产生螺尾，在该处预制出一个退刀槽，见图8－7（b）、（c）。螺纹至台肩的距离称为肩距，见图8－7（d）。

（3）螺纹的五要素。

①螺纹牙型——通过螺纹轴线的螺纹牙齿的剖面形状、如三角形、梯形、锯齿形等。

②大径——螺纹的最大直径，也称公称直径。螺纹大径是与外螺纹牙顶或内螺纹牙底相切的假想圆柱面的直径；小径是与外螺纹牙底或内螺纹牙顶相切的假想圆柱面的直径；在大小径之间设想有一圆柱，其母线通过牙型上沟槽和凸起宽度相等处，则该假想圆柱的直径称为螺纹中径。

③旋向——左旋或右旋。逆时针旋转时旋入的为左旋，顺时针旋转时旋入的为右旋，如图8－8（a）为左旋，图8－8（b）为右旋。

④线数——在同一圆柱面上切削螺纹的条数。如图8－9所示，只切削一条的称为单线

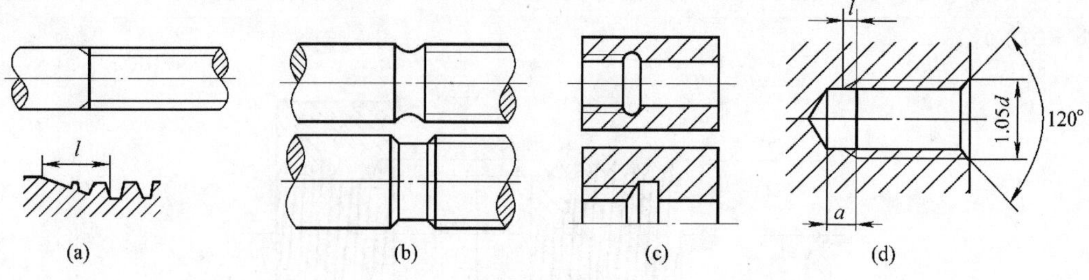

图 8-7 螺尾、退刀槽和肩距

(a) 外螺纹的螺尾；(b) 外螺纹的退刀槽；(c) 内螺纹的退刀槽；(d) 肩距

螺纹，切削两条的称为双线螺纹。通常把切削两条以上的称为多线螺纹。

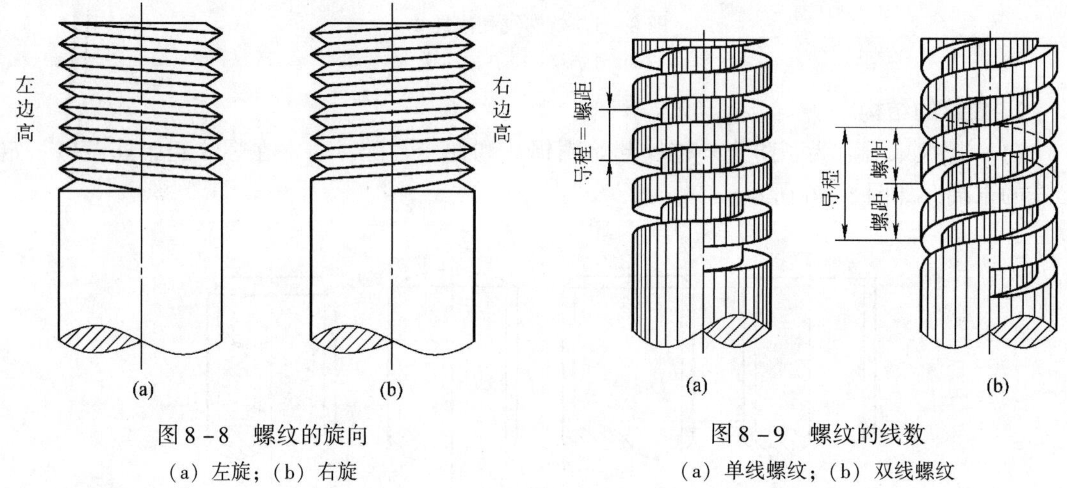

图 8-8 螺纹的旋向

(a) 左旋；(b) 右旋

图 8-9 螺纹的线数

(a) 单线螺纹；(b) 双线螺纹

⑤螺距与导程——螺纹相邻两牙对应点间的轴向距离称为螺距。导程为同一条螺旋线上相邻两牙对应两点间的轴向距离。单线螺纹螺距和导程相同，如图 8-9 (a) 所示，而多线螺纹螺距等于导程除以线数。

若把图 8-5 的两个零件装配在一起时，内、外螺纹牙型、大径、旋向、线数和螺距等五要素必须相同。

(4) 螺纹的分类。螺纹按用途分为两大类，即连接螺纹和传动螺纹，见表 8-1。

①连接螺纹。常用的有四种标准螺纹，即：粗牙普通螺纹、细牙普通螺纹、管螺纹、锥管螺纹。

上述四种螺纹牙型皆为三角形，其中，普通螺纹的牙型为等边三角形（牙型角为 60°）。细牙和粗牙的区别是在大径相同的条件下，细牙螺纹比粗牙螺纹的螺距小。管螺纹和锥螺纹的牙型为等腰三角形（牙型角为 55°），螺纹名称以英寸为单位，并以 25.4 mm 螺纹长度中的螺纹牙数表示螺纹的螺距。管螺纹多用于管件和薄壁零件的连接，其螺距与牙型均较小，见附表 4。

②传动螺纹。传动螺纹是用作传递动力或运动的螺纹，常用的有两种标准螺纹：

梯形螺纹　梯形螺纹牙型为等腰梯形，牙型角为30°。它是最常用的传动螺纹，其各部分尺寸见附表5。

锯齿形螺纹　锯齿形螺纹是一种受单向力的传动螺纹，牙型为非等腰梯形，一边与铅垂线的夹角为30°，另一边为3°，形成33°的牙型角。

以上是牙型、大径和螺距都符合国家标准的螺纹，称为标准螺纹。若螺纹仅牙型符合标准，大径或螺距不符合标准者，称为特殊螺纹。牙型不符合标准者，称为非标准螺纹（如方牙螺纹）。

表8－1　螺纹

螺纹分类	螺纹种类	外形及牙型图	牙型符号	螺纹种类	外形及牙型图	牙型符号
连接螺纹	粗牙普通螺纹	60°	M	非螺纹密封的管螺纹	55°	G
	细牙普通螺纹			用螺纹密封的管螺纹	55°	R_C R_P R
传动螺纹	梯形螺纹	30°	Tr	锯齿形螺纹	3°　30°	B

下面讨论四个例题，以进一步熟悉螺纹各要素间的关系及螺纹标准。

例8.1　有一牙型为等边三角形，公称直径为48、螺距为2的螺纹是否为标准螺纹？

解　由所给条件查表可知，牙型剖面为等边三角形、螺距为2的螺纹是普通螺纹。

其根据是，在附表1普通螺纹的直径与螺距中，可找到公称直径48（在第一系列中），再沿横向找螺距，在细牙栏中又可找到螺距2。因此，所给螺纹是标准细牙普通螺纹。

例8.2　已知粗牙普通螺纹的公称直径为20，试查出它的小径应为多少？

解　在附表1普通螺纹的基本尺寸中，竖向找公称直径 $d=20$，由公称直径 $d=20$ 向右与螺纹小径 d_1 往下，相交处得17.294，即为所求小径尺寸。

例 8.3 试查出管螺纹尺寸代号为 1″（G1″）的螺纹大径、螺距和每 25.4 mm 中的螺纹牙数。

解 在附表 3 非螺纹密封的管螺纹中的螺纹尺寸代号 1 处，横向可找出所需的数据：螺纹大径 $d=33.249$，螺距 $P=2.309$，每 25.4 mm 中的螺纹牙数 $n=11$。

这里需要指出两个问题：

①管螺纹的螺纹尺寸代号是指管螺纹用于管子孔径的近似值，不是管子的外径。如图 8－10 所示的 G1″是在孔径为 $\phi 25$ 管子的外壁上加工的螺纹，该螺纹的实际大径是 33.25。

②管螺纹是用每 25.4 mm 中的螺纹牙数表示螺距，计算后均为小数（如 G1″的 $n=11$，其螺距 $P=25.4\div 11=2.309$）。

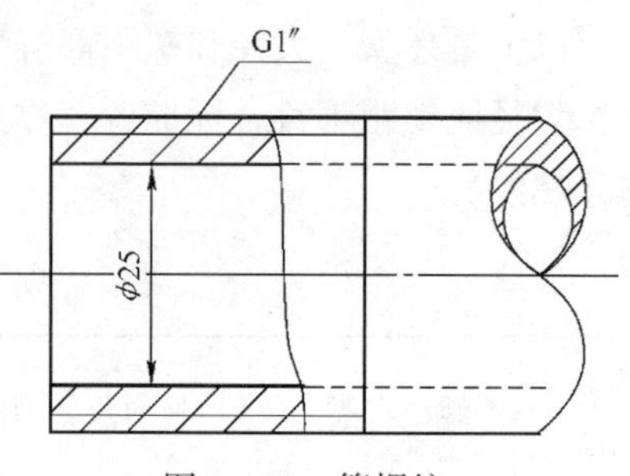

图 8－10 管螺纹

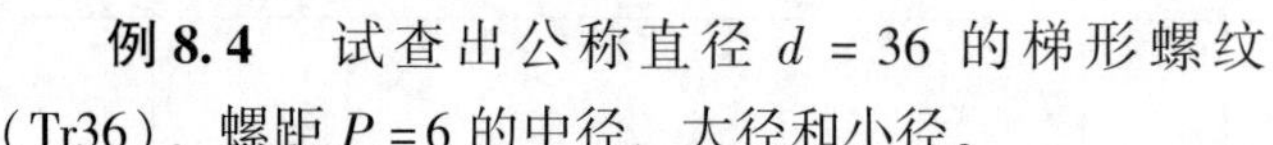

例 8.4 试查出公称直径 $d=36$ 的梯形螺纹（Tr36），螺距 $P=6$ 的中径、大径和小径。

解 在附表 4 梯形螺纹中的公称直径 36 处，螺距有三种：3、6、10，在螺距 $P=6$ 的位置横向可找到所需数据：中径 $d_2=D_2=33$、大径 $D_4=37$、外螺纹小径 $d_3=29$、内螺纹小径 $D_1=30$。

（5）螺纹的规定标注。国标规定，应标出：螺纹的牙型符号、公称直径×导程（螺距）、旋向、螺纹的公差带代号、螺纹旋合长度代号。各种螺纹的标注内容和方法，见表 8－2。其中，螺纹公差带是由表示其大小的公差等级数字和基本偏差代号所组成（内螺纹用大写字母，外螺纹用小写字母），例如，6H、6g 等。如果螺纹的中径公差带与顶径公差带不同，则分别注出，如：M10—5g 6g

5g、6g 分别表示中径和顶径的公差带代号。如果中径与顶径公差带代号相同，则只注一个代号，如：M 10×1—5H

螺纹的旋合长度规定为短（S）、中（M）、长（L）三种。

在一般情况下，不标注螺纹旋合长度。必要时，加注旋合长度代号 S 或 L，中等旋合长度可省略不注，详见表 8－2。

标注特殊螺纹时其牙型代号前应加注“特”字。

（6）螺纹的规定画法：

①外螺纹画法。国标规定，螺纹的牙顶（大径）及螺纹终止线用粗实线表示，牙底（小径）用细实线表示，在平行于螺杆轴线的投影面的视图中，螺杆的倒角或倒圆部分也应画出，在垂直于螺纹轴线的投影面的视图中，表示牙底的细实线圆只画约 3/4 圈，此时螺纹的倒角圆规定省略不画，如图 8－11 所示。

②内螺纹画法。图 8－12 是内螺纹的画法。剖开表示时［图 8－12（a）］，牙底（大径）为细实线，牙顶（小径）及螺纹终止线为粗实线。不剖开时［图 8－12（b）］，牙底、牙顶和螺纹终止线皆为虚线。在垂直于螺纹轴线的投影面的视图中，牙底仍画成约为 3/4 圈的细实线，并规定螺纹孔的倒角圆也省略不画。

表 8－2　各种螺纹的标注内容与标注方法

螺纹种类	图　例	说明	螺纹种类	图　例	说明
普通螺纹（单线）	1. 粗牙普通螺纹 M10－5g6g－S M10－5g6g－S 顶径公差带代号 中径公差带代号 M10LH－7H－L M10LH－7H－L 中径和顶径公差带代号 M10－5g6g－S M10－5g6g－S（不注螺纹旋合长度）	1. 不注螺距 2. 右旋省略不注，左旋要标注 3. 一般情况下，不注螺纹旋合长度，其螺纹公差带按中等旋合长度确定	梯形螺纹（单线或多线）	1. 单线梯形螺纹 Tr40×7 Tr40×7 螺距 公称直径 2. 多线梯形螺纹 Tr40×14(P7)LH Tr40×14(P7)LH 左旋 螺距 导程 公称直径	1. 要标注螺距 2. 多线要标注导程 3. 右旋省略不注，左旋要标注
	2. 细牙普通螺纹 M10×1.5－5g6g M10×1.5－5g6g	1. 要标注螺距 2. 其他规定同上			
管螺纹（单线）	1. 非螺纹密封的内管螺纹 G1/2 G1/2 2. 非螺纹密封的外管螺纹 G1/2A 公差等级为 A 级 G1/2A	1. 不注螺距 2. 右旋省略不注，左旋要标注 3. G 右边的数字为管螺纹尺寸代号	锯齿形螺纹（单线或多线）	B40×7 B40×7 螺距 公称直径 B40×14(P7) B40×14(P7) 螺距 导程 公称直径	

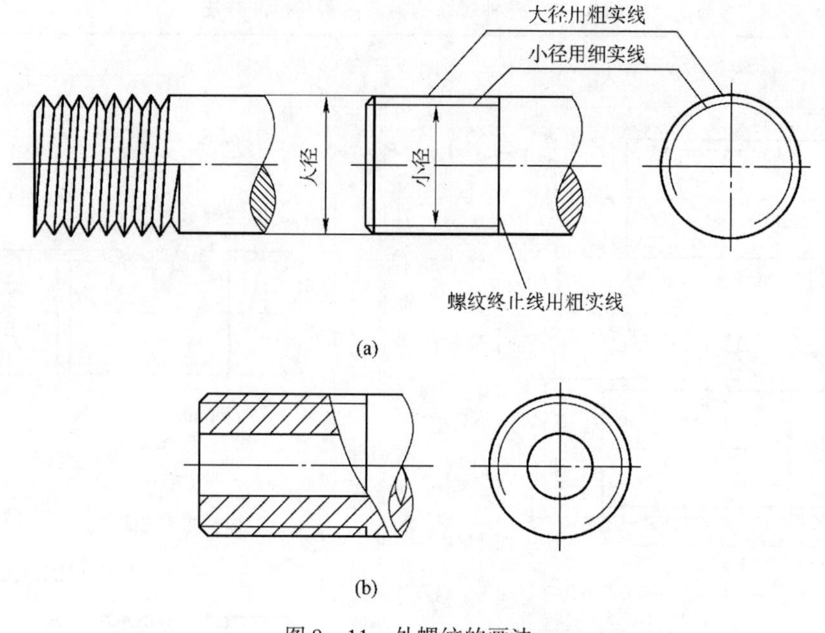

(a)

(b)

图 8－11　外螺纹的画法

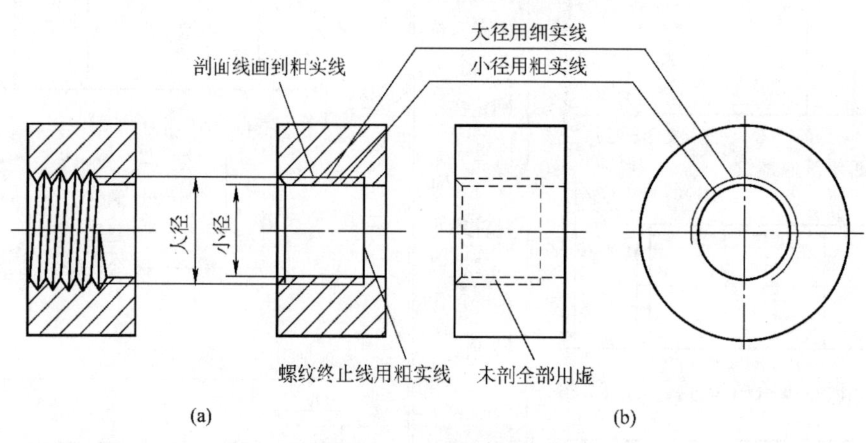

(a)　　(b)

图 8－12　内螺纹的画法

（a）剖开画法；（b）不剖画法

绘制不穿通的螺孔时，一般应将钻孔深度和螺纹部分的深度分别画出，如图 8－13（a）所示。当需要表示螺纹收尾时，螺尾部分的牙底用与轴线成 30°的细实线表示，如图 8－13（b）所示。图 8－13（c）示出螺纹孔中相贯线的画法。

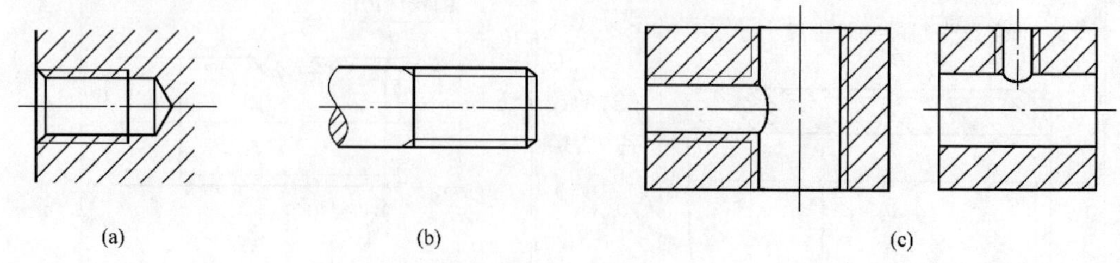
(a)　　(b)　　(c)

图 8－13　内螺纹的画法

（a）不通螺孔的画法；（b）螺纹收尾的画法；（c）螺纹孔中相贯线的画法

③内、外螺纹连接的画法。图 8－14 表示装配在一起的内、外螺纹连接的画法。国标规定，在剖视图中表示螺纹连接时，其旋合部分应按外螺纹的画法表示，其余部分仍按各自的画法表示。当剖切平面通过螺杆轴线时，实心螺杆按不剖绘制。

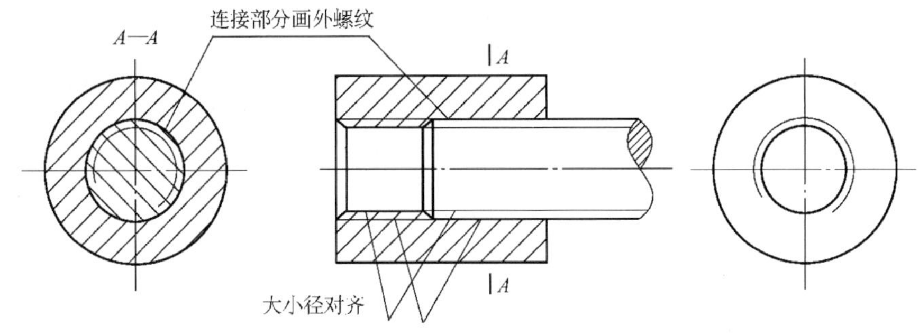

图 8－14　螺纹连接的画法

④非标准螺纹的画法。画非标准牙型的螺纹时，应画出螺纹牙型，并标出所需的尺寸及有关要求，如图 8－15 所示。

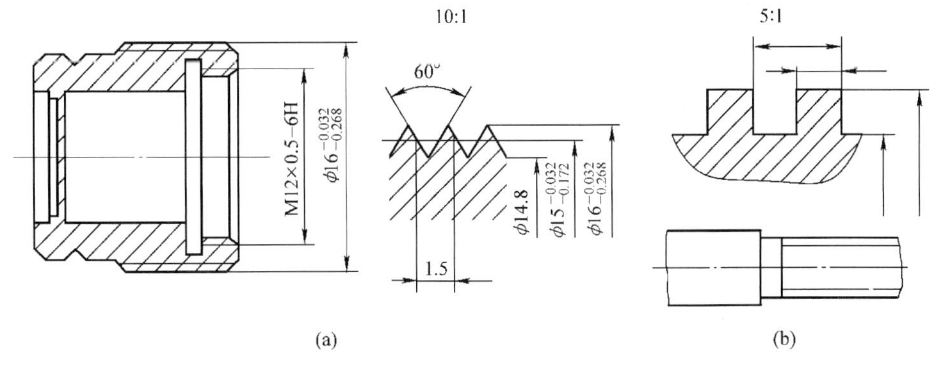

图 8－15　非标准螺纹的画法

二、铸造零件的工艺结构

1. 拔模斜度

用铸造方法制造零件的毛坯时，为了便于将木模从砂型中取出，一般沿木模拔模的方向作成约 1∶20 的斜度，叫做拔模斜度。因而铸件上也有相应的斜度，如图 8－16（a）所示。这种斜度在图上可以不标注，也可不画出，如图 8－16（b）所示。必要时，可在技术要求中注明。

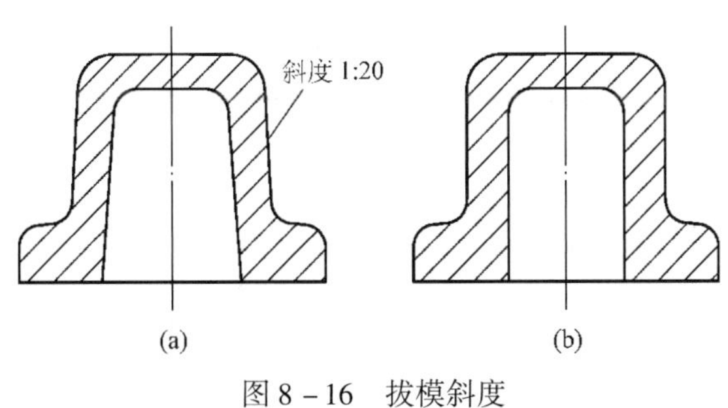

图 8－16　拔模斜度

（a）拔出斜度；（b）不拔斜度

2. 铸造圆角

在铸件毛坯各表面的相交处，都有铸造圆角（图 8－17）。这样既便于起模，又能防止在浇铸时铁水将砂型转角处冲坏，还可避免铸件在冷却时产生裂纹或缩孔。铸造圆角半径在图上一般不注出，而写在技术要求中。

图 8－17 所示的铸件毛坯底面（作安装面）常需经切削加工，这时铸造圆角被削平。

铸件表面由于圆角的存在，使铸件表面的交线变得不很明显，如图 8－18 所示，这种不明显的交线称为过渡线。

过渡线的画法与交线画法基本相同，只是过渡线的两端与圆角轮廓线之间应留有空隙，如图 8－18（b）所示。

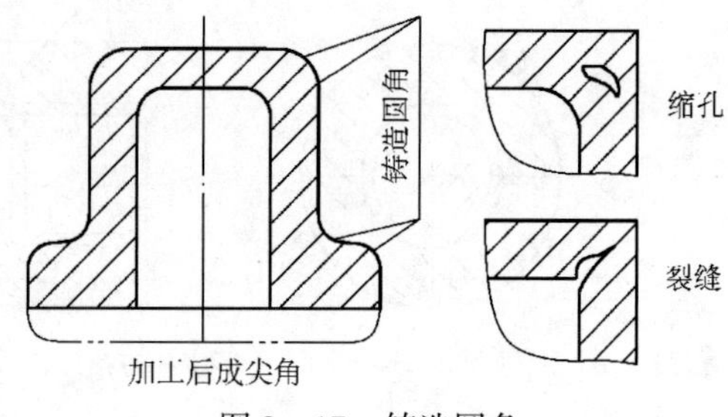

图 8－17　铸造圆角

图 8－19 是常见的几种过渡线的画法。

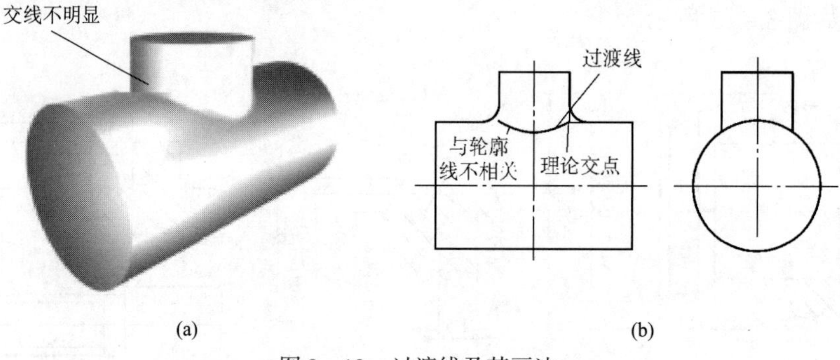

图 8－18　过渡线及其画法

（a）交线不明显；（b）过渡线与轮廓线间有空隙

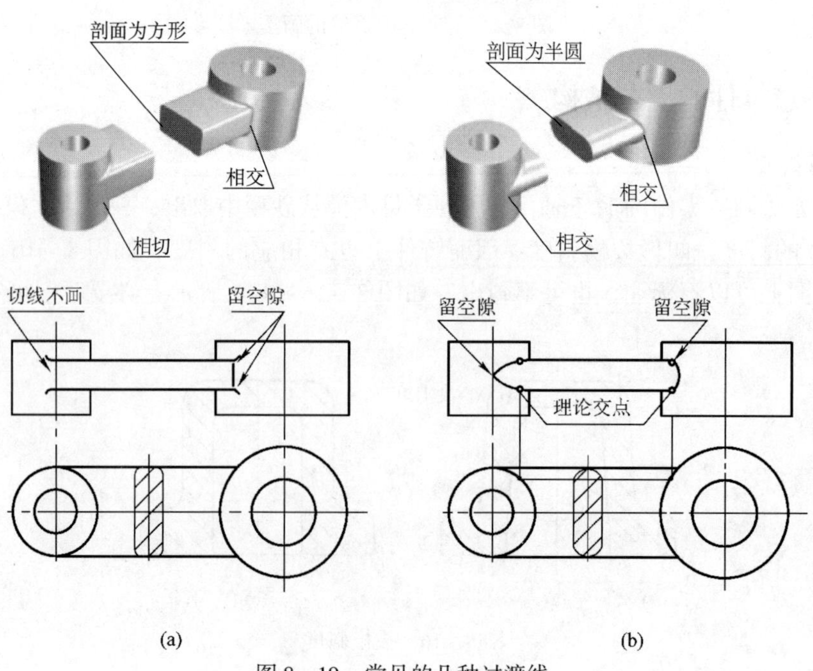

图 8－19　常见的几种过渡线

3. 铸件壁厚

在浇铸零件时，为了避免各部分因冷却速度不同而产生缩孔或裂纹，铸件的壁厚应保持大致均匀，或采用渐变的方法，并尽量保持壁厚均匀，见图 8－20。

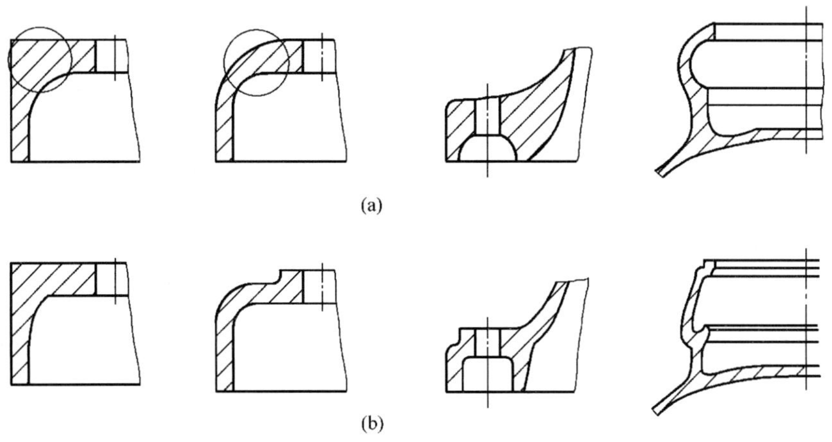

图 8－20　铸件壁厚的变化

(a) 错误；(b) 正确

三、零件加工的工艺结构

1. 倒角与倒圆

为了便于零件的装配并消除毛刺或锐边，在轴和孔的端部都作出倒角。为减少应力集中，在轴肩处往往制成圆角过渡形式，称为倒圆。两者的画法和标注方法见图 8－21。

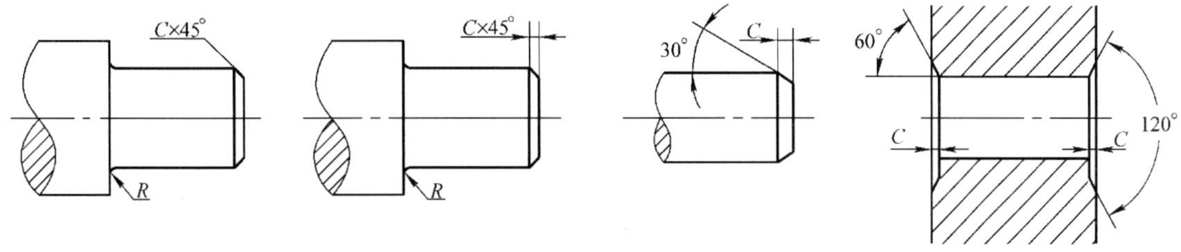

图 8－21　倒角与倒圆

2. 退刀槽和砂轮越程槽

在切削加工，特别是在车螺纹和磨削时，为便于退出刀具或使砂轮可稍微越过加工面，常在待加工面的末端先车出退刀槽或砂轮越程槽，见图 8－22。

3. 钻孔结构

用钻头钻出的盲孔，底部有 1 个 120°的锥顶角。圆柱部分的深度称为钻孔深度，见图 8－23（a）。在阶梯形钻孔中，有锥顶角为 120°的圆锥台，见图 8－23（b）。

用钻头钻孔时，要求钻头轴线尽量垂直于被钻孔的端面，以保证钻孔避免钻头折断。图 8－24 表示三种钻孔端面的正确结构。

4. 凸台和凹坑

零件上与其他零件的接触面，一般都要进行加工。为减少加工面积并保证零件表面之间

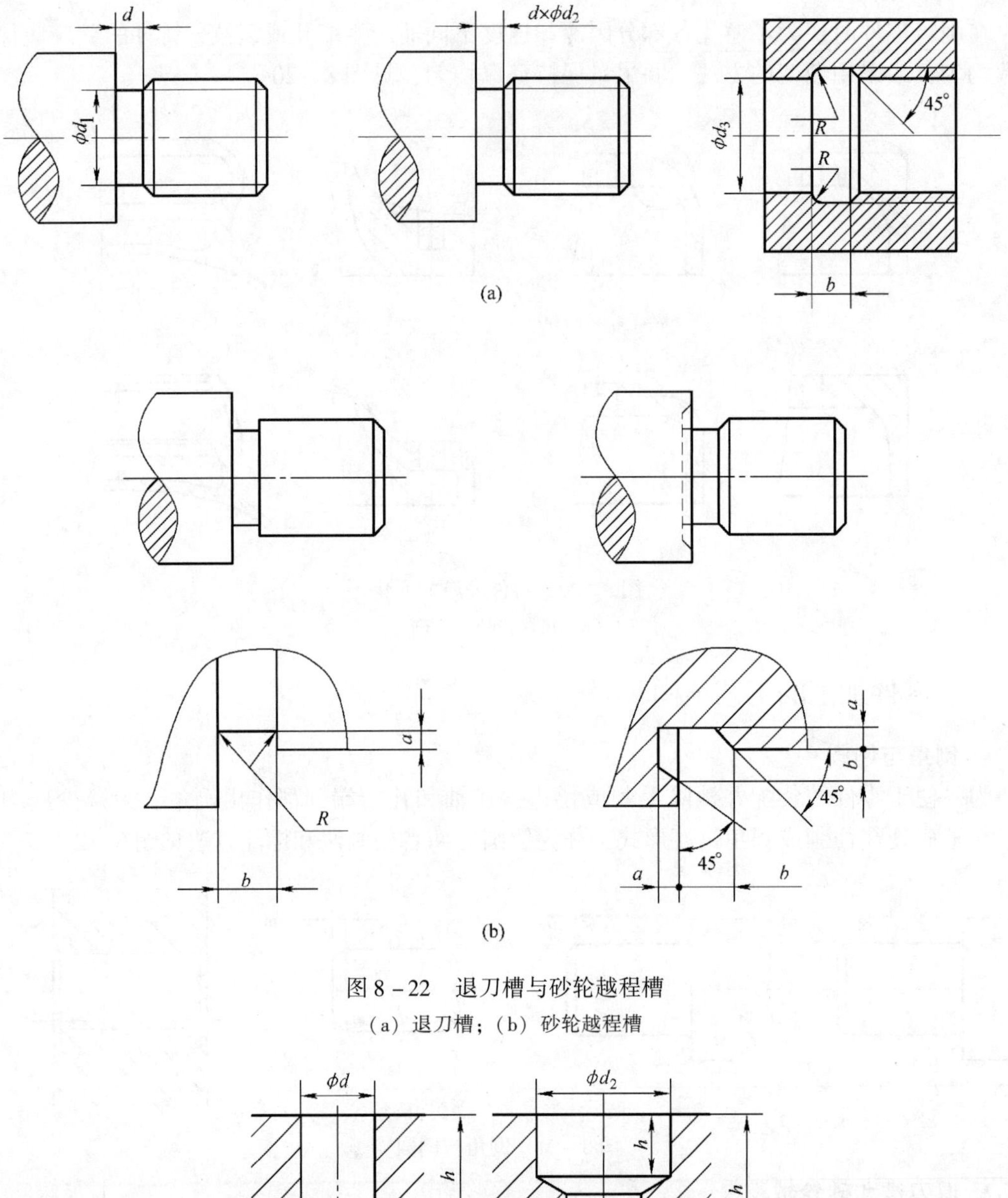

(a)

(b)

图 8－22　退刀槽与砂轮越程槽

（a）退刀槽；（b）砂轮越程槽

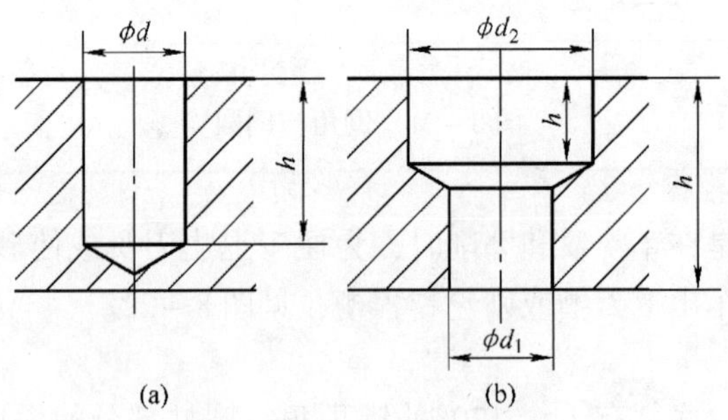

图 8－23　钻孔结构（一）

（a）盲孔；（b）阶梯孔

有良好的接触，常在铸件上设计出凸台和凹坑。图 8－25（a）、（b）表示螺栓连接的支撑面做成凸台和凹坑形式，图 8－25（c）、（d）表示为减少加工面积而做成凹槽和凹腔结构。

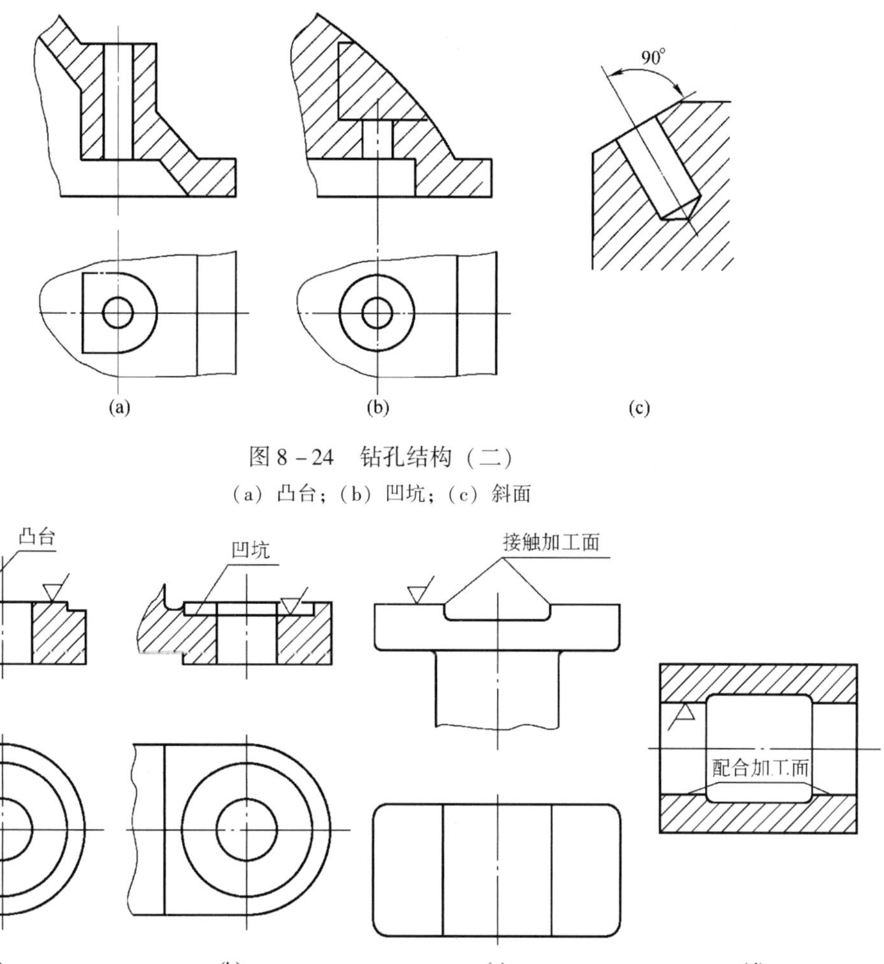

(a)　(b)　(c)

图 8－24　钻孔结构（二）
（a）凸台；（b）凹坑；（c）斜面

(a)　(b)　(c)　(d)

图 8－25　零件的接触面结构
（a）凸台；（b）凹坑；（c）凹槽；（d）凹腔

第四节　零件的加工精度及其注法

现代化的机械工业，要求机械零件具有互换性，这就必须合理地保证零件的表面粗糙度、尺寸精度以及形状和位置精度。为此，我国已经制定了相应的国家标准，在生产中必须严格执行和遵守。下面分别介绍国家标准《表面粗糙度》《公差与配合》《形状和位置公差》的基本内容。

一、表面粗糙度

1. 表面粗糙度的概念

零件的各个表面，不管加工得多么光滑，置于显微镜下观察，都可以看到峰谷不平的情况，如图 8－26（a）所示。加工表面上具有较小间距的峰谷所组成的微观几何形状特征称为表面粗糙度。一般来说，不同的表面粗糙度是由不同的加工方法形成的。

2. 表面粗糙度的评定参数

表面粗糙度是衡量零件质量的标志之一，它对零件的配合、耐磨性、抗腐蚀性、接触刚度、抗疲劳强度、密封性和外观都有影响。目前，在生产中评定零件表面质量的主要参数是轮廓算术平均偏差。它是在取样长度 l 内，轮廓偏距 y 绝对值的算术平均值，用 Ra 表示，如图 8－26（b）所示。用公式可表示为：

$$Ra = \frac{1}{l}\int_0^l |y(x)|\,\mathrm{d}x \text{ 或 } Ra \approx \frac{1}{n}\sum_{i=1}^{n} |y_i|$$

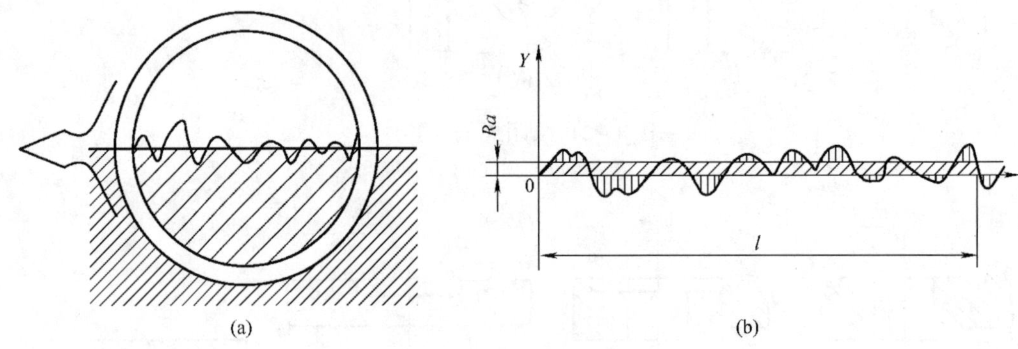

图 8－26　表面粗糙度

Ra 用电动轮廓仪测量，运算过程由仪器自动完成的。Ra 的数值见表 8－3。

表 8－3　*Ra* 的数值　μm

第一系列	0.012	0.025	0.050	0.100	0.20	0.40	0.80
	1.60	3.2	6.3	12.5	25.0	50.0	100
第二系列	0.008	0.010	0.016	0.020	0.032	0.040	0.063
	0.080	0.125	0.160	0.25	0.32	0.50	0.63
	1.00	1.25	2.00	2.50	4.00	5.00	8.00
	10.00	16.00	20.00	32.00	40.00	63.00	80.00

3. 表面粗糙度符号及其参数值的标注方法

（1）表面粗糙度符号。表面粗糙度的符号及其意义见表 8－4。

表 8－4　表面粗糙度符号

符号	意　义	符号尺寸
√	基本符号，单独使用这符号是没有意义的	H　60°　60°　2H

续表

符号	意　　义	符号尺寸
	基本符号上加一短划，表示是用去除材料的方法获得表面粗糙度 例如：车、铣、钻、磨、剪切、抛光腐蚀、电火花加工等	
	基本符号上加一小圆，表示表面粗糙度是用不去除材料的方法获得 例如：锻、铸、冲压、变形、热扎、冷扎、粉末冶金等或是用于保持原供应状态的表面	

（2）表面粗糙度 *Ra* 值的标注。表面粗糙度参数值 *Ra* 的标注见表 8－5。

表 8－5　表面粗糙度 *Ra* 值的标注

序号	代　　号	意　　义
1	*Ra*3.2	表示用任何方法获得的表面，*Ra* 的最大允许值为 3. 2 μm
2	*Ra*3.2	表示用去除材料方法获得的表面，*Ra* 的最大允许值为 3. 2 μm
3	*Ra*3.2	表示用不去除材料方法获得的表面，*Ra* 的最大允许值为 3. 2 μm

（3）表面粗糙度代［符］号在图样上的标注方法：

①表面粗糙度代［符］号应注在可见轮廓线、尺寸线、尺寸界线或其延长线上，如图 8－27、图 8－28 所示，符号的尖端必须从材料外指向表面。

②表面粗糙度符号及数字的注写方向按图 8－28 标注。

③在同一图样上，每一表面一般只标注一次代［符］号，并尽可能靠近有关的尺寸线（图 8－27）。当地方狭小或不便标注时（在铅垂方向反时针 30°范围内），代［符］号可以引出标注（图 8－28）。

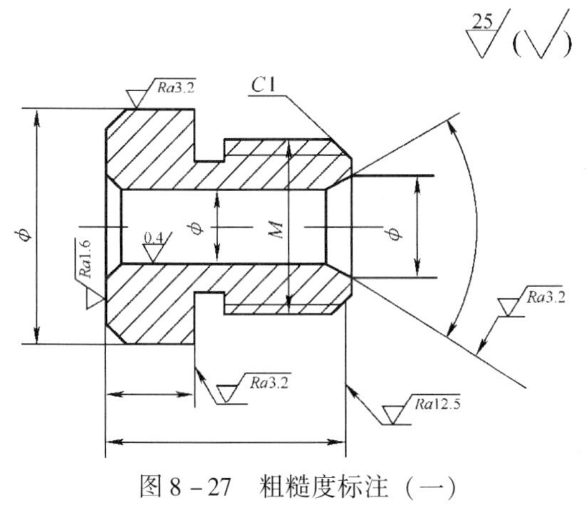

图 8－27　粗糙度标注（一）

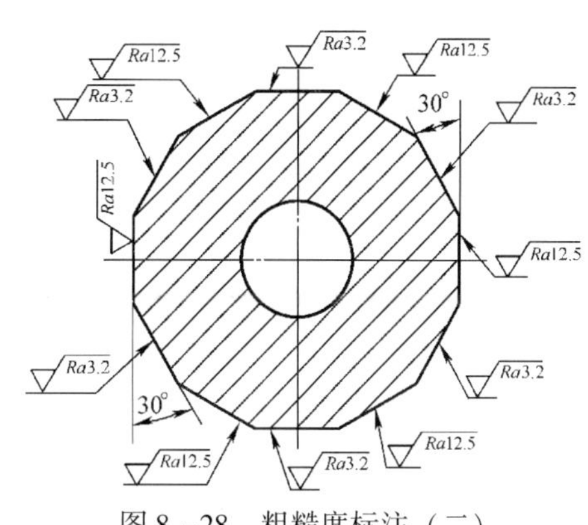

图 8－28　粗糙度标注（二）

④当零件所有表面具有相同的表面粗糙度时，其代［符］号可在图样的右上角统一标注（图8－29）。

⑤当零件的大部分表面具有相同的表面粗糙度要求时，对其中使用最多的一种代［符］号可以统一标注在图样的右上角，并加注“其余”两字（图8－30）。

凡在图样右上角统一标注的表面粗糙度代［符］号和文字说明均应比图形上所注的代［符］号和文字大1.4倍。

⑥零件上用细实线连接不连续的同一表面（图8－30），其表面粗糙度［符］号只标注一次。

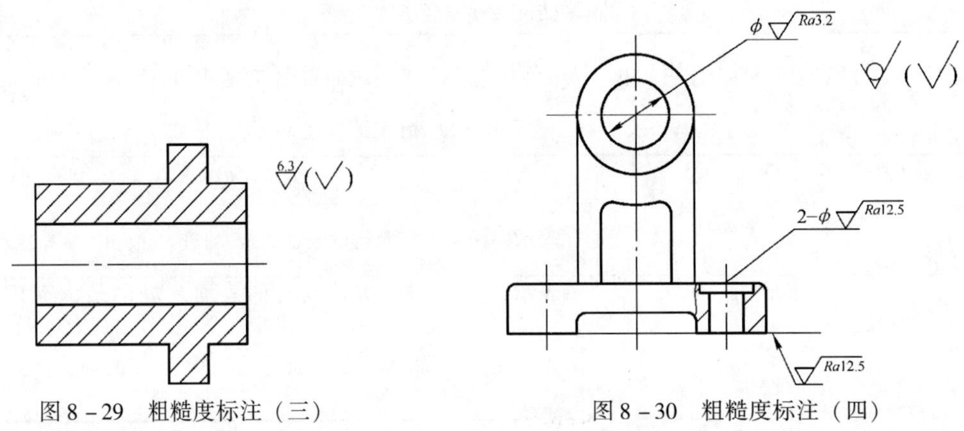

图8－29　粗糙度标注（三）　　图8－30　粗糙度标注（四）

⑦齿轮的工作表面没有画出齿形时，其表面粗糙度代号可按图8－31的方式标注。

⑧同一表面上有不同的表面粗糙度要求时，须用细实线画出其分界线，并注出相应的表面粗糙度代号和尺寸（图8－32）。

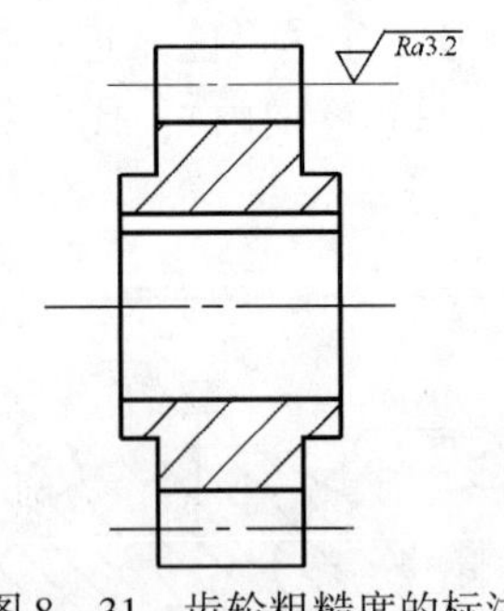

图8－31　齿轮粗糙度的标注

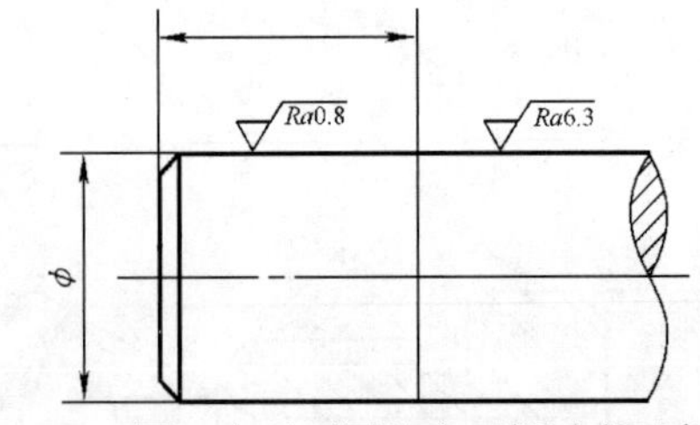

图8－32　同一表面不同的表面粗糙度要求标注

⑨键槽工作面、倒角、圆角的表面粗糙度代号，可以简化标注，如图8－33所示。

（4）表面粗糙度参数值的选择。零件表面粗糙度数值的选用，应该既要满足零件表面功用要求，又要考虑经济合理性。选用时要注意以下问题。

①在满足功用的前提下，尽量选用较大的表面粗糙度数值，以降低生产成本。

②一般情况下，零件的接触表面比非接触表面的粗糙度参数值要小。

③受循环载荷的表面极易引起应力集中的表面，表面粗糙度参数值要小。

④配合性质相同，零件尺寸小的比尺寸大的表面粗糙度参数值要小；同一公差等级，小

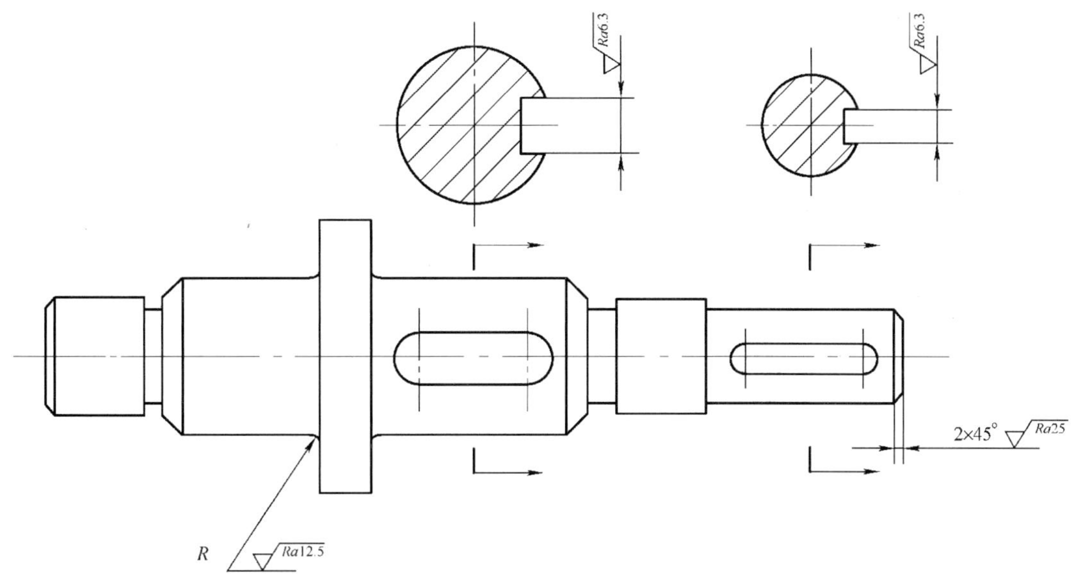

图 8－33　键槽、倒角、圆角粗糙度的标注

尺寸比大尺寸、轴比孔的表面粗糙度参数值要小。

⑤运动速度高、单位压力大的摩擦表面比运动速度低，单位压力小的摩擦表面的粗糙度参数值小。

⑥要求密封性、耐腐蚀的表面其粗糙度参数值要小。

二、极限与配合

1. 零件的互换性

在日常生活中，自行车或汽车的零件坏了，可买个新的换上，并能很好地满足使用要求。其所以能这样方便，就因为这些零件具有互换性。

所谓零件的互换性是指：同一规格的任一零件在装配时不经选择或修配，就达到预期的配合性质，满足使用要求。要满足零件的互换性，就要求有配合关系的尺寸在一个允许的范围内变动，并且在制造上又是经济合理的。零件具有互换性，不但给装配、修理机器带来方便，还可用专用设备生产，提高产品数量和质量，同时降低产品的成本。

2. 有关术语

在加工过程中，不可能把零件的尺寸做得绝对准确。为了保证互换性，必须将零件尺寸的加工误差限制在一定的范围内，规定出加工尺寸的可变动量。下面用图 8－34 来说明公差的有关术语。

（1）基本尺寸：根据零件强度、结构和工艺性要求，设计确定的尺寸。

（2）实际尺寸：通过测量所得到的尺寸。

（3）极限尺寸：允许尺寸变化的两个界限值。它以基本尺寸为基数来确定。两个界限值中较大的一个称为最大极限尺寸；较小的一个称为最小极限尺寸。

（4）尺寸偏差（简称偏差）：某一尺寸减其相应的基本尺寸所得的代数差。尺寸偏差有：

$$上偏差 = 最大极限尺寸 - 基本尺寸$$

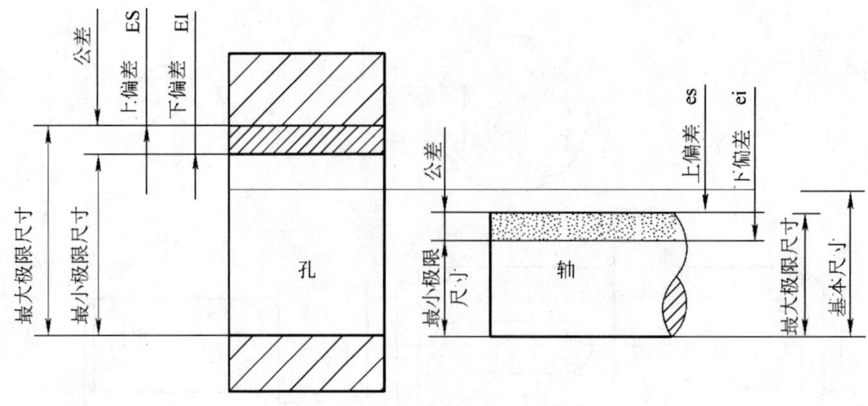

图 8－34　尺寸公差有关术语

下偏差＝最小极限尺寸－基本尺寸

上、下偏差统称极限偏差。上、下偏差可以是正值、负值或零。

国家标准规定：孔的上偏差代号为 ES，孔的下偏差代号为 EI；轴的上偏差代号为 es，轴的下偏差代号为 ei。

（5）尺寸公差（简称公差）：允许实际尺寸的变动量。

尺寸公差＝最大极限尺寸－最小极限尺寸＝上偏差－下偏差

因为最大极限尺寸总是大于最小极限尺寸，所以尺寸公差一定为正值。

（6）公差带和公差带图：公差带表示公差大小和相对于零线位置的一个区域。零线是确定偏差的一条基准线，通常以零线表示基本尺寸。为了便于分析，一般将尺寸公差与基本尺寸的关系，按放大比例画成简图，称为公差带图。在公差带图中，上、下偏差的距离应成比例，公差带方框的左右长度根据需要任意确定。一般用斜线表面孔的公差带；加点表面轴的公差带（图 8－35）。

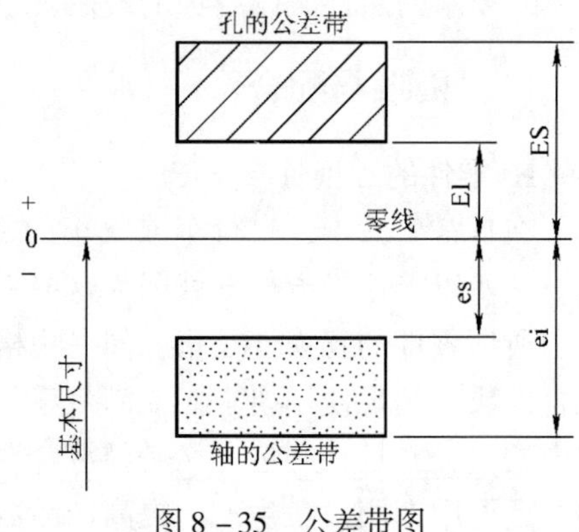

图 8－35　公差带图

（7）公差等级：确定尺寸精确程度的等级。国家标准将公差等级分为 20 级：IT01、IT0、IT1 ～ IT18。“IT”表示标准公差，公差等级的代号用阿拉伯数字表示。IT01～IT18，精度等级依次降低。

（8）标准公差：用以确定公差带大小的任一公差。标准公差是基本尺寸的函数。对于一定的基本尺寸，公差等级愈高，标准公差值愈小，尺寸的精确程度愈高。基本尺寸和公差等级相同的孔与轴，它们的标准公差值相等。国家标准把≤500 mm 的基本尺寸范围分成 13 段，按不同的公差等级列出了各段基本尺寸的公差值，为标准公差，详见附表 16。

（9）基本偏差：用以确定公差带相对于零线位置的上偏差或下偏差。一般是指靠近零线的那个偏差，如图 8－36 所示。

根据实际需要，国家标准分别对孔和轴各规定了 28 个不同的基本偏差（图 8－36）。轴和孔的基本偏差数值见附表 17 和附表 18。

从图 8－36 可知：

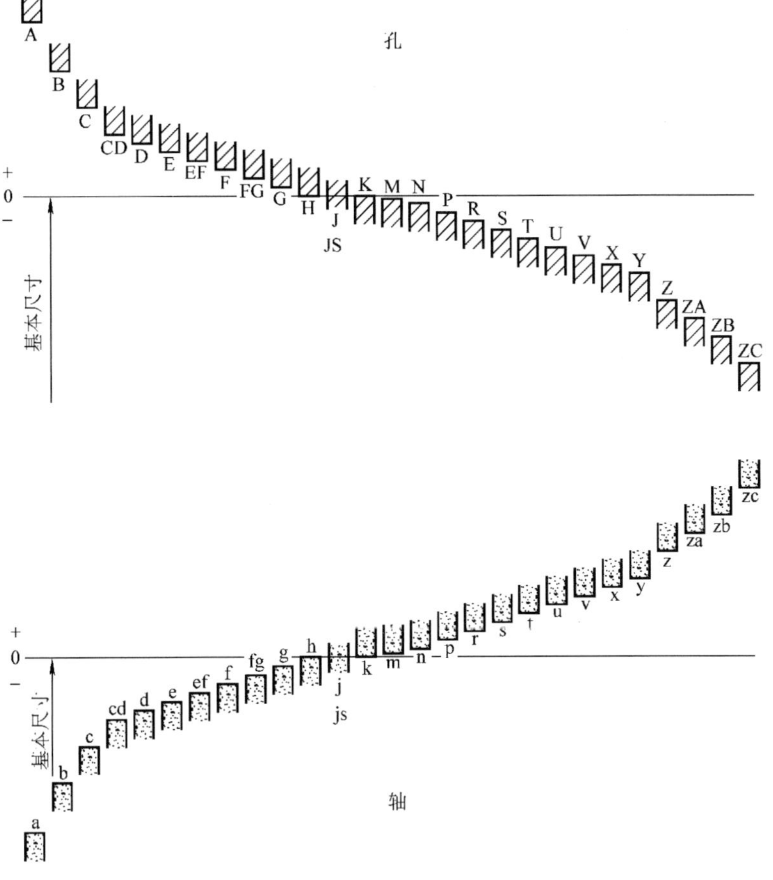

图 8－36　基本偏差系列图

基本偏差用拉丁字母表示，大写字母代表孔，小写字母代表轴。

轴的基本偏差从 a ~ h 为上偏差，从 j ~ zc 为下偏差，js 的上、下偏差分别为 $+\frac{IT}{2}$ 和 $-\frac{IT}{2}$。

孔的基本偏差从 A ~ H 为下偏差，从 J ~ ZC 为上偏差。JS 的上、下偏差分别为 $+\frac{IT}{2}$ 和 $-\frac{IT}{2}$。

轴和孔的另一偏差可根据轴和孔的基本偏差和标准公差，按以下代数式计算。

轴的上偏差（或下偏差）：

$$es = ei + IT \quad 或 \quad ei = es - IT$$

孔的另一偏差（或下偏差）：

$$ES = EI + IT \quad 或 \quad EI = ES - IT$$

（10）孔、轴的公差带代号：由基本偏差与公差等级代号组成，并且要用同一号字母书写。例如 ϕ50H8 的含义是：

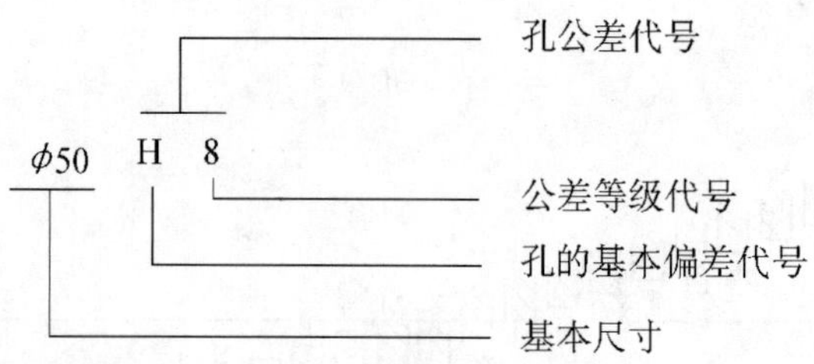

此公差带的全称是：基本尺寸为 $\phi50$，公差等级为 8 级，基本偏差为 H 的孔的公差带。

又如 $\phi50f7$ 的含义是：

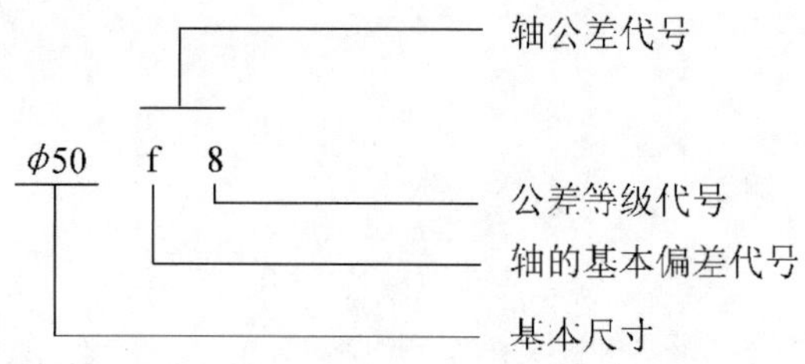

此公差带的全称是：基本尺寸为 $\phi50$，公差等级为 8 级，基本偏差为 f 的轴的公差带。

3. 配合的有关术语

在机器装配中，将基本尺寸相同的、相互结合的孔和轴公差带之间的关系，称为配合。

（1）配合种类。根据机器的设计要求和生产实际的需要，国家标准将配合分为三类：

①间隙配合。孔的公差带完全在轴的公差带之上，任取其中一对轴和孔相配都成为具有间隙的配合（包括最小间隙为零），如图 8－37（a）所示。

②过盈配合。孔的公差带完全在轴的公差带之下，任取其中一对轴和孔相配都成为具有过盈的配合（包括最小过盈为零），如图 8－37（b）所示。

③过渡配合。孔和轴的公差带相互交叠，任取其中一对孔和轴相配合，可能具有间隙，也可能具有过盈的配合，如图 8－37（c）所示。

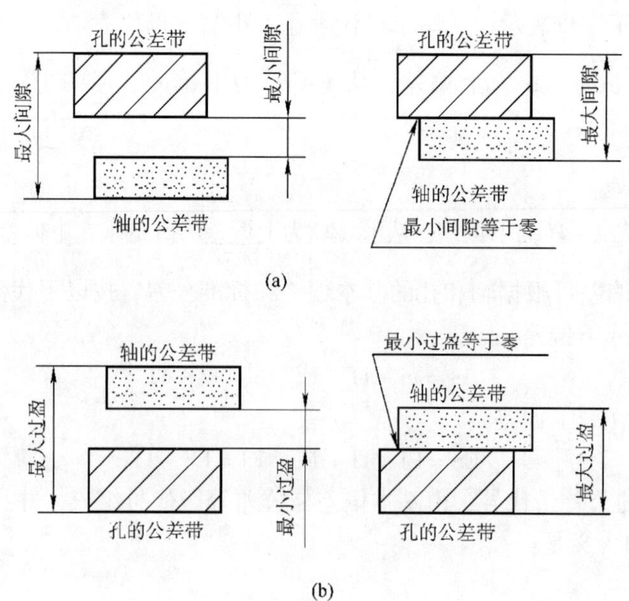

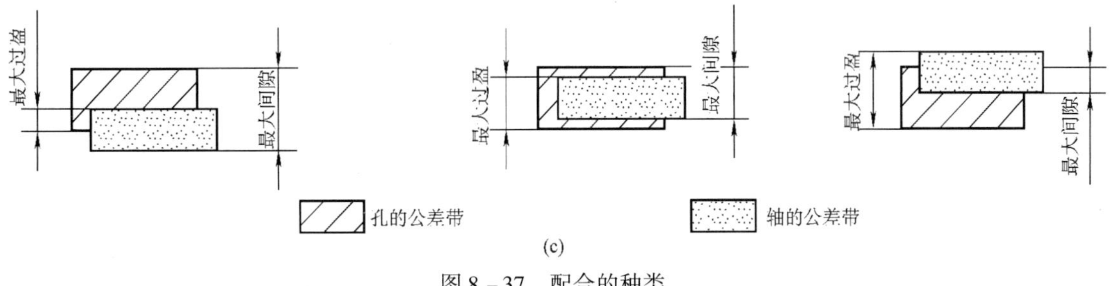

(c)

图 8－37　配合的种类

(a) 间隙配合；(b) 过盈配合；(c) 过渡配合

(2) 配合的基准制。国家标准规定了两种基准制：

①基孔制。基本偏差为一定的孔的公差带，与不同基本偏差的轴的公差带构成各种配合的一种制度称为基孔制。这种制度在同一基本尺寸的配合中，是将孔的公差带位置固定，通过变动轴的公差带位置，得到各种不同的配合，如图 8－38 (a) 所示。

基孔制的孔称为基准孔。国标规定基准孔的下偏差为零，"H" 为基准孔的基本偏差。

②基轴制。基本偏差为一定的轴的公差带与不同基本偏差的孔的公差带构成各种配合的一种制度称为基轴制。这种制度在同一基本尺寸的配合中，是将轴的公差带位置固定，通过变动孔的公差带位置，得到各种不同的配合，如图 8－38 (b) 所示。

基轴制的轴称为基准轴。国家标准规定基准轴的上偏差为零，"h" 为基轴制的基本偏差。

从图 8－36 中不难看出：基孔制（基轴制）中，a～h（A～H）用于间隙配合；j～zc（J～ZC）用于过渡配合和过盈配合。

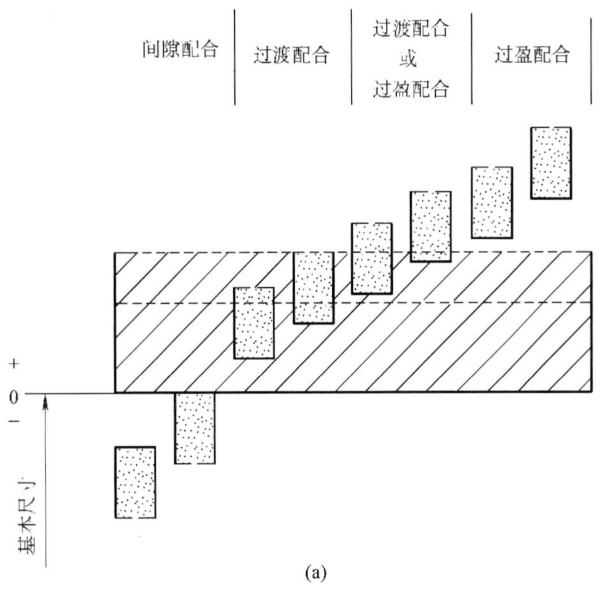

(a)

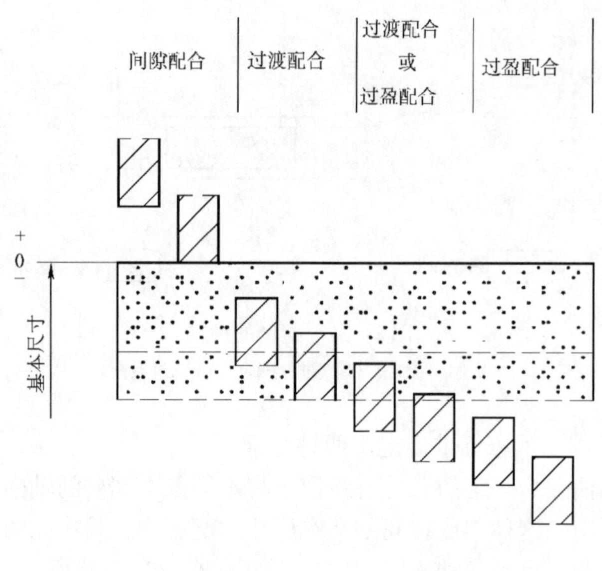

(b)

图 8-38 配合的基准制

(a) 基孔制;(b) 基轴制

4. 公差与配合的选用

(1) 选用优先公差带和优先配合。国家标准根据机械工业产品生产使用的需要，考虑到定值刀具、量具的统一，规定了一般用途孔公差带 105 种，轴公差带 119 种以及优先选用的孔、轴公差带。国标还规定轴、孔公差带中组合成基孔制常用配合 59 种，优先配合 13 种；基轴制常用配合 47 种，优先配合 13 种，见附表 19 和附表 20。应尽量选用优先配合和常用配合。

(2) 选用基孔制。一般情况下优先采用基孔制。这样可以限制定值刀具、量具的规格和数量。基轴制通常仅用于有明显经济效果和结构设计要求不适合采用基孔制的场合。例如，使用一根冷拔的圆钢作轴，轴与几个具有不同公差带的孔配合，此时，轴就不另行机械加工。一些标准滚动轴承的外环与孔的配合，也采用基轴制。

(3) 选用孔比轴低一级的公差等级。在保证使用要求的前提下，为减少加工工作量，应当使选用的公差为最大值。加工孔较困难，一般在配合中选用孔比轴低一级的公差等级，如 H8/h7。

5. 公差与配合的标注

(1) 在装配图中的标注方法。配合的代号由两个相互结合的孔和轴的公差带的代号组成，用分数形式表示，分子为孔的公差带代号，分母与轴的公差带代号，标注的通用形式如图 8-39 (a) 所示。

(2) 在零件图中的标注方法：

①标注公差带的代号，如图 8-39 (b) 所示。这种注法可和采用专用量具检验零件统一起来，以适应大批量生产的要求。它不需要标注偏差数值。

②标注偏差数值，如图 8-40 (b) 所示。上(下)偏差注在基本尺寸的右上(下)方，偏差数字应比基本尺寸数字小 1 号。当上(下)偏差数值为零时，可简写为“0”，另

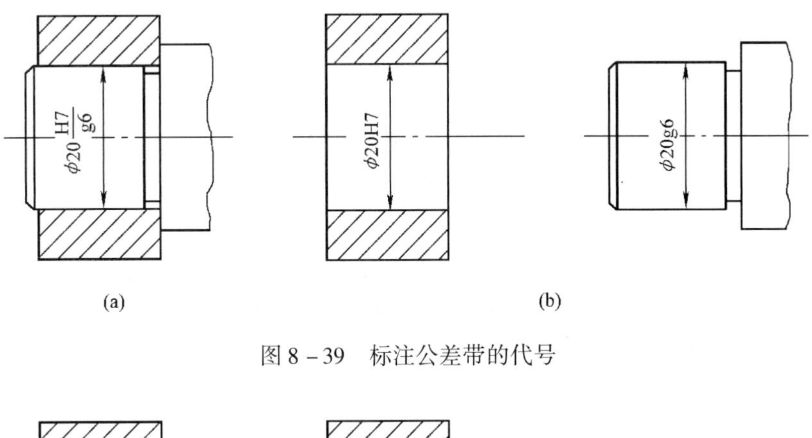

图 8－39　标注公差带的代号

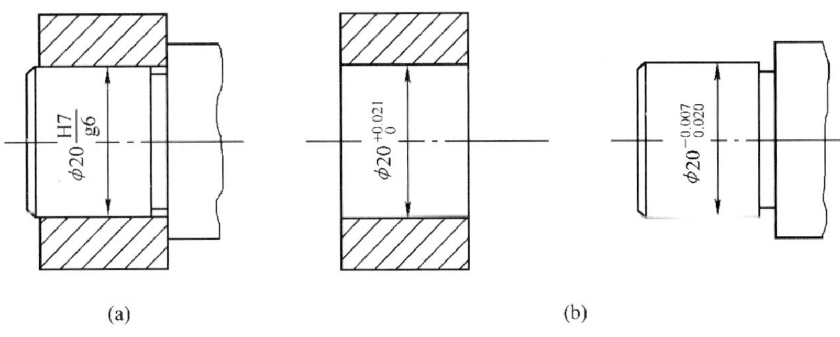

图 8－40　标注偏差数值

一偏差仍标在原来的位置上，如图 8－40（b）所示。如果上、下偏差的数值相同，则在基本尺寸数字后标注“±”符号，再写上偏差数值。这时数值的字体与基本尺寸字体同高，如图 8－41 所示。这种注法主要用于小量或单件生产，以便加工和检验时减少辅助时间。

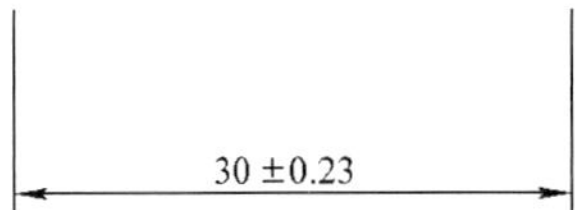

图 8－41　标注对称偏差

③公差带代号和偏差数值一起标注，如图 8－42 所示。

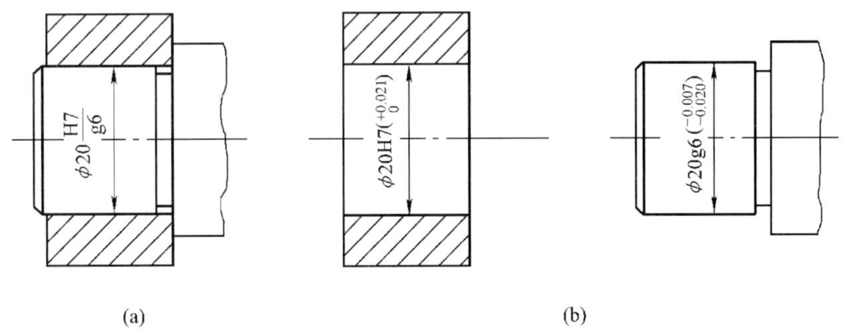

图 8－42　公差带代号和偏差数值一起标注

三、表面形状和位置公差

机械零件在加工中的尺寸误差，根据使用要求用尺寸公差加以限制。而加工中对零件的几何形状和相对几何要素的位置误差则由形状和位置公差加以限制。因此，它和表面粗糙度、极限与配合共同成为评定产品质量的重要技术指标。

1. 表面形状和位置公差概念

（1）形状误差和公差。形状误差是指实际形状对理想形状的变动量。测量时，理想形状相对于实际形状的位置，应按最小条件来确定。

形状公差是指实际要素的形状所允许的变动全量。

（2）位置误差和公差。位置误差是指实际位置对理想位置的变动量。理想位置是指相对于基准的理想形状的位置而言。测量时，确定基准的理想形状的位置应符合最小条件。

位置公差是指实际要素的位置对基准所允许的变动全量。

形状公差和位置公差的符号见表 8 –6。

表 8 –6　形位公差符号

分类	项目	符号	分类		项目	符号
形状公差	直线度	—	位置公差	定向	平行度	//
	平面度	▱			垂直度	⊥
	圆度	○			倾斜度	∠
	圆柱度	⌭		定位	同轴度	◎
	线轮廓度	⌒			位置度	⌖
	面轮廓度	⌓			对称度	⌯
				跳动	圆跳动	↗
					全跳动	⌰

（3）公差带及其形状。公差带是由公差值确定的，它是限制实际形状或实际位置变动的区域。公差带的形状有：两平行直线、两等距曲线、两同心圆、一个圆、一个球、一个圆柱、一个四棱柱、两同轴圆柱、两平行平面、两等距曲面等。

2. 标注形位公差和位置公差的方法

标注形位公差和位置公差时，标准中规定应用框格标注。

（1）公差框格用细实线画出，可画成水平的或垂直的，框格高度是图样中尺寸数字高度的两倍，它的长度视需要而定。框格中的数字、字母、符号与图样中的数字等高。图 8 –43 给出了形状公差和位置公差的框格形式。

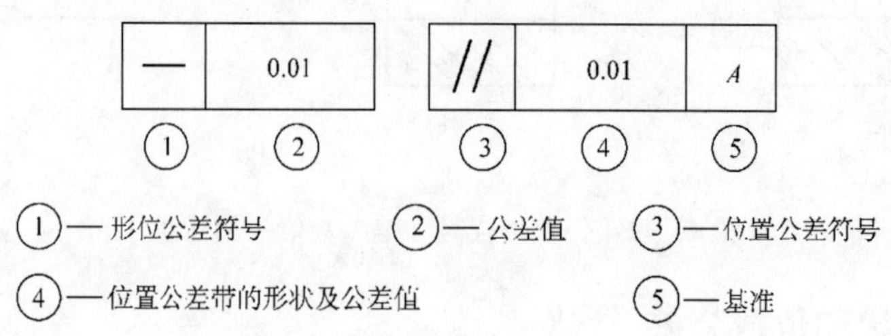

图 8 –43　形状公差和位置公差标准

（2）用带箭头的指引线将被测要素与公差框格一端相连，指引线箭头指向公差带的宽度方向或直径方面。指引线箭头所指部位可有：

①当被测要素为整体轴线或公共中心平面时，指引线箭头可直接指在轴线或中心线上，见图8－44（a）。

②当被测要素为轴线、球心或中心平面时，指引线箭头应与该要素的尺寸线对齐，见图8－44（b）。

③当被测要素为线或表面时，指引线箭头应指要该要素的轮廓线或其引出线上，并应明显地与尺寸线错开，见图8－44（c）。

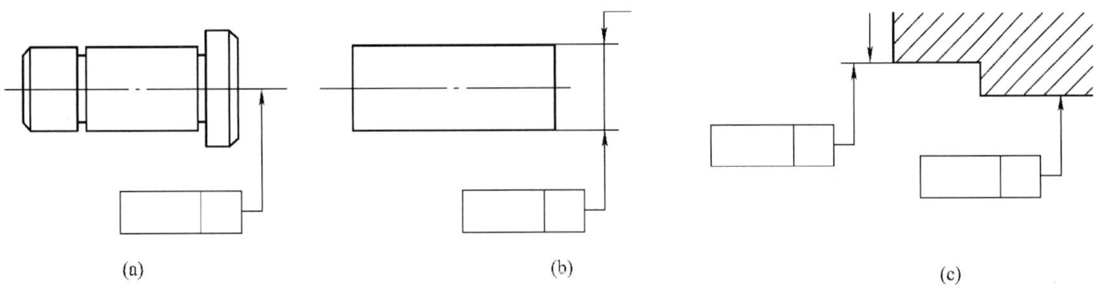

图8－44　形状公差和位置公差标准（一）

（3）用带基准符号的指引线将基准要素与公差框格的另一端相连，见图8－45（a）。当标注不方便时，基准代号也可由基准符号、圆圈、连线和字母组成。基准符号用加粗的短划表示；圆圈和连线用细实线绘制，连线必须与基准要素垂直，见图8－46。基准符号所靠近的部位，可有：

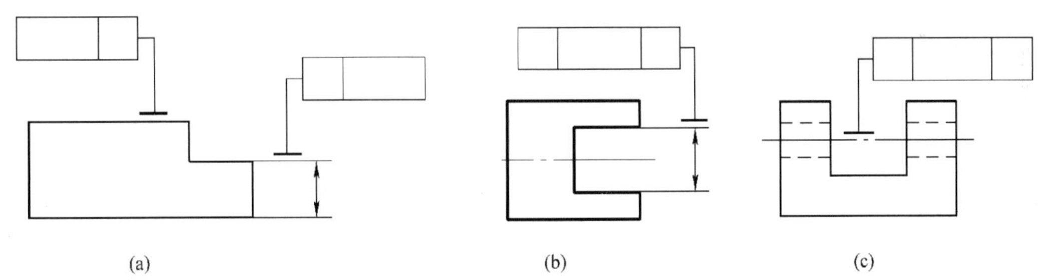

图8－45　形状公差和位置公差标准（二）

① 当基准要素为素线或表面时，基准符号应靠近该要素的轮廓线或引出线标注，并应明显地与尺寸线箭头错开，如图8－45（a）。

② 当基准要素为轴线、球心或中心平面时，基准符号应与该要素的尺寸线箭头对齐，见图8－45（b）。

③ 当基准要素为整体轴线或公共中心面时，基准符号可直接靠近公共轴线（或公共中心线）标注，见图8－45（c）。

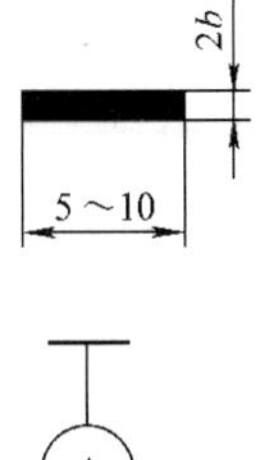

图8－46　基准符号

图8－47是在一张零件图上标注形状公差和位置公差的实例。

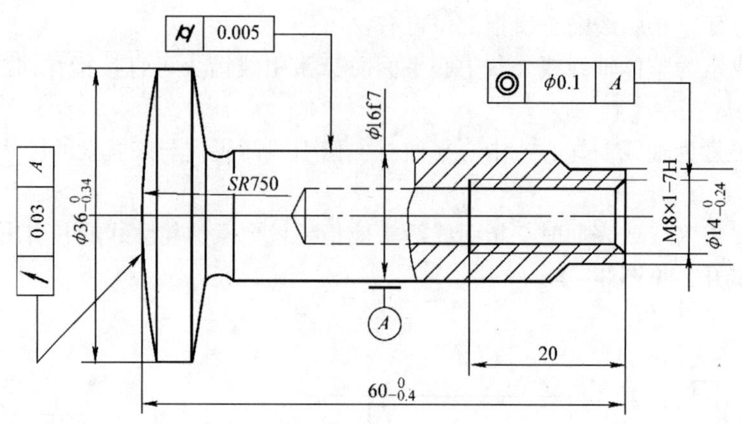

图 8－47　形状公差和位置公差标准实例

第五节　零件的测绘

零件的测绘就是根据实际零件画出它的图形，测量出它的尺寸并制订出技术要求。测绘时，首先以徒手画出零件草图，然后根据该草图画出零件工作图。

一、徒手绘图的方法

徒手绘图也称草图，是不借助绘图工具用目测形状及大小徒手绘制的图样。在机器测绘、讨论设计方案、技术交流、现场参观时，受现场或时间限制，通常只绘制草图。

画草图的要求是：①画线要稳，图线要清晰；②目测尺寸要尽量准，各部分比例匀称；③绘图速度要快；④标注尺寸无误，书写清楚。

画草图的铅笔比用仪器画图的铅笔软一号，削成圆锥形，画粗实线要秃些，画细实线可尖些。要画好草图，必须掌握徒手绘制各种线条的基本手法。

1. 握笔方法

手握笔的位置要比用仪器绘图时高些，以利运笔和观察目标。笔杆与纸面成45°~60°，执笔稳而有力。

2. 直线的画法

画直线时，手腕靠着纸面，沿着画线方向移动，保持图线稳直。眼要注意终点方向。

画垂直线时自上而下运笔；画水平线自左而右的画线方向最为顺手，这时图纸可放斜；斜线一般不太好画，故画图时可以转动图纸，使欲画的斜线正好处于顺手方向。画短线，常以手腕运笔，画长线则以手臂动作。为了便于控制图大小比例和各图形间的关系，可利用方格纸画草图。

3. 圆和曲线的画法

画圆时，应先定圆心位置，过圆心画对称中心线，在对称中心线上距圆心等于半径处截取四点，过四点画圆即可，见图 8－48（a）。画稍大的圆时可再加一对十字线并同样截取四点，过八点画圆，见图 8－48（b）。

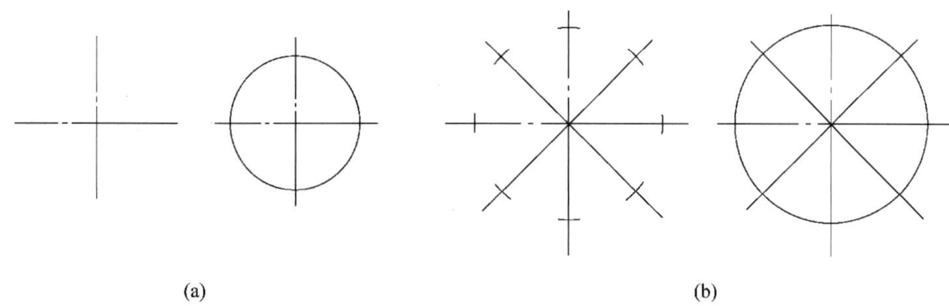

(a)　　(b)

图 8－48　圆的画法

对于圆角、椭圆及圆弧连接，也是尽量利用与正方形、长方形、菱形相切的特点画出，如图 8－49 所示。

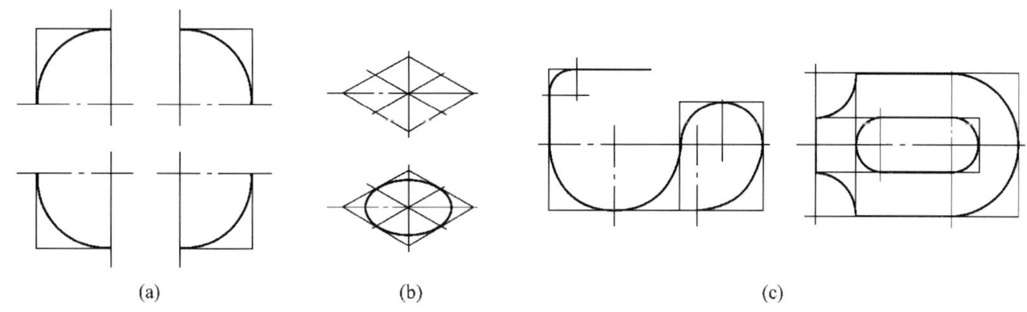

(a)　　(b)　　(c)

图 8－49　圆角、椭圆和圆弧连接画法

（a）圆角画法；（b）椭圆画法；（c）圆弧连接的画法

二、画零件草图的方法和步骤

1. 了解和分析测绘对象

首先应了解零件的名称、用途、材料以及它在机器（或部件）中的位置和作用；然后对该零件进行结构分析和制造方法的大致分析。

2. 确定视图表达方案

根据显示形状特征的原则，按零件的加工位置或工作位置确定主视图；再按零件的内外结构特点选用必要的其他视图、剖视、断面等表达方法。

3. 绘制零件草图

套筒零件的草图绘制步骤，可参阅图 8－50。

（1）在图纸上定出各视图的位置。画出各视图的基准线、中心线，见图 8－50（a）。安排各视图的位置时，要考虑到各视图间应有标注尺寸的地方，右下角留有标题栏的位置。

（2）详细地画出零件外部和内部的结构形状，见图 8－50（b）。

（3）注出零件各表面粗糙度符号，选择基准和画尺寸线、尺寸界线及箭头。经过仔细校核后，描深轮廓线，画好剖面线，见图 8－50（c）。

（4）测量尺寸，定出技术要求，并将尺寸数字、技术要求记入图中，见图 8－50（d）。

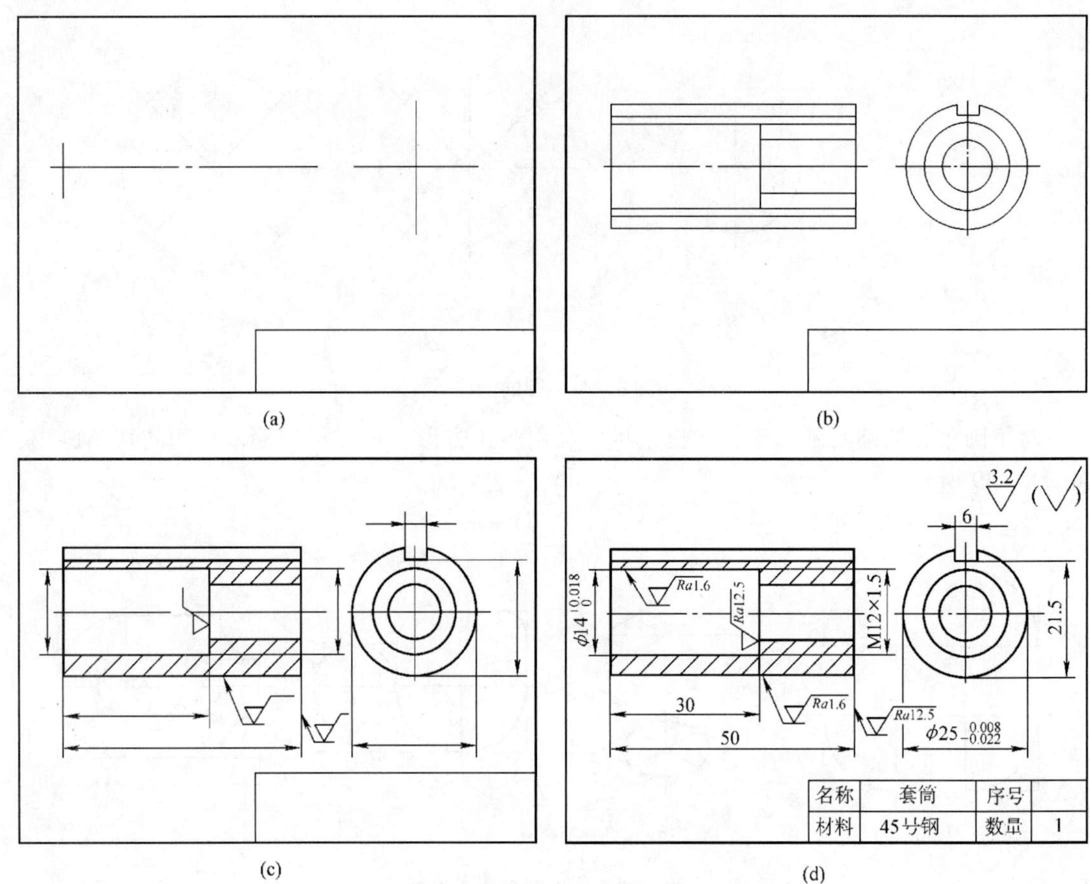

图 8－50　套筒零件草图的绘制步骤

三、画零件工作图的方法和步骤

零件草图是现场测绘的，所考虑的问题不一定是最完善的。因此，在画零件工作图时，需要对草图再进行审核。有些要设计、计算和选用，如表面粗糙度、尺寸公差、形位公差、材料及表面处理等；有些问题也需要重新加以考虑，如表达方案的选择、尺寸的标注等，经过复查、补充、修改后，方可画零件图。画零件图的方法和步骤如下。

（1）选好比例：根据零件的复杂程度选择比例，尽量选用1∶1。

（2）选择幅面：根据表达方案、比例、选择标准图幅。

（3）画底图：①定出各视图的基准线；②画出图形；③标出尺寸；④注写技术要求，填写标题栏。

（4）校核。

（5）描深。

（6）审核。

四、零件测绘时的注意事项

（1）零件的制造缺陷，如砂眼、气孔、刀痕、磨损等，都不应画出。

（2）零件上因制造、装配需要而形成的工艺结构，如铸造圆角、倒角等必须画出。

（3）有配合关系的尺寸（如配合的孔与轴的直径），一般只要测出它的基本尺寸。其配合性质和相应的公差值，应在分析考虑后，再查阅有关手册确定。

（4）没有配合关系的尺寸或不重要的尺寸，允许将测量所得尺寸作适当调整。

（5）对螺纹、键槽、轮齿等标准结构的尺寸，应把测量的结果与标准值对照，一般均采用标准的结构尺寸，以利制造。

第六节　看零件图的方法

一、看零件图的要求

看零件图时，应达到如下要求。

（1）了解零件的名称、材料和用途。

（2）了解组成零件各部分结构形状的特点、功用，以及它们之间的相对位置。

（3）了解零件的制造方法和技术要求。

二、看零件图的方法

现以图 8－51 为例来说明看零件图的方法和步骤。

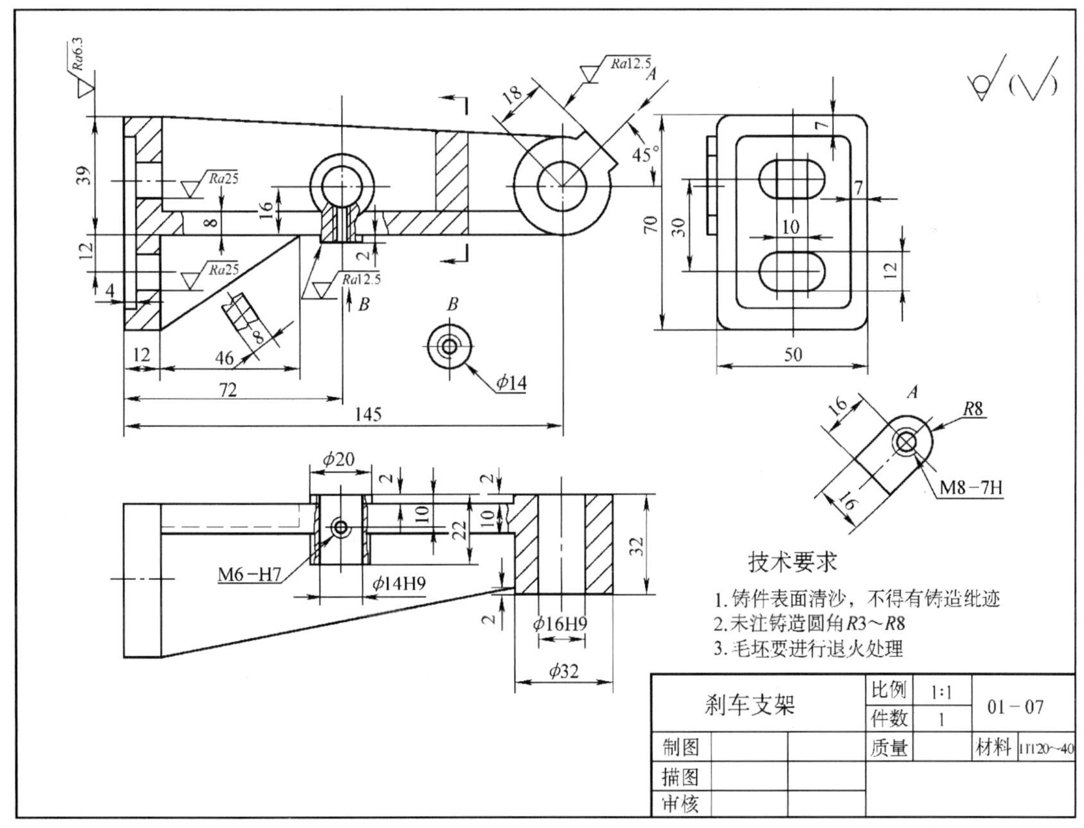

图 8－51　刹车支架零件图

1. 看标题栏

从标题栏中了解零件的名称（刹车支架）、材料（HT20～40）等。

2. 表达方案分析

可按下列顺序进行分析。

（1）找出主视图。

（2）用多少视图、剖视、断面等，找出它们的名称、相互位置和投影关系。

（3）凡有剖视、断面处要找到剖切平面位置。

（4）有局部视图和斜视图的地方必须找到表示投影部位的字母和表示投影方向的箭头。

（5）有无局部放大图及简化画法。

该支架零件图由主视图、俯视图、左视图、一个局部视图、一个斜视图、一个移出断面组成。主视图上用了两个局部剖视和一个重合断面，俯视图上也用了两个局部剖视，左视图只画外形图，用以补充表示某些形体的相关位置。

3. 进行形体分析和线面分析

（1）先看大致轮廓，再分几个较大的独立部分进行形体分析，逐一看懂。

（2）对外部结构逐个分析。

（3）对内部结构逐个分析。

（4）对不便于形体分析的部分进行线面分析。

4. 进行尺寸分析

（1）形体分析和结构分析，了解定形尺寸和定位尺寸。

（2）据零件的结构特点，了解基准和尺寸标注形式。

（3）了解功能尺寸与非功能尺寸。

（4）了解零件总体尺寸。

这个零件各部分的形体尺寸，按形体分析法确定。标注尺寸的基准是：长度方向以左端面为基准，从它注出的定位尺寸有 72 和 145；宽度方向以经加工的右圆筒端面和中间圆筒端面为基准，从它注出的定位尺寸有 2 和 10；高度方向的基准是右圆筒与左端底板相连的水平板的底面，从它注出的定位尺寸有 12、16。

把零件的结构形状、尺寸标注、工艺和技术要求等内容综合起来，就能了解零件的全貌，也就看懂了零件图。

第九章

装 配 图

表达装配体（机器或部件）的图样，称为装配图。

第一节 装配图的作用和内容

一、装配图的作用

装配图表示装配体的基本结构、各零件相对位置、装配关系和工作原理。在设计过程中，首先要画出装配图，然后按照装配图设计并拆画出零件图，该装配图称为设计装配图。在使用产品时，装配图又是了解产品结构和进行调试、维修的主要依据。此外，装配图也是进行科学研究和技术交流的工具。因此，装配图是生产中的主要技术文件。

二、装配图的内容

图 9－1 为由 9 种零件组成的千斤顶，而图 9－2 为其装配图。从中可见装配图的内容一般包括以下 4 个方面。

（1）一组视图。用来表示装配体的结构特点、各零件的装配关系和主要零件的重要结构形状。

（2）必要的尺寸。表示装配体的规格、性能，装配、安装和总体尺寸等。

（3）技术要求。在装配图的空白处（一般在标题栏、明细栏的上方或左面），用文字、符号等说明对装配体的工作性能、装配要求、试验或使用等方面的有关条件或要求。

（4）标题栏、零件序号和明细栏。说明装配体及其各组成零件的名称、数量和材料等一般概况。

应当指出，由于装配图的复杂程度和使用要求不同，以上各项内容并不是在所有的装配图中都要无遗地表现出来，

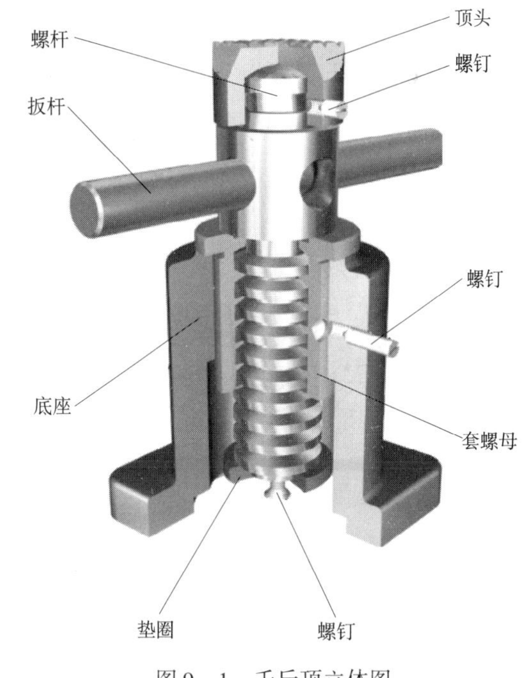

图 9－1 千斤顶立体图

而是要根据实际情况来决定。例如，图 9 - 1 所示的千斤顶，如果是绘制设计装配图，在一组视图中，就需要如图 9 - 2 所示的那样；如果是绘制装配工作图，那就只需画出图 9 - 2 中的主视图（全剖）和俯视图就行了。因为这种装配图只用于指导装配工作，重点在表明装配关系，无须详细表明各组成零件的结构形状。因此，在视图数量上就较少。在尺寸等方面也有类似的情况。

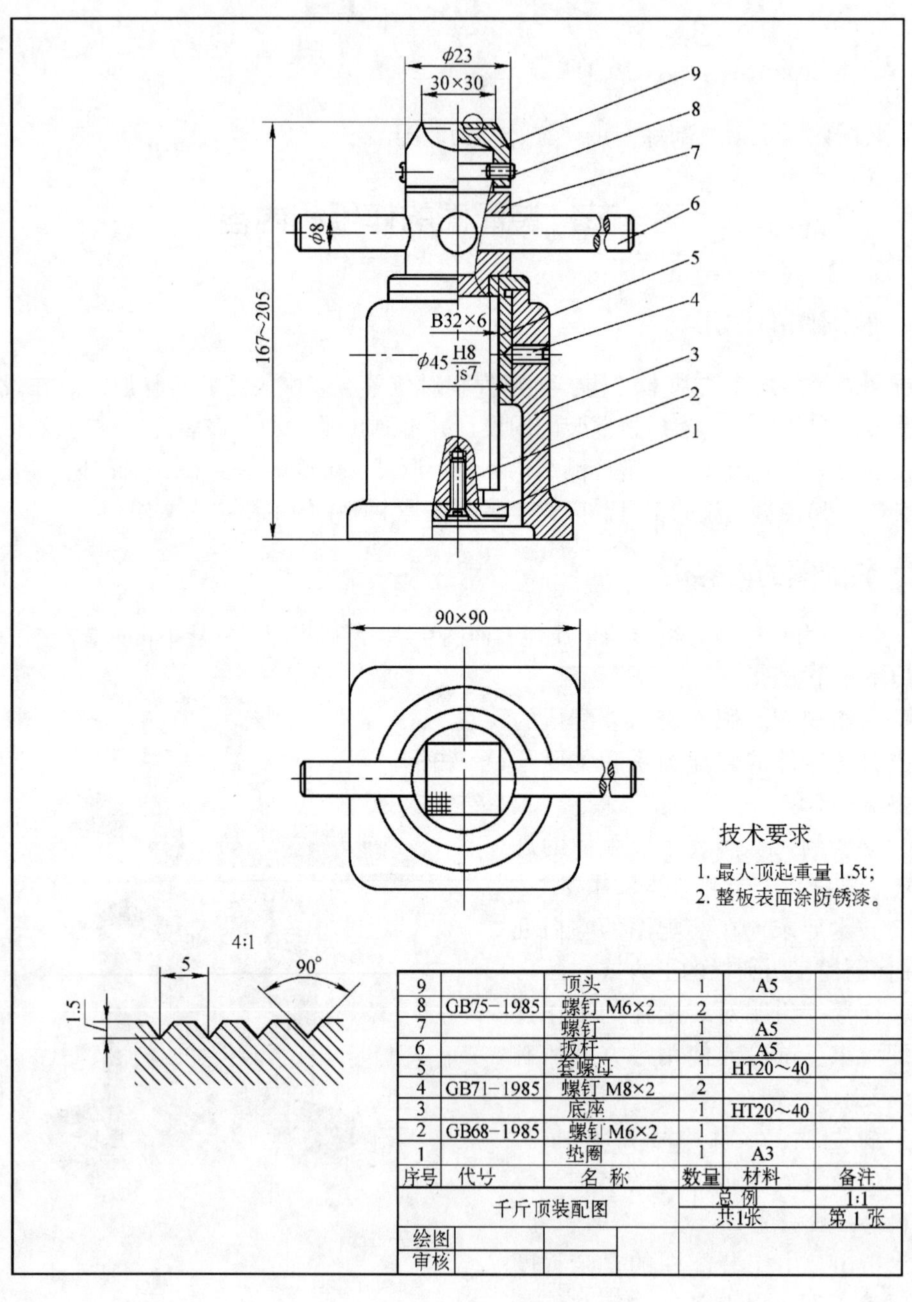

φ23
30×30
9
8
7
6
φ8
5
4
B32×6
φ45 H8/js7
3
2
1
167~205
90×90
技术要求
1. 最大顶起重量 1.5t;
2. 整板表面涂防锈漆。
4:1
5
90°
1.5
9 顶头 1 A5
8 GB75−1985 螺钉 M6×2 2
7 螺钉 1 A5
6 扳杆 1 A5
5 套螺母 1 HT20~40
4 GB71−1985 螺钉 M8×2 2
3 底座 1 HT20~40
2 GB68−1985 螺钉 M6×2 1
1 垫圈 1 A3
序号 代号 名称 数量 材料 备注
千斤顶装配图
总例 1:1
共1张 第1张
绘图
审核

图 9 - 2　千斤顶装配图

第二节　装配图的规定画法和特殊画法

在零件图上所采用的各种表达方法，如视图、剖视、断面、局部放大图等也同样适用于画装配图。但是画零件图所表达的是一个零件，而画装配图所表达的则是由许多零件组成的装配体（机器或部件等）。因为两种图样的要求不同，所表达的侧重面也不同。装配图应该表达出装配体的工作原理、装配关系和主要零件的主要结构形状。因此，国家标准《机械制图》对绘制装配图制定了规定画法、特殊画法和简化画法。

一、规定画法

在装配图中，为了便于区分不同的零件，正确地表达出各零件之间的关系，在画法上有以下规定。

1. 接触面和配合面的画法

相邻两零件的接触表面和基本尺寸相同的两配合表面只画一条线（图 9－2 中，件 3 底座与件 5 套螺母之间）；而基本尺寸不同的非配合表面，即使间隙很小，也必须画成两条线（图 9－2 中，件 6 扳杆与孔之间）。

2. 剖面线的画法

在装配图中，同一个零件在所有的剖视、断面图中，其剖面线应保持同一方向，且间隔一致（图 9－2 中，件 9 在主视图和局部放大图中的剖面线）。相邻两零件的剖面线则必须不同。即：使其方向相反，或间隔不同，或互相错开（图 9－2 中，相邻零件 3、5、7 之间的剖面线画法）。

当装配图中零件的面厚度小于 2 mm 时，允许将剖面涂黑以代替剖面线。

3. 实心件和某些标准件的画法

在装配图的剖视图中，若剖切平面通过实心零件（如轴、杆等）和标准件（如螺栓、螺母、销、键等）的基本轴线时，这些零件按不剖绘制（图 9－2 主视图中的件 2、4、8）。但其上的孔、槽等结构需要表达时，可采用局部剖视（图 9－2 主视图中的件 7）。当剖切平面垂直于其轴线剖切时，则需画出剖面线。

二、特殊画法

1. 拆卸画法

（1）在装配图的某个视图上。如果有些零件在其他视图上已经表示清楚，而又遮住了需要表达的零件时，则可将其拆卸掉不画而画剩下部分的视图（图 9－28 中的 *A—A* 视图即拆去了件 9 油杯），这种画法称为拆卸画法。为了避免看图时产生误解，常在图上加注“拆去零件 ×、×……”。

（2）在装配图中，为了表示内部结构，可假想沿着某些零件的结合面剖开。如图 9－28 中，滑动轴承俯视图；图 9－32 中，齿轮油泵左视图的左半个投影，都是沿着零件结合面剖切的画法。其中，由于剖切平面对螺栓、螺钉和圆柱销是横向剖切，故对它们应画剖面线；对其余零件则不画剖面线。

2. 单独表示某个零件

在装配图中，当某个零件的形状未表达清楚，或对理解装配关系有影响时，可另外单独画出该零件的某一视图。如图 9－3 中，对零件 1 的 *A*—*A* 视图。

3. 夸大画法

在装配图中，对于一些薄片零件、细丝弹簧、小的间隙和小的锥度等，可不按其实际尺寸作图，而适当地夸大画出。如图 9－7 中垫片的表示。

4. 假想画法

（1）对于运动零件，当需要表明其运动极限位置时，可以在一个极限位置上画出该零件，而在另一个极限位置用双点画线来表示。如图 9－3 中对件 1 支承销最高位置和图 9－4 中手柄另一位置的表示法。

（2）为了表明本部件与其他相邻部件或零件的装配关系，可用双点画线画出该件的轮廓线。如图 9－5 中辅助相邻零件和图 9－3 主视图中右边对齿轮和销的表示。

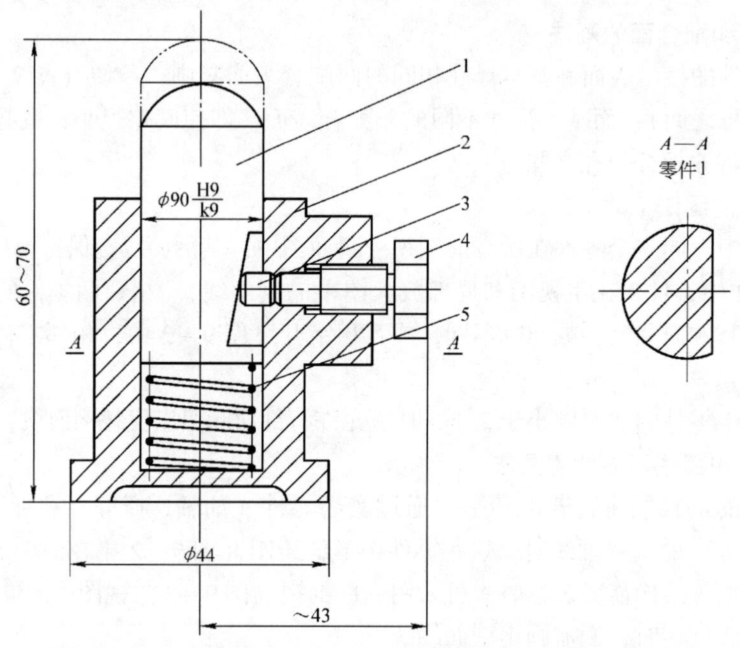

图 9－3　浮动支承装配图

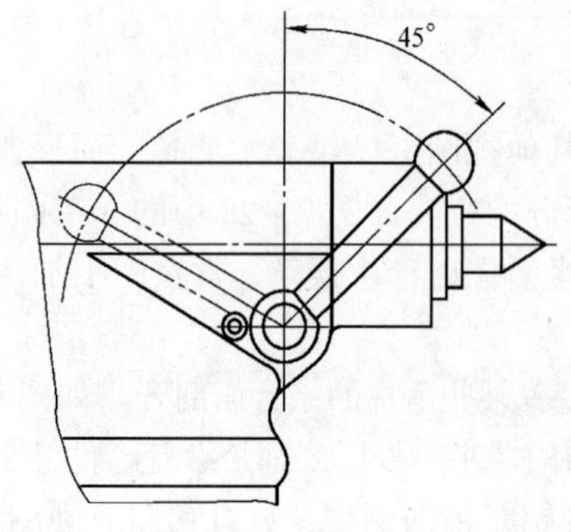

图 9－4　运动零件的极限位置的画法

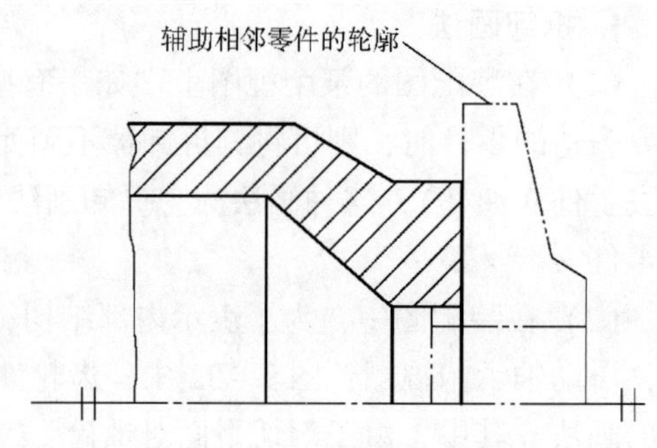

图 9－5　辅助相邻零件的画法

5. 简化画法

（1）在装配图中，对若干相同的零件组如螺栓、螺钉连接等，可以仅详细地画出一处或几处，其余只需用点画线表示其位置（图9－2）。在俯视图和主视图中对四组螺栓连接只画了一组，见图9－6中的省略画法。

（2）图9－7表示滚动轴承的简化画法。滚动轴承只需表达其主要结构时，可采用示意画法。

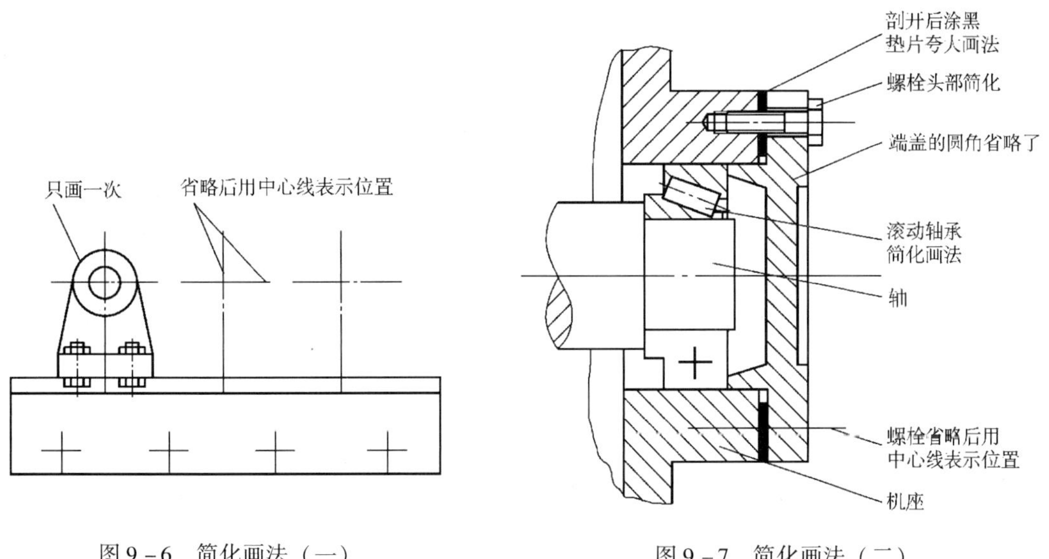

图9－6 简化画法（一）　　图9－7 简化画法（二）

（3）在装配图中，对于零件上的一些工艺结构，如小圆角、倒角、退刀槽和砂轮越程槽等可以不画。

第三节 装配图的尺寸标注

装配图的作用与零件图不同，因此，在图上标注尺寸的要求也不同。在装配图上应该按照对装配体的设计或生产的要求来标注某些必要的尺寸。一般常注的有下列几方面的尺寸。

一、性能（规格）尺寸

它是表示装配体性能（规格）的尺寸，这些尺寸是设计时确定的。它也是了解和选用该装配体的依据。如图9－2的螺纹尺寸B32×6，图9－28轴承的轴孔直径ϕ50H8。

二、装配尺寸

这是表示装配体中各零件之间相互配合关系和相对位置的尺寸。这种尺寸是保证装配体装配性能和质量的尺寸。

1. 配合尺寸

表示零件间配合性质的尺寸。如图9－2中的尺寸$\phi 45\frac{H8}{s7}$就是配合尺寸。

2. 相对位置尺寸

表示装配时需要保证的零件间相互位置的尺寸。图9－28中轴承中心轴线到基面的距离

70 ±0.1，两螺栓连接的位置尺寸 85 ±0.3；图 9－32 中油泵两齿轮轴心距离 27 ±0.03 等即是。

3. 安装尺寸

这是将装配体安装到其他装配体上或地基上所需的尺寸。图 9－28 中对螺栓通孔所注的尺寸 180、17 和 6 等。

4. 外形尺寸

这是表示装配体外形的总体尺寸，即总的长、宽、高。它反映了装配体的大小，提供了装配体在包装、运输和安装过程中所占的空间尺寸。如图 9－28 中的尺寸 240（长）、80（宽）、152（高）。

5. 其他重要尺寸

它是在设计中确定的，而又未包括在上述几类尺寸之中的主要尺寸。如运动件的极限尺寸，主体零件的重要尺寸等。如图 9－2 所注尺寸 167 ~205 即为运动件的极限尺寸。件 6 扳杆直径 $\phi8$，件 9 顶头的尺寸 $\phi23$ 等均为该两零件的重要尺寸。

上述五类尺寸之间并不是互相孤立无关的，实际上有的尺寸往往同时具有多种作用。此外，在一张装配图中，也并不一定需要全部注出上述五类尺寸，而是要根据具体情况和要求来确定。如果是设计装配图，所注的尺寸应全面些；如果是装配工作图，则只需把与装配有关的尺寸注出就行了。

第四节　装配图中的零件序号、明细栏和标题栏

为了便于装配时看图查找零件，便于作生产准备和图样管理，必须对装配图中的零件进行编号，并列出零件的明细栏。

一、零件序号

1. 一般规定

装配图中所有的零件都必须编写序号。相同的零件只编一个序号。如图9－2 中，件 4 螺钉、件 8 螺钉都有两个，但只编一个序号 4 和 8。

2. 零件编号的形式（图 9－8）

它是由圆点、指引线、水平线或圆（均为细实线）及数字组成。序号写在水平线上或小圆内。序号字高应比该图中尺寸数字大一号或二号。

指引线应自所指零件的可见轮廓内引出，并在其末端画一圆点；若所指的部分不宜画圆点，如很薄的零件或涂黑的剖面等，可在指引线的末端画一箭头，并指向该部分的轮廓。

如果是一组紧固件，以及装配关系清楚的零件组，可以采用公共指引线，如图 9－8（b）。

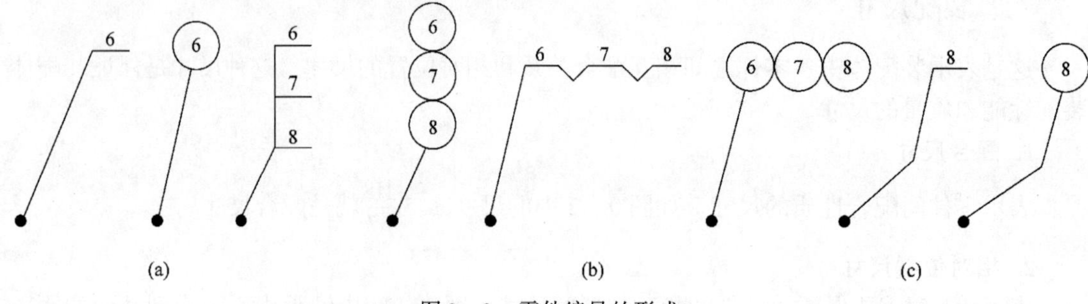

图 9－8　零件编号的形式

指引线应尽可能分布均匀且不要彼此相交，也不要过长。指引线通过有剖面线的区域时，要尽量不与剖面线平行，必要时可画成折线，但只允许折一次，如图 9－8（c）。

3. 序号编排方法

应按水平或垂直方向排列整齐，并按顺时针或逆时针方向顺序编号。见图 9－2、图 9－3、图 9－32。

二、明细栏和标题栏

在装配图的右下角必须设置标题栏和明细栏。明细栏位于标题栏的上方，并和标题栏紧连在一起。图 9－9 所示的内容和格式可供学习作业中使用。

明细栏是装配体全部零件的目录，其序号填写的顺序要由下而上。如地位不够时，可移至标题栏的左边继续编写（图 9－10）。

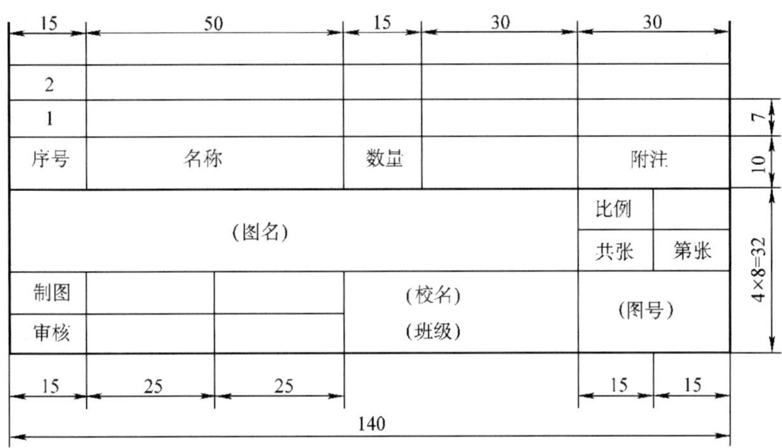

图 9－9　标题栏及明细栏格式

				4				
				3				
				2				
				1				
7								
6								
5								

图 9－10　标题栏及明细栏

三、技术要求

在装配图中，还应在图的右下方空白处写出部件在装配、安装、检验及使用过程等方面的技术要求，参看图 9－2 所注。

第五节　常见的装配工艺结构

零件除了应根据设计要求确定其结构外，还要考虑加工和装配的合理性，否则就会给装配工作带来困难，甚至不能满足设计要求。下面介绍几种最常见的装配工艺结构。

一、螺纹连接件

1. 螺纹连接件的种类及用途

常用的螺纹连接件有螺栓、双头螺柱、螺钉、螺母和垫圈等，如图 9－11 所示。

螺栓、双头螺柱和螺钉都是在圆柱上切削出螺纹，起连接作用，其长短决定于被连接零件的有关厚度。螺栓用于被连接件允许钻成通孔的情况，如图 9－12 所示。双头螺柱用于被连接零件之一较厚或不允许钻成通孔的情况，故两端都有螺纹，一端螺纹用于旋入被连接零件的螺孔内，如图 9－13 所示。螺钉则用于不经常拆开和受力较小的连接中，按其用途可分为连接螺钉（图 9－14）和紧定螺钉（图 9－15）。

图 9－11　常用的螺纹连接件

2. 螺纹连接件的规定标记

标准的螺纹连接件，都有规定的标记，标记的内容有：名称、标准编号、螺纹规格 × 公称长度。举例如下：

（1）螺栓。GB 5782—86—M12 × 80 表示：螺纹规格 d = M12、公称长度 l = 80 mm、性能等级为 8.8 级、A 级的六角头螺栓。

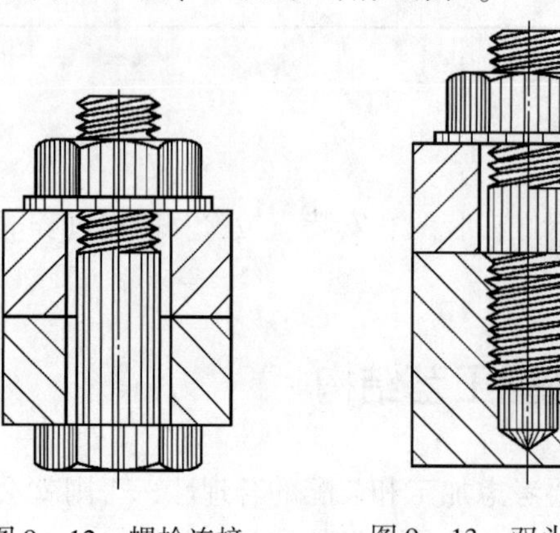

图 9－12　螺栓连接

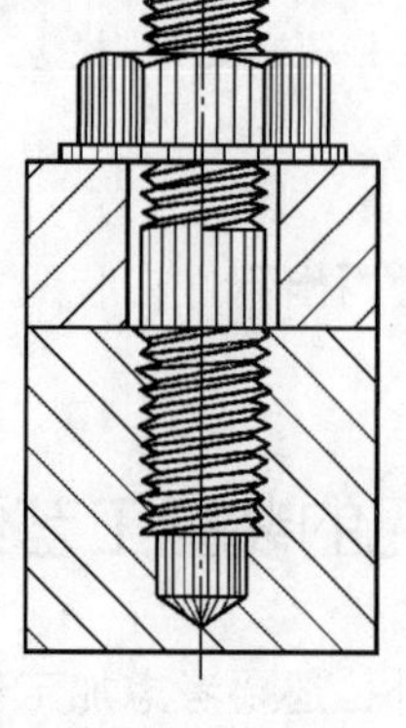

图 9－13　双头螺柱连接

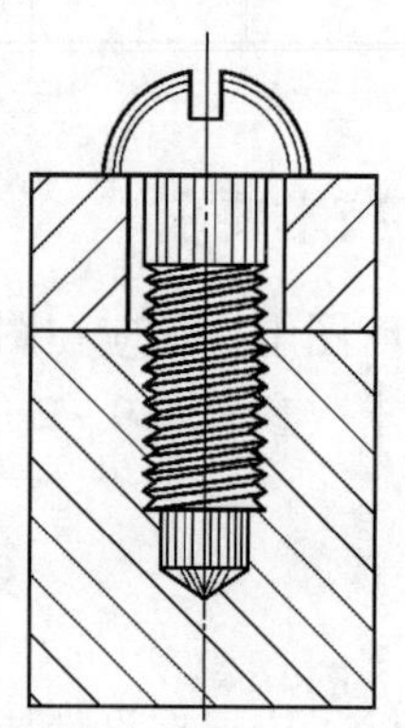

图 9－14　螺钉连接

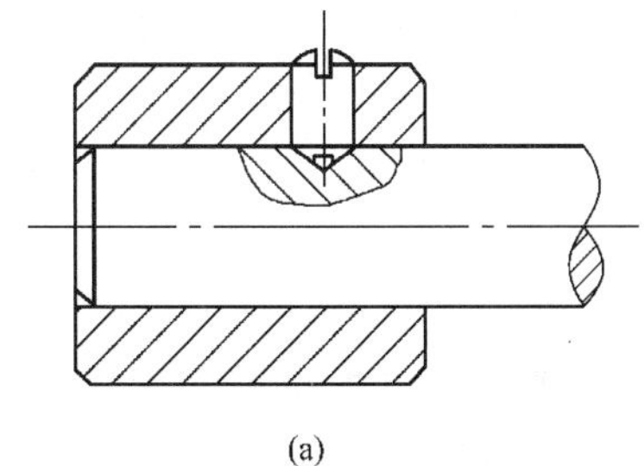
(a)
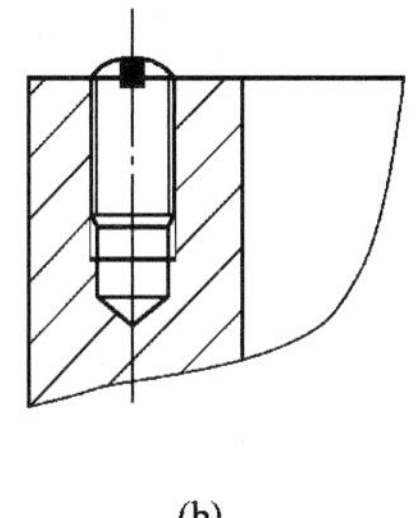
(b)

图 9－15　紧定螺钉连接

（2）螺柱。GB 897—1986—AM10 ×50 表示：两端均为粗牙普通螺纹、螺纹规格 d = M10、公称长度 l = 50 mm、性能等级为 4.8 级、A 型、$b_m = d$ 的双头螺柱。

（3）螺钉。GB 65—1985—M5 ×20 表示：螺纹规格为 d = M5、公称长度 l = 20 mm、性能等级为 4.8 级的开槽圆柱头螺钉。

（4）螺母。GB 6170—1986—M12 表示：螺纹规格 D = M12、性能等级为 10 级、不经表面处理、A 级的 1 型六角螺母。

（5）垫圈。GB 97.1—1985—8—140HV 表示：公称尺寸 d = 8 mm、性能等级为 140HV、不经表面处理的平垫圈。

螺纹连接件的标准，见附表 8 至附表 14。

3. 螺纹连接件的画法

（1）按国标规定的数据画图：

例 8.5　画螺母 GB 6170—1986—M24 的两个视图，画法如下：

①查国标，由附表 13 中查出：$D = 24$、$c = 0.8$、$d_s = 25.9$、$d_w = 33.2$、$e = 39.55$、$m = 21.5$、$m' = 16.2$、$s = 36$。

②画图，按所查出的数据画图，其步骤如下：

a. 以 $s = 36$ 为直径作圆，如图 9－16（a）；

b. 作圆的外切正六边形，并以 $m = 21.5$ 作六棱柱，如图 9－16（b）；

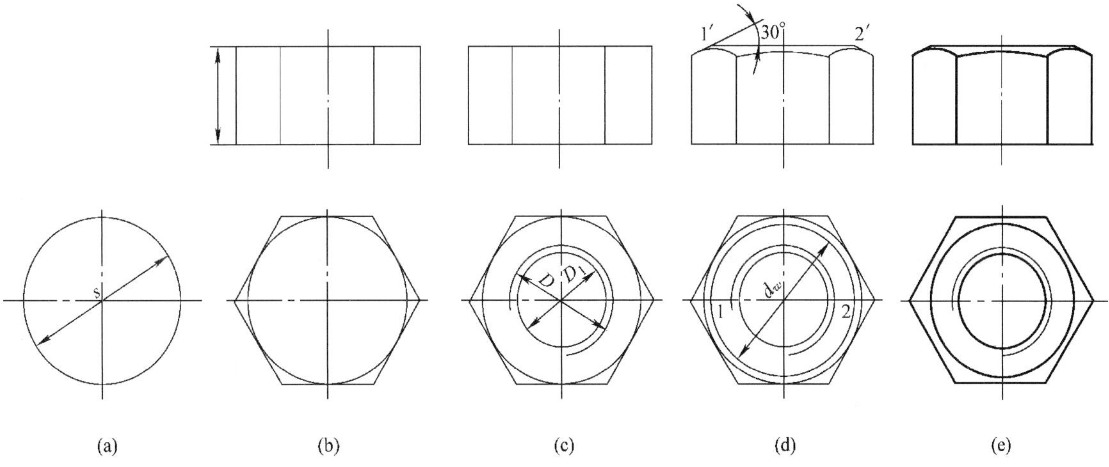

图 9－16　螺母的查表画法

c. 以 $D=24$，画 3/4 圆（螺纹大径），并以 $D_1=20.752$（从附表 3 查得），画圆（螺纹小径），如图 9－16（c）；

d. 以 $d_w=33.2$ 为直径画圆，找出点 1′、2′，过 1′，2′点作与端面成 30°角的斜线，并作出截交线，如图 9－16（d）；

e. 描深，如图 9－16（e）。

所有螺纹连接件都可用上述方法画出零件工作图。

（2）按比例画图。为了提高画图速度，螺纹连接件各部分的尺寸（除公称长度外）都可用 d（或 D）的一定比例画出，称为比例画法（也称简化画法）。画图时，螺纹连接件的公称长度 l 仍由被连接零件的有关厚度决定。

各种常用螺纹连接件的比例画法，如表 9－1 所示。

表 9－1　各种螺纹连接件的比例画法

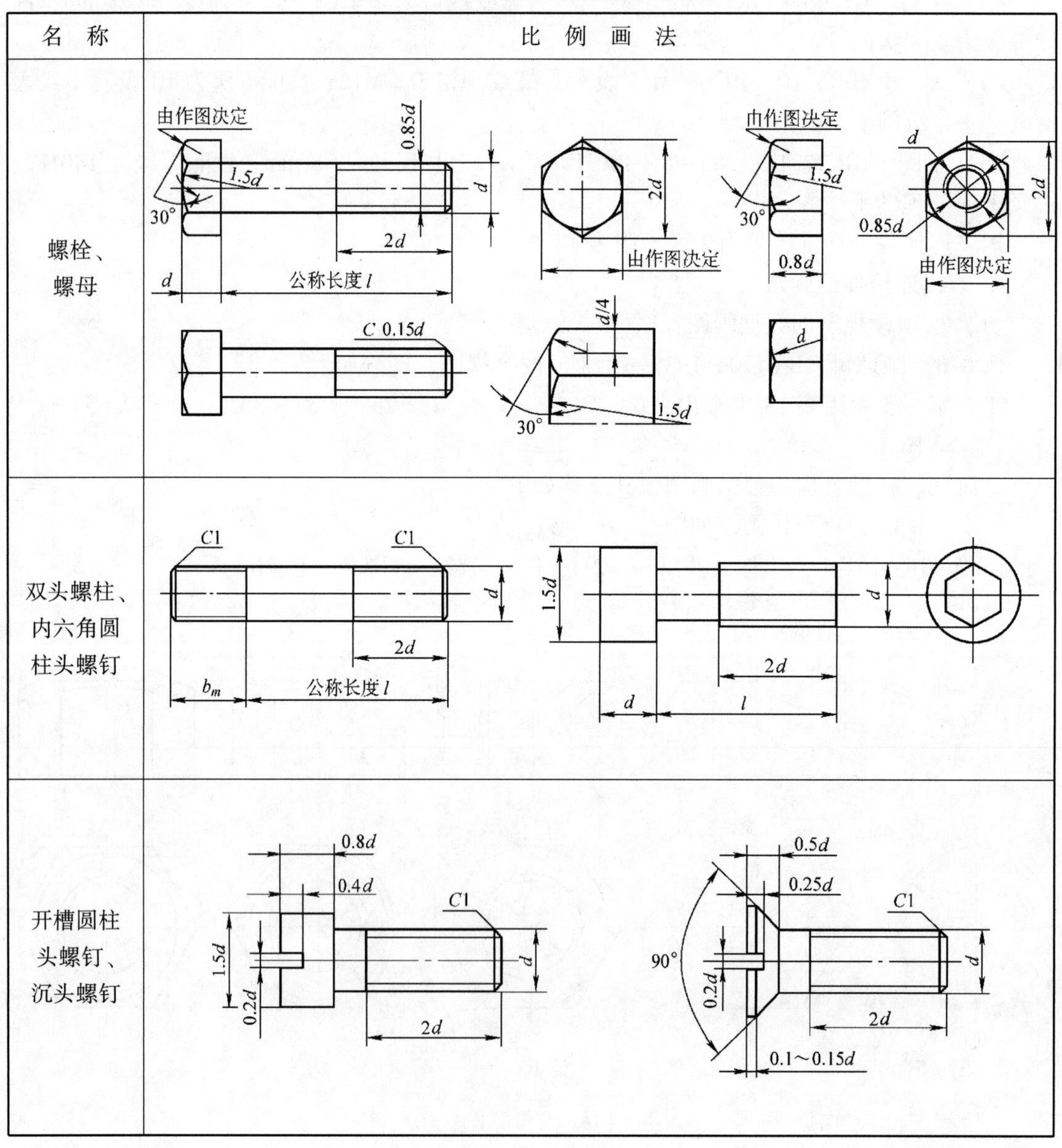

续表

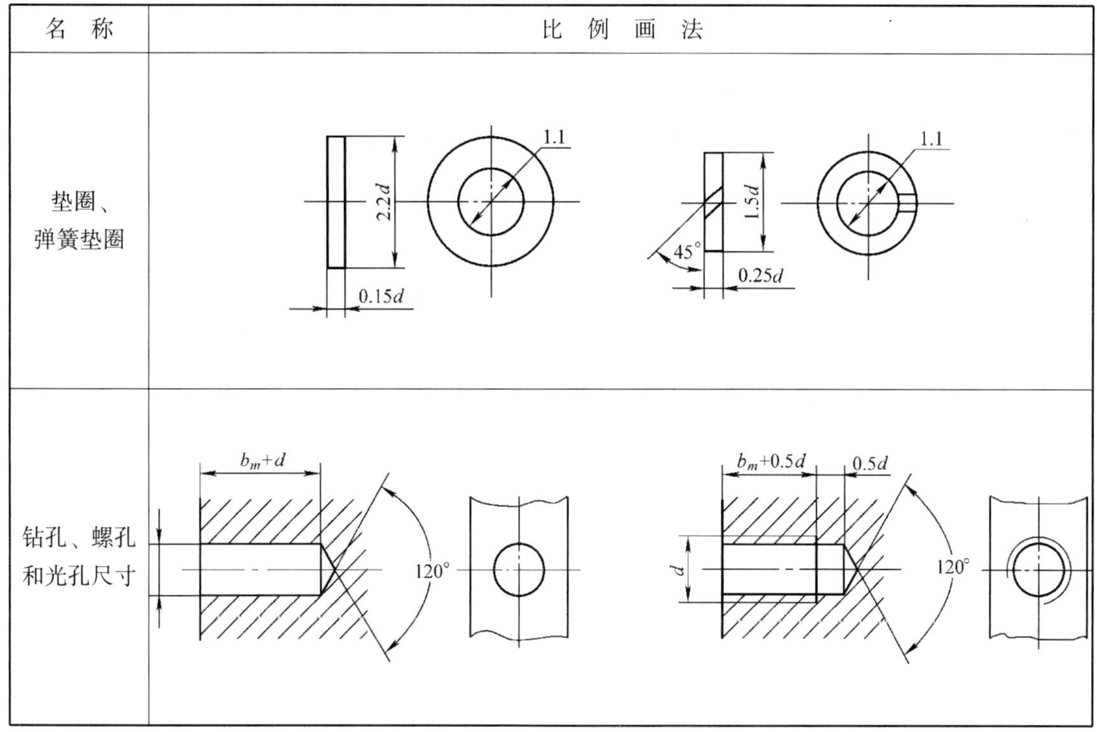

名　称	比　例　画　法
垫圈、弹簧垫圈	
钻孔、螺孔和光孔尺寸	

4. 螺纹连接件连接的画法

图 9－17 是三种螺纹连接的三视图。

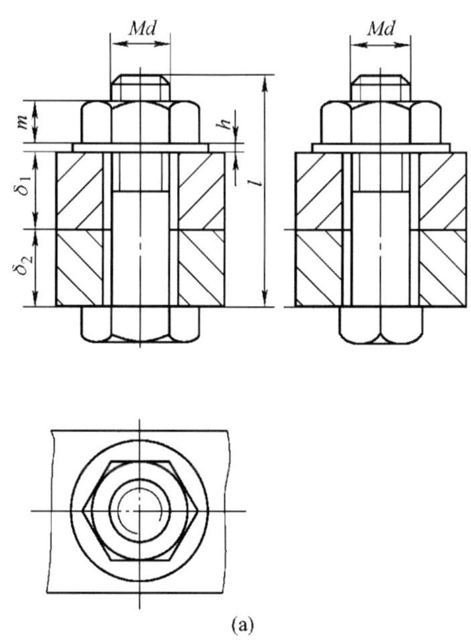

(a)

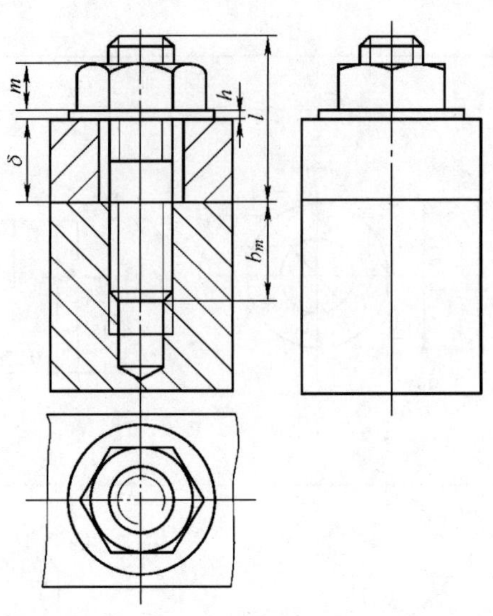

(b)

图 9 – 17 螺纹连接件连接的画法

（a）螺栓连接；（b）双头螺柱连接

（1）具体画图（用比例画法）步骤如下（以螺栓连接为例）：

①定出基准线，见图 9 – 18（a）；

②画出螺栓的两个视图（螺栓为标准件不剖），螺纹小径可暂不画，见图 9 – 18（b）；

③画出被连接两板（要剖，孔径为 1.1d），见图 9 – 18（c）；

④画出垫圈（不剖）的三视图，见图 9 – 18（d）；

⑤画出螺母（不剖）的三视图，在俯视图中应画螺栓，见图 9 – 18（e）；

⑥画出剖开处的剖面线（注意剖面线的方向、间隔），补全螺母的截交线，全面检查，描深，见图 9 – 18（f）。

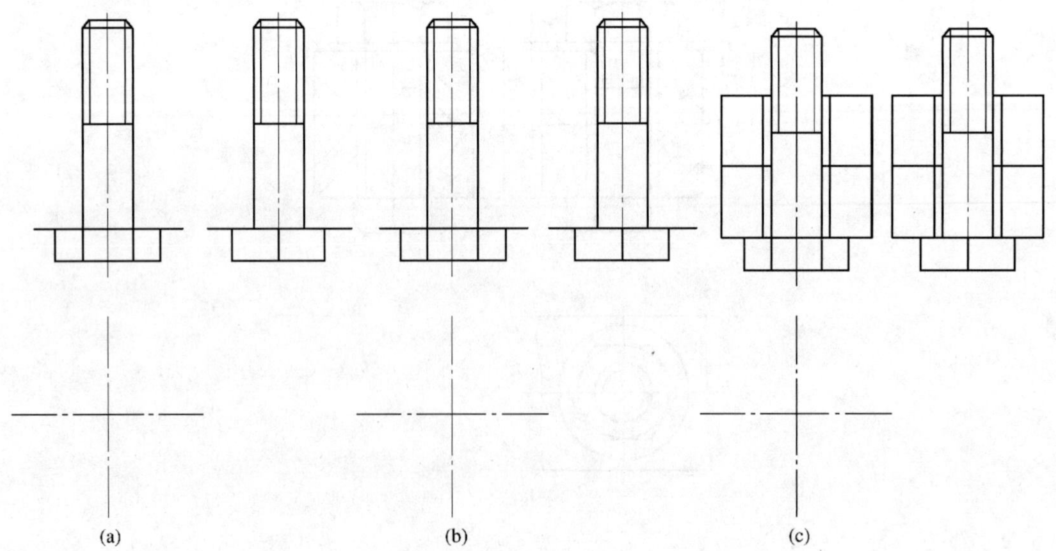

(a) (b) (c)

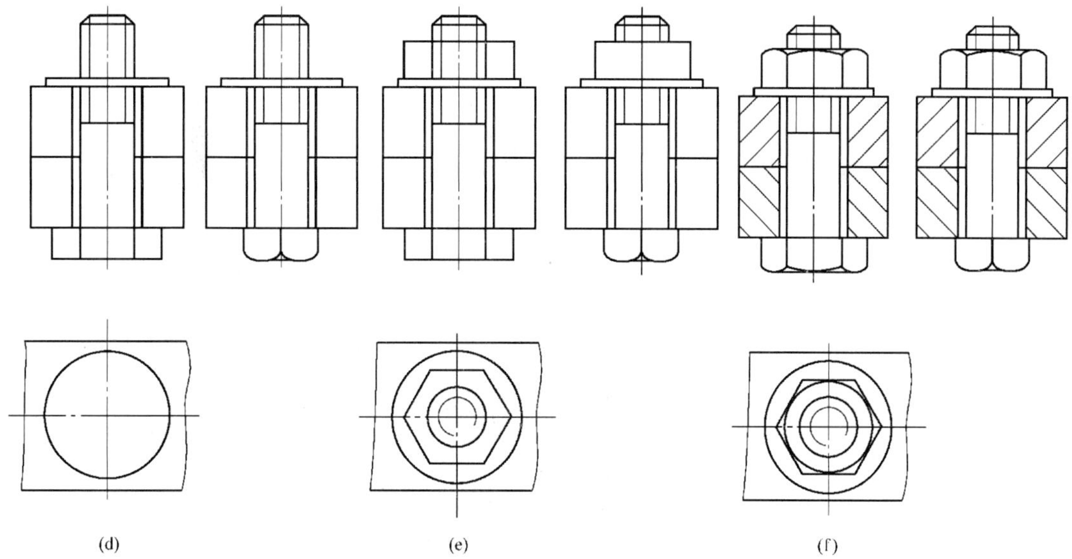

图 9 – 18 螺栓连接的画图步骤

（2）螺纹连接件公称长度 l 的确定。由图 9 – 17（a）可看出，l 的大小可按下式计算：

$$l > \delta_1 + \delta_2 + h + m$$

一般螺栓末端伸出螺母约 0.3d。

设：　$d = 20$，$\delta_1 = 32$，$\delta_2 = 30$，则

$$l > \delta_1 + \delta_2 + h + m$$
$$= 32 + 30 + 0.15d + 0.8d$$
$$= 81$$

l 值应比 81 约大 0.3d，即 87，在标准件公称长度 l 常用数列中可查出与其相近的数值为：$l = 90$。

双头螺柱的公称长度 l 是指双头螺柱上无螺纹部分长度与拧螺母一侧螺纹长度之和，而不是双头螺柱的总长。由图 9 – 17（b）中可看出：

$$l > \delta + h + m$$

双头螺柱及螺钉的旋入端长度 b_m 可按表 9 – 2 选取。

螺孔深度一般取 $b_m + 0.5d$，钻孔深度一般取 $b_m + d$，如图 9 – 19 所示。

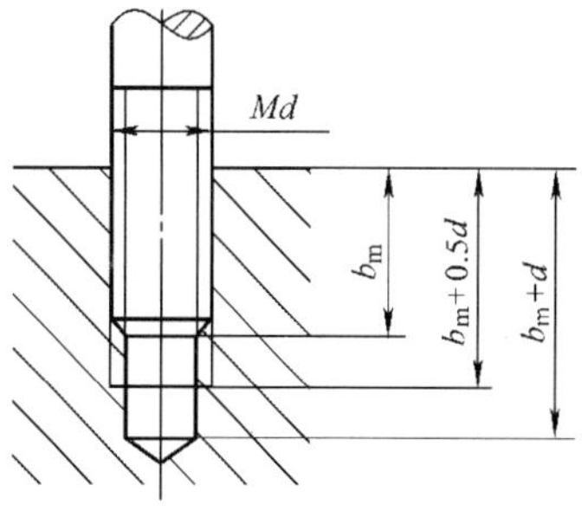

图 9 – 19 钻孔和螺孔的深度

表 9 – 2 旋入端长度

被旋入零件的材料	旋入端长度 b_m
钢、青铜	$b_m = d$
铸　　铁	$b_m = 1.25d$ 或 $1.5d$
铝	$b_m = 2d$

（3）画螺纹连接件连接的注意点。螺纹连接件连接的画法比较繁琐，容易出错。下面以双头螺柱连接图为例作正误对比（图 9－20）。

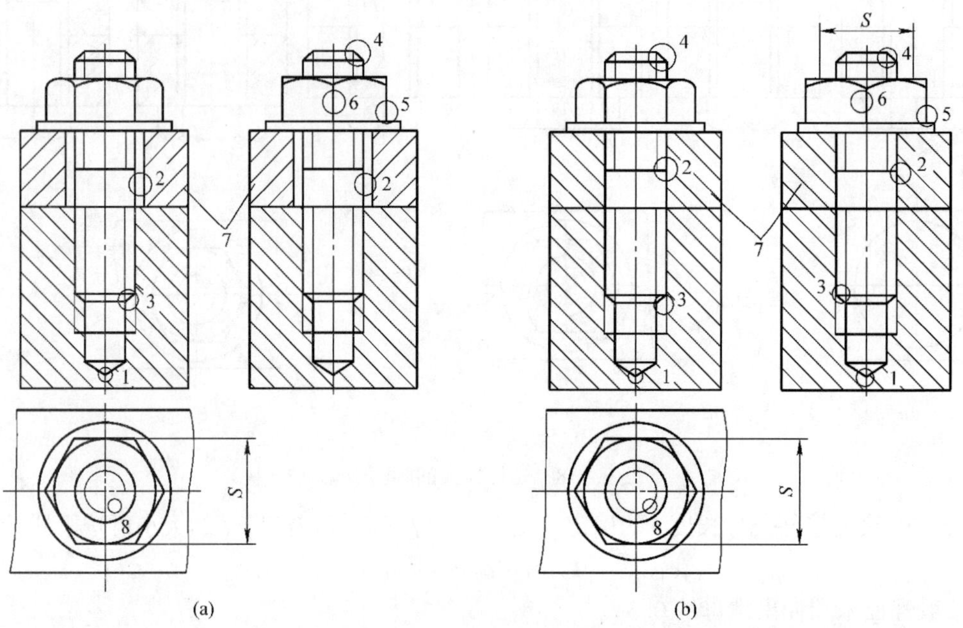

图 9－20　双头螺柱连接的画法

（a）正确；（b）不正确

①钻孔锥角应为 120°；

②被连接件的孔径为 1.1d，此处应画两条粗实线；

③内、外螺纹大、小径应对齐，小径与倒角无关；

④应有螺纹小径（细实线）；

⑤左、俯视图宽应相等；

⑥应有交线（粗实线）；

⑦同一零件在不同视图上剖面线方面，间隔都应相同；

⑧应有 3/4 圈细实线，倒角圆不画。

二、两零件接触面的数量

两零件装配时，在同一方向上，一般只宜有一个接触面，否则就会给制造和配合带来困难，见图 9－21。

三、接触面转角处的结构

两配合零件在转角处不应设计成相同的尖角或圆角，否则既影响接触面之间的良好接触，又不易加工，见图 9－22。

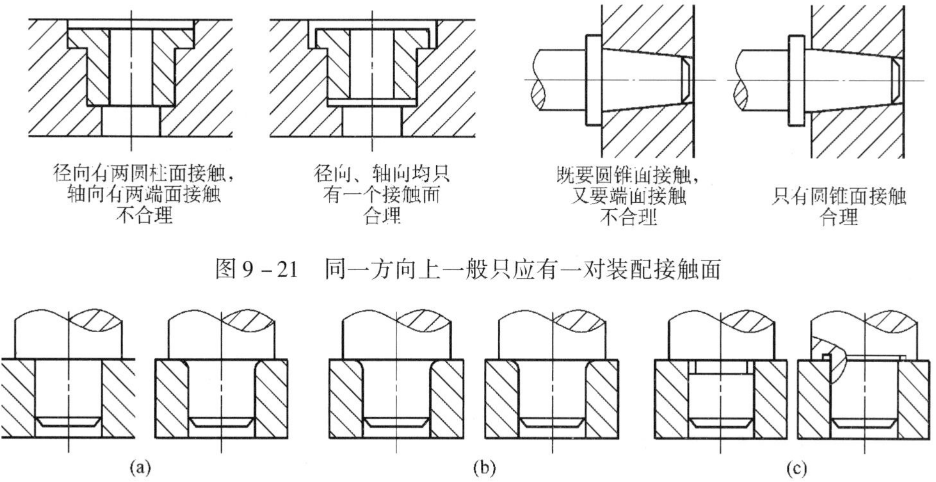

图 9－21　同一方向上一般只应有一对装配接触面

图 9－22　接触面转角处的结构

（a）孔轴具有相同的尖角或圆角，不合理；（b）孔边倒角或倒圆，合理；（c）轴根切槽，合理

四、密封装置的结构

在一些部件或机器中，常需要有密封装置，以防止液体外流或灰尘进入。图 9－23 所示的密封装置是用在泵和阀上的常见结构。通常用浸油的石棉绳或橡胶作填料，拧紧压盖螺母，通过填料压盖即可将填料压紧，起到密封作用。但填料压盖与阀体端面之间必须留有一定间隙，才能保证将填料压紧，而轴与填料之间应有一定的间隙，以免转动时产生摩擦。

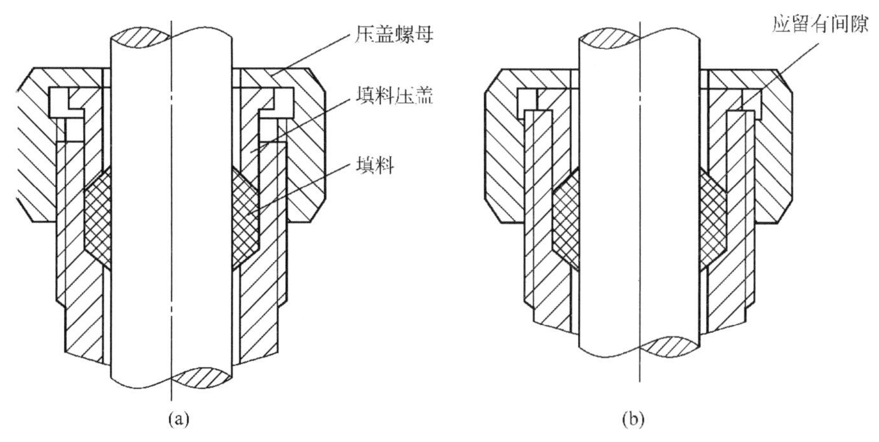

图 9－23　填料与密封装置

（a）正确；（b）错误

五、零件在轴向的定位结构

装在轴上的滚动轴承及齿轮等一般都要有轴向定位结构，以保证能在轴线方向不产生移动。如图 9－24 所示，轴上的滚动轴承及齿轮是靠轴的台肩来定位，齿轮的一端用螺母、垫圈来压紧，垫圈与轴肩的台阶面间应留有间隙，以便压紧。

六、考虑维修、安装、拆卸的方便

如图 9 - 25 所示，滚动轴承装在箱体轴承孔及轴上的情形右边是合理的，若设计成左边图那样，将无法拆卸。

如图 9 - 26 所示，是在安排螺钉位置时，应考虑扳手的空间活动范围，图 9 - 26（a）中所留空间太小，扳手无法使用，图 9 - 26（b）是正确的结构形式。

如图 9 - 27 所示，应考虑螺钉放入时所需要的空间，图 9 - 27（a）中所留空间太小，螺钉无法放入，图 9 - 27（b）是正确的结构形式。

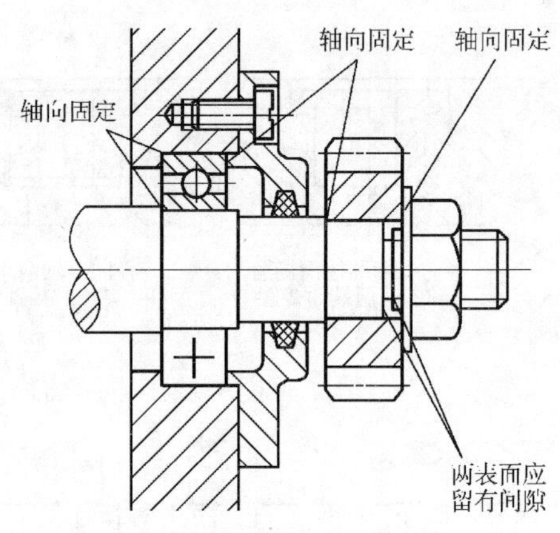

图 9 - 24　轴向定位结构

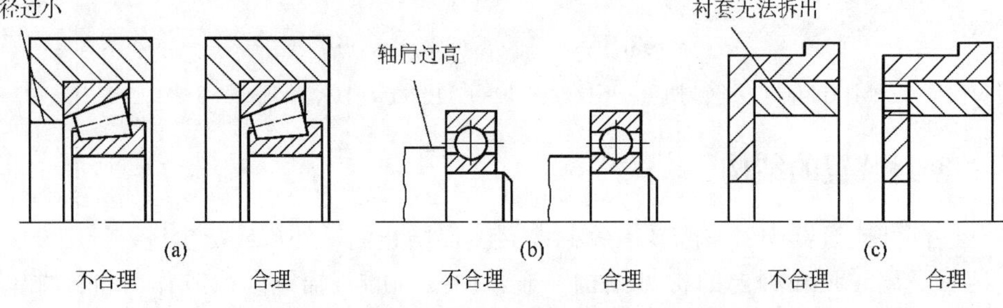

图 9 - 25　滚动轴承和衬套的定位结构

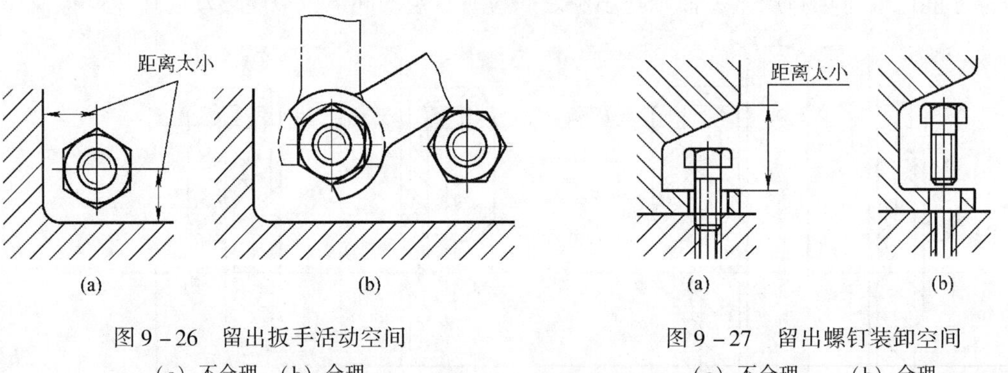

图 9 - 26　留出扳手活动空间

（a）不合理；（b）合理

图 9 - 27　留出螺钉装卸空间

（a）不合理；　（b）合理

第六节　画装配图的方法和步骤

一、了解和分析装配体

要正确地表达一个装配体，必须首先了解和分析它的用途、工作原理、结构特点以及装拆顺序等情况。对于这些情况的了解，除了观察实物、阅读有关技术资料和类似产品图样外，还可以向有关人员学习和了解。

例如，图 9 - 28 所示为滑动轴承，它是支撑传动轴的一个部件，轴在轴瓦内旋转。轴瓦

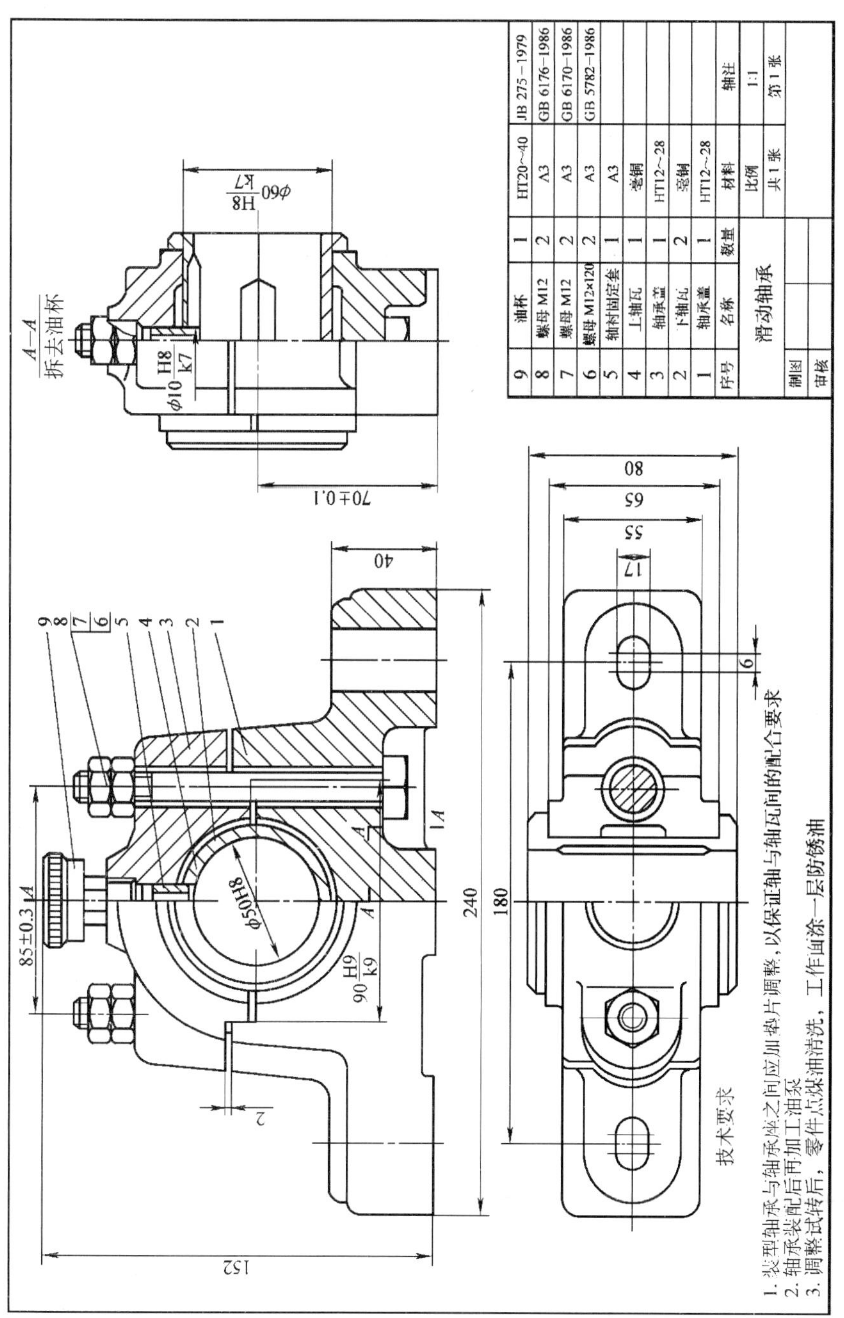
A—A
拆去油杯
φ60 H8/k7
φ10 H8/k7
70±0.1
40
80
65
55
17
6
9
8
7
6
5
4
3
2
1
85±0.3
A
A
A
1A
φ50H8
90 H9/k9
240
180
2
152
9 油杯 1 HT20~40 JB 275－1979
8 螺母M12 2 A3 GB 6176－1986
7 螺母M12 2 A3 GB 6170－1986
6 螺栓M12×120 2 A3 GB 5782－1986
5 轴衬固定套 1 A3
4 上轴瓦 1 青铜
3 轴承盖 1 HT12~28
2 下轴瓦 2 青铜
1 轴承座 1 HT12~28
序号 名称 数量 材料 附注
滑动轴承
比例 1:1
共1张 第1张
制图
审核
技术要求
1. 装型轴承与轴承座之间应加垫片调整，以保证轴与轴瓦间的配合要求
2. 轴承装配后再加工油泵
3. 调整试转后，零件点煤油清洗，工作面涂一层防锈油

图9－28　滑动轴承装配图

由上、下两块组成，分别嵌在轴承盖和轴承座上，座和盖用一对螺栓和螺母连接在一起。为了可以用加垫片的方法来调整轴瓦和轴配合的松紧，轴承座和轴承盖之间应留有一定的间隙。图 9－29 为滑动轴承的分解轴测图。

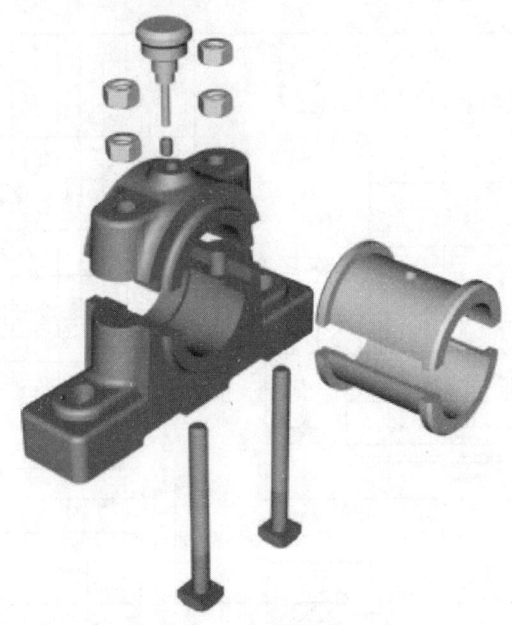

图 9－29　滑动轴承的立体图

二、拆卸装配体

在拆卸前，应准备好有关的拆卸工具，以及放置零件的用具和场地，然后根据装配的特点，按照一定的拆卸次序，正确地依次拆卸。拆卸过程中，对每一个零件应扎上标签，记好编号。对拆下的零件要分区分组放在适当地方，以免混乱和丢失。这样，也便于测绘后的重新装配。

对不可拆卸连接的零件和过盈配合的零件应不拆卸，以免损坏零件。

如图 9－28 所示，滑动轴承的拆卸次序可以这样进行：①拧下油杯；②用扳手分别拧下两组螺栓连接的螺母，取出螺栓，此时盖和座即分开；③从盖上取出上轴瓦，从座上取出下轴瓦。拆卸完毕。

注意：装在轴承盖中的轴衬固定套属过盈配合，应该不拆。

三、画装配示意图

装配示意图一般是用简单的图线画出装配体各零件的大致轮廓，以表示其装配位置、装配关系和工作原理等情况的简图。国家标准《机械制图》中规定了一些零件的简单符号，画图时可以参考使用。

画装配示意图应在对装配体全面了解、分析之后画出，并在拆卸过程中进一步了解装配体内部结构和各零件之间的关系，进行修正、补充，以备将来正确地画出装配图和重新装配装配体之用。图 9－30 为滑动轴承装配示意图及其零件明细栏。

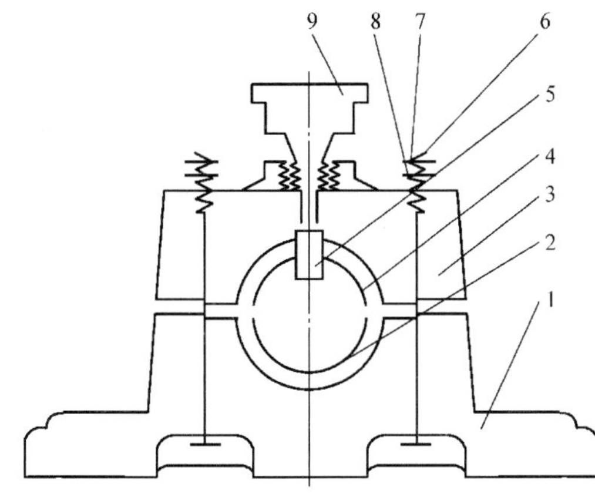

序号	名称	数量	材料
1	轴承座	1	HT12 ~ 28
2	下轴瓦	1	青铜
3	轴承盖	1	HT12 ~ 28
4	上轴瓦	1	青铜
5	轴衬固定套	1	A3
6	螺栓 M12 × 120 GB 5782—1986	2	A3
7	螺母 M12 GB 6170—1986	2	A3
8	螺母 M12 GB 6170—1986	2	A3
9	油杯 12 JB 275—1979	1	

图 9 - 30　滑动轴承装配示意图

四、画零件草图

把拆下的零件逐个地徒手画出其零件草图。对于一些标准零件，如螺栓、螺钉、螺母、垫圈、键、销等可以不画，但需确定它们的规定标记。

画零件草图时应注意以下 3 点：

(1) 对于零件草图的绘制，除了图线是用徒手完成的外，其他方面的要求均和画正式的零件工作图一样。

(2) 零件的视图选择和安排，应尽可能地考虑到画装配图的方便。

(3) 零件间有配合、连接和定位等关系的尺寸，在相关零件上应注得相同。

五、画装配图

根据装配体各组成件的零件草图和装配示意图就可以画出装配图。

1. 拟定表达方案

表达方案应包括选择主视图、确定视图数量和各视图的表达方法。

进行视图选择的过程：

(1) 选择主视图。一般按装配体的工作位置选择，并使主视图能够反映装配体的工作原理、主要装配关系和主要结构特征。如图 9 - 28 所示滑动轴承，因其正面能反映其主要结构特征和装配关系，故选择正面作为主视图，又由于该轴承内外结构形状都对称，故画成半剖视图。

(2) 确定视图数量和表达方法。主视图选定之后，一般地只能把装配体的工作原理、主要装配关系和主要结构特征表示出来，但是，只靠一个视图是不能把所有的情况全部表达清楚的。因此，就需要有其他视图作为补充，并应考虑以何种表达方法最能做到易读易画。图 9 - 28 所示滑动轴承的俯视图表示了轴承顶面的结构形状，以及前后左右都是这一特征。为了更清楚地表示下轴瓦和轴承座之间的接触情况，以及下轴瓦的油槽形状，所以在俯视图右边采用了拆卸剖视。在左视图中，由于该图形亦是对称的，故取 *A*—*A* 半剖视。这样既完善了对上轴瓦和轴承盖及下轴瓦和轴承座之间装配关系的表达，也兼顾了轴承侧向外形的表达。又由于件 9 油杯是属于标准件，在主视图中已有表示，故在左视图中予以拆掉不画。

2. 画装配图的步骤

（1）根据所确定的视图数目、图形的大小和采用的比例，选定图幅；并在图纸上进行布局。在布局时，应留出标注尺寸、编注零件序号、书写技术要求、画标题栏和明细栏的位置。

（2）画出图框、标题栏和明细栏。

（3）画出各视图的主要中心线、轴线、对称线及基准线等，如图 9－31（a）。

（4）画出各视图主要部分的底稿，如图 9－31（b）。通常可以先从主视图开始。根据各视图所表达的主要内容不同，可采取不同的方法着手。如果是画剖视图，则应从内向外画。这样被遮住的零件的轮廓线就可以不画。如果画的是外形视图，一般则是从大的或主要的零件着手。

（5）画次要零件、小零件及各部分的细节，如图 9－31（c）。

（6）加深并画剖面线。在画剖面线时，主要的剖视图可以先画。最好画完一个零件所有的剖面线，然后再开始画另外一个，以免剖面线方向的错误。

（7）注出必要的尺寸。

（8）编注零件序号，并填写明细栏和标题栏。

（9）填写技术要求等。

（10）仔细检查全图并签名，完成全图，如图 9－28。

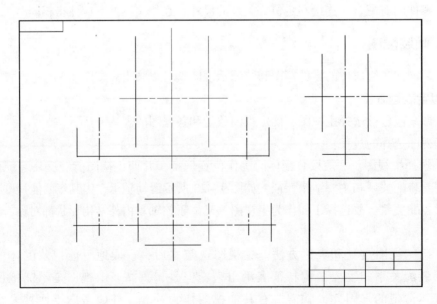

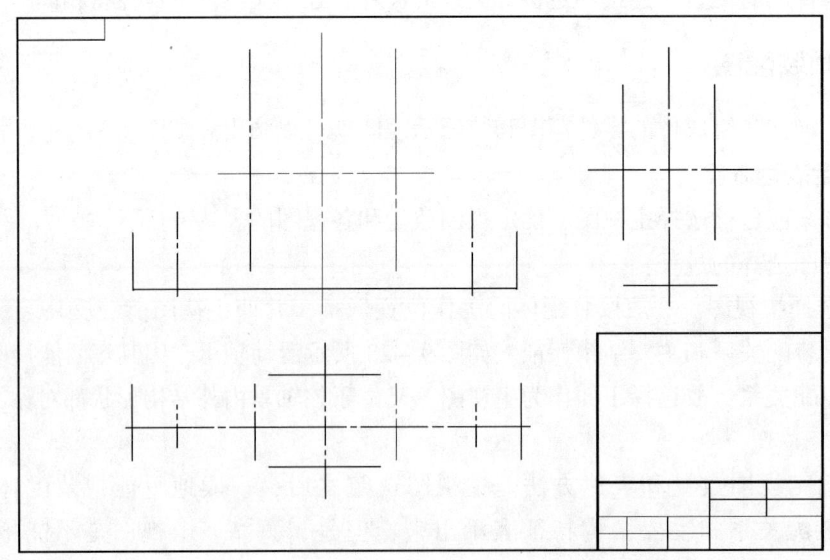

（a）

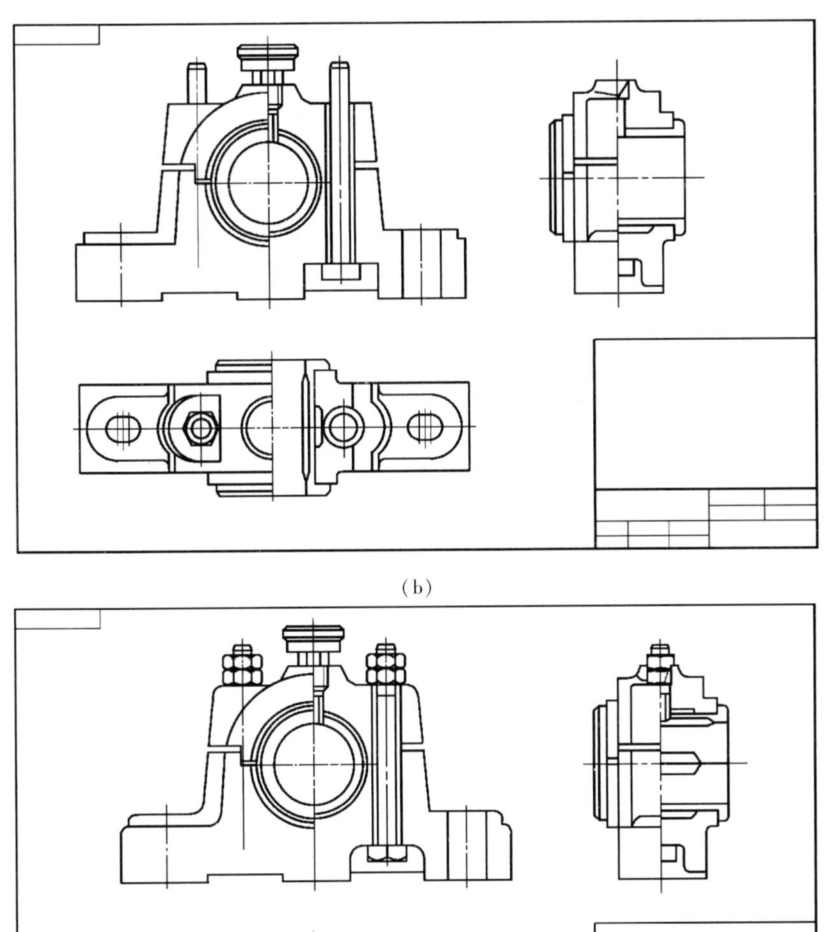

（b）

（c）

图 9 – 31　画装配图的步骤

（a）画出各视图的主要中心线、对称线、基准线等；（b）画出各视图主要部分的底稿；（c）画次要零件、小零件及部分细节

第七节　读装配图

在设计和生产实际工作中，经常要阅读装配图。例如，在设计过程中，要按照装配图来设计和绘制零件图；在安装机器及其部件时，要按照装配图来装配零件和部件；在技术学习或技术交流时，则要参阅有关装配图才能了解、研究工程与技术等有关问题。

一、读装配图的一般要求

（1）了解装配体的功用、性能和工作原理。

（2）弄清各零件间的装配关系和装拆次序。

（3）看懂各零件的主要结构形状和作用等。

（4）了解技术要求中的各项内容。

二、读装配图的方法和步骤

现以图 9－32 所示齿轮油泵装配图为例来说明读装配图的方法和步骤。

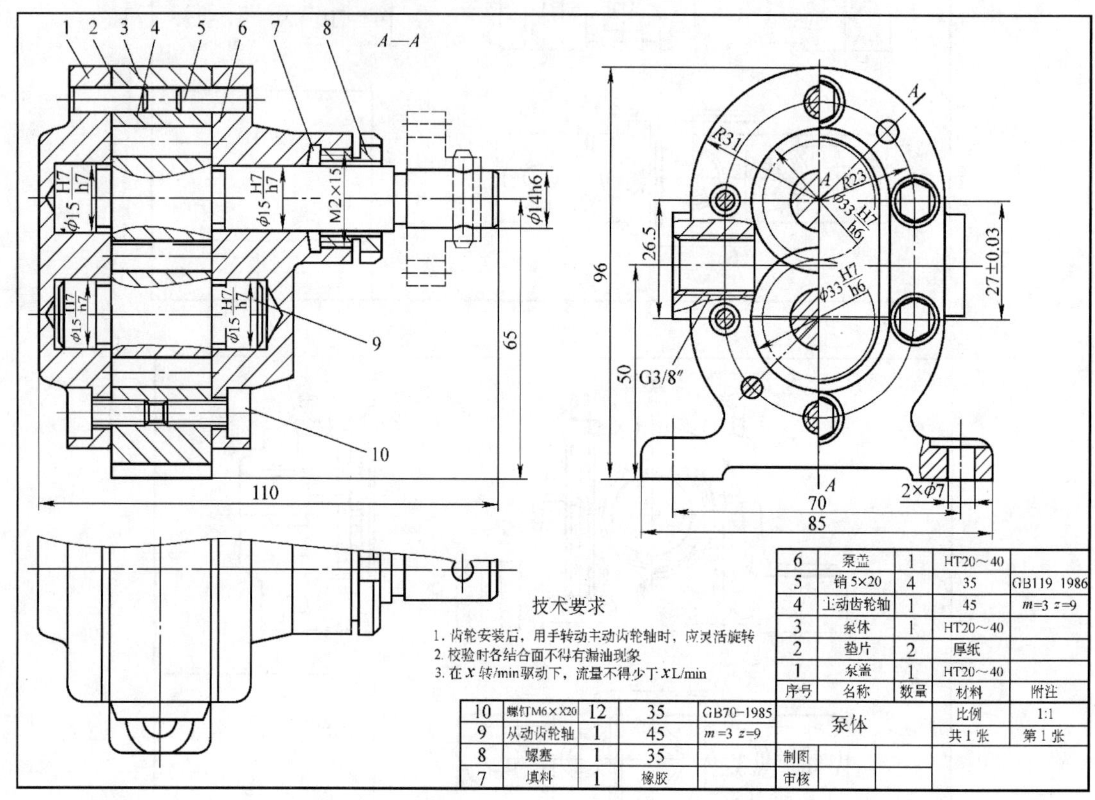

图 9－32　齿轮油泵装配图

1. 概括了解装配图的内容

（1）从标题栏中可以了解装配体的名称、大致用途及图的比例等。

（2）从零件编号及明细栏中，可以了解零件的名称、数量及在装配体中的位置。

（3）分析视图，了解各视图、剖视、断面等相互间的投影关系及表达意图。

在图 9－32 的标题栏中，注明了该装配体是齿轮油泵。由此可以知道它是一种供油装置，共由 10 个零件组成。从图的比例为 1∶1，可以对该装配体体形的大小有一个印象。

在装配图中，主视图采用 *A*—*A* 剖视，表达了齿轮泵的装配关系。左视图沿左泵盖与泵体结合面剖开，并采用了局部剖视，表达了一对齿轮的啮合情况及进出口油路。由于油泵在此方向内、外结构形状对称，故此视图采用了一半拆卸剖视和一半外形视图的表达方法。俯视图是齿轮油泵顶视方向的外形视图，因其前后对称，对使图纸合理利用和整个图面布局合理，故只画了略大于一半的图形。

2. 分析工作原理及传动关系

分析装配体的工作原理，一般应从传动关系入手，分析视图及参考说明书进行了解。例如齿轮油泵：当外部动力经齿轮传至4主动齿轮轴时，即产生旋转运动。当主动齿轮轴按逆时针方向（从主视图观察）旋转时，件9从动齿轮轴则按顺时针方向旋转（见图9－33所示齿轮油泵工作原理）。此时右边啮合的轮齿逐步分开，空腔体积逐渐扩大，油压降低，因而油池中的油在大气压力的作用下，沿吸油口进入泵腔中。齿槽中的油随着齿轮的继续旋转被带到左边；而左边的各对轮齿又重新啮合，空腔体积缩小，使齿槽中不断挤出的油成为高压油，并由压油口压出，然后经管道被输送到需要供油的部位。

3. 分析零件间的装配关系及装配体的结构

这是读装配图进一步深入的阶段，需要把零件间的装配关系和装配体结构搞清楚。齿轮油泵主要有两条装配线：一条是主动齿轮轴系统。它是由件4主动齿轮轴装在件3泵体和件1左泵盖及件6泵盖的轴孔内；在主动齿轮轴右边伸出端，装有件7填料及件8螺塞等。另一条是从动齿轮轴系统。件9从动齿轴也是装在件3泵体和件1左泵盖及件6右泵盖的轴孔内，与主动齿轮啮合在一起。

对于齿轮轴的结构可分析下列内容。

（1）连接和固定方式。在齿轮油泵中，件1左泵盖和件6右泵盖都是靠件10内六角螺钉与件3泵体连接，并用件5销来定位。件7填料是由件8螺塞将其拧压在右泵盖的相应的孔槽内。两齿轮轴向定位，是靠两泵盖端面及泵体两侧面分别与齿轮两端面接触。

（2）配合关系。凡是配合的零件，都要弄清基准制、配合种类、公差等级等。这可由图上所标注的公差与配合代号来判别。如两齿轮轴与两泵盖轴孔的配合均为$\phi15\frac{H7}{h6}$。两齿轮与两齿轮腔的配合均为$\phi33\frac{H7}{h6}$。它们都是间隙配合，都可以在相应的孔中转动。

（3）密封装置。为了防止液体或气体泄漏以及灰尘进入内部，泵、阀之类部件，一般都有密封装置。在齿轮油泵中，主动齿轮轴伸出端有填料及压填料的螺塞；两泵盖与泵体接触面间放有件2垫片，它们都是防油泄漏的密封装置。

（4）装配体在结构设计上都应有利于各零件能按一定的顺序进行装拆。齿轮油泵的拆卸顺序是：先拧下左、右泵盖上各6个螺钉，两泵盖、泵体和垫片即可分开；再从泵体中抽出两齿轮轴。然后把螺塞从右泵盖上拧下。对于销和填料可不必从泵盖上取下。如果需要重新装配上，可按拆卸的相反次序进行。

4. 分析零件，看懂零件的结构形状

分析零件，首先要会正确地区分零件。区分零件的方法主要是依靠不同方向和不同间隔的剖面线，以及各视图之间的投影关系进行判别。零件区分出来之后，便要分析零件的结构形状和功用。分析时一般从主要零件开始，再看次要零件。例如，齿轮油泵件3的结构形状。首先，从标注序号的主视图中找到件3，并确定该件的视图范围；然后用对线条找投影关系，以及根据同一零件在各个视图中剖面线应相同这一原则来确定该件在俯视图和左视图中的投影。这样就可以根据从装配图中分离出来的属于该件的三个投影进行分析，想象出它的结构形状。齿轮油泵的两泵盖与泵体装在一起，将两齿轮密封在泵腔内；同时对两齿轮轴起着支承作用。所以，需要用圆柱销来定位，以便保证左泵盖上的轴孔与右泵盖上的轴孔能够很好地对中。

5. 总结归纳

想象出整个装配体的结构形状，图9－34为齿轮油泵立体图。

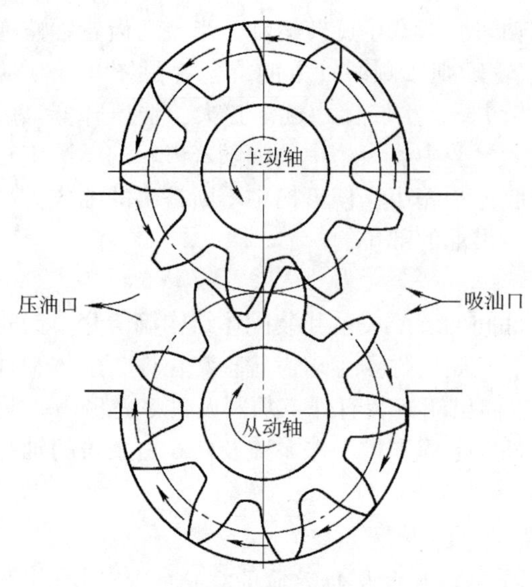

图 9－33　齿轮油泵工作原理

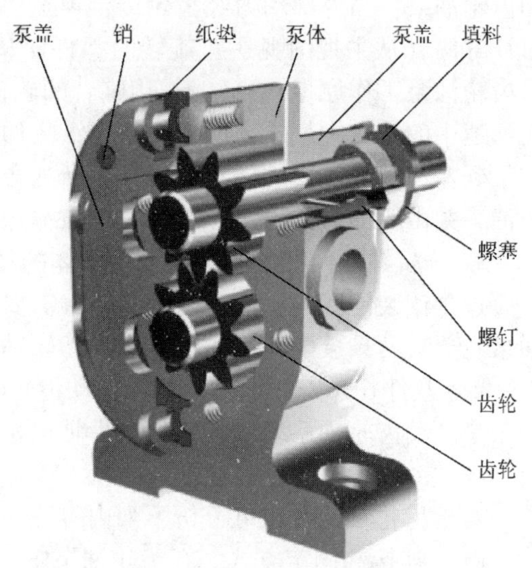

图 9－34　齿轮油泵立体图

以上所述是读装配图的一般方法和步骤，事实上有些步骤不能截然分开，而要交替进行。再者，读图总有一个具体的重点目的，在读图过程中应该围绕着这个重点目的去分析、研究。只要这个重点目的能够达到，那就可以不拘一格，灵活地解决问题。

三、由装配图拆画零件图

在设计过程中，先是画出装配图，然后再根据装配图画出零件图。所以，由装配图拆画零件图是设计工作中的一个重要环节。

拆图前必须认真读懂装配图。一般情况下，主要零件的结构形状在装配图上已表达清楚，而且主要零件的形状和尺寸还会影响其他零件。因此，可以从拆画主要零件开始。对于一些标准零件，只需要确定其规定标记，可以不拆画零件图。

在拆画零件图的过程中，要注意处理好下列几个问题。

1. 对于视图的处理

装配图的视图选择方案，主要是从表达装配体的装配关系和整个工作原理来考虑的；而零件图的视图选择，则主要是从表达零件的结构形状这一特点来考虑。由于表达的出发点和主要要求不同，所以在选择视图方案时，就不应强求与装配图一致，即零件图不能简单地照抄装配图上对于该零件的视图数量和表达方法，而应该重新确定零件图的视图选择和表达方案。

2. 零件结构形状的处理

在装配图中对零件上某些局部结构可能表达不完全，而且对一些工艺标准结构还允许省略（如圆角、倒角、退刀槽、砂轮越程槽等）。但在画零件图时均应补画清楚，不可省略。

3. 零件图上的尺寸处理

拆画零件时应按零件图的要求注全尺寸。

（1）装配图已标注的尺寸，在有关的零件图上应直接注出。对于配合尺寸，一般应注出偏差数值。

（2）对于一些工艺结构，如圆角、倒角、退刀槽、砂轮越程槽、螺栓通孔等，应尽量选用标准结构，查有关标准尺寸标注。详见附表2、附表6和附表7。

（3）对于与标准件相连接的有关结构尺寸，如螺孔、销孔等的直径，要从相应的标准中查取注入图中。

（4）有的零件的某些尺寸需要根据装配图所给的数据进行计算才能得到（如齿轮分度圆、齿顶圆直径等），应进行计算后注入图中。

（5）一般尺寸均按装配图的图形大小、图的比例，直接量取注出。

应该特别注意，配合零件的相关尺寸不可互相矛盾。

4. 对于零件图中技术要求等的处理

要根据零件在装配体中的作用和与其他零件的装配关系，以及工艺结构等要求，标注出该零件的表面粗糙度等方面的技术要求。

在标题栏中填写零件的材料时，应和明细栏中的一致。

图9－35所示是根据图9－32齿轮油泵装配图所拆画的6个零件图。

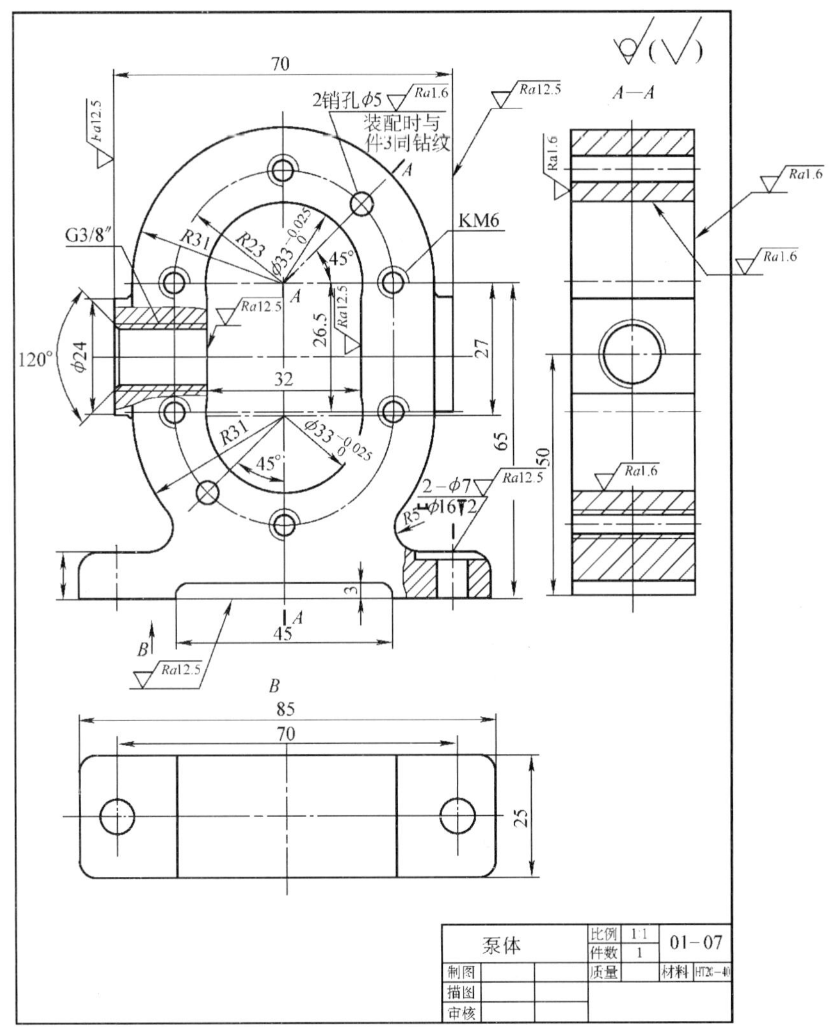

(a)

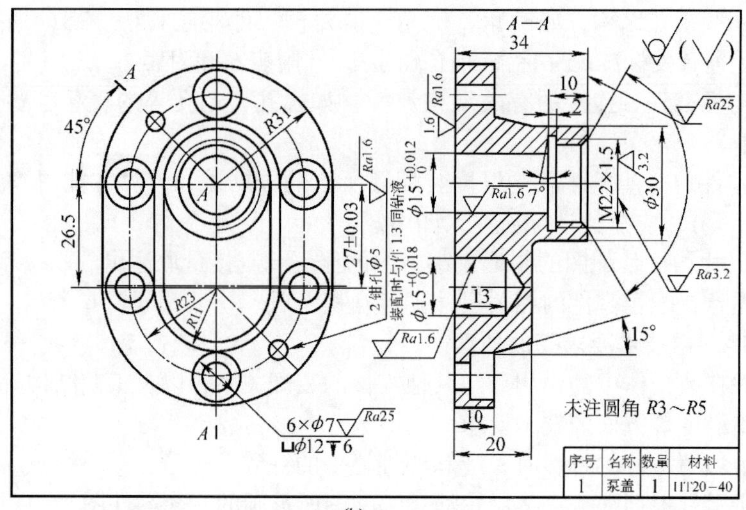
A—A
34
10
2
M22×1.5
ϕ30
R31
45°
26.5
27±0.03
2 销孔ϕ5
装配时与件 1.3 同钻铰
ϕ15 +0.012 0
ϕ15 +0.018 0
R23
R11
13
15°
6×ϕ7 Ra25
⊔ϕ12↧6
10
20
未注圆角 R3～R5
序号 名称 数量 材料
1 泵盖 1 HT20-40

(b)

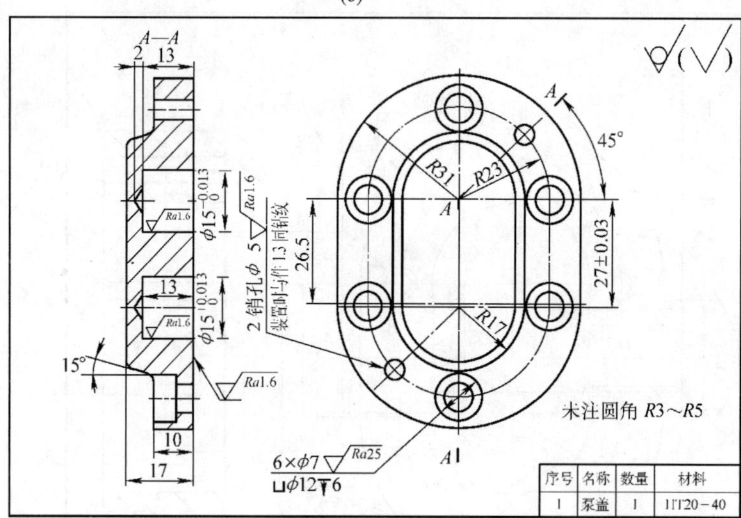
A—A
2 13
ϕ15 0 -0.013
ϕ15 0.013 0
2 销孔ϕ 5
装配时与件 1.3 同钻铰
R31
R23
45°
26.5
27±0.03
R17
15°
10
17
6×ϕ7 Ra25
⊔ϕ12↧6
未注圆角 R3～R5
序号 名称 数量 材料
1 泵盖 1 HT20-40

(c)

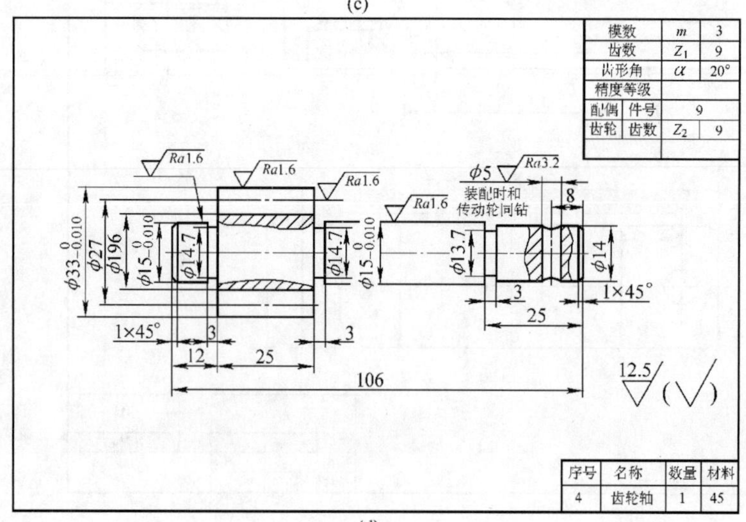
模数 m 3
齿数 Z1 9
齿形角 α 20°
精度等级
配偶齿轮 件号 9
齿数 Z2 9
ϕ5 Ra3.2
装配时和
传动轮同钻
8
ϕ33 0 -0.010
ϕ27
ϕ196
ϕ15 0 -0.010
ϕ14.7
ϕ13.7
ϕ14
1×45°
3
12
25
106
12.5
序号 名称 数量 材料
4 齿轮轴 1 45

(d)

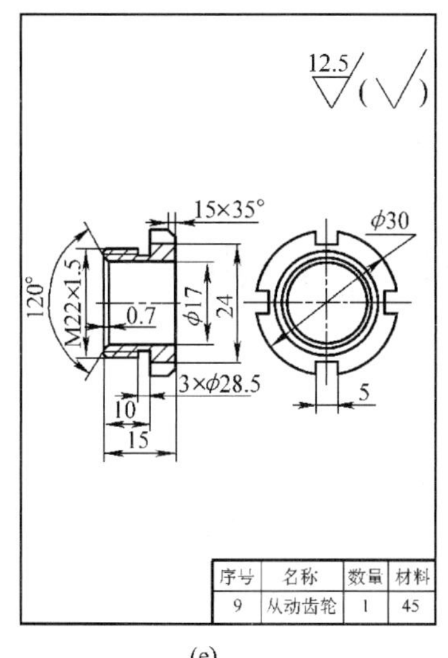

(e)

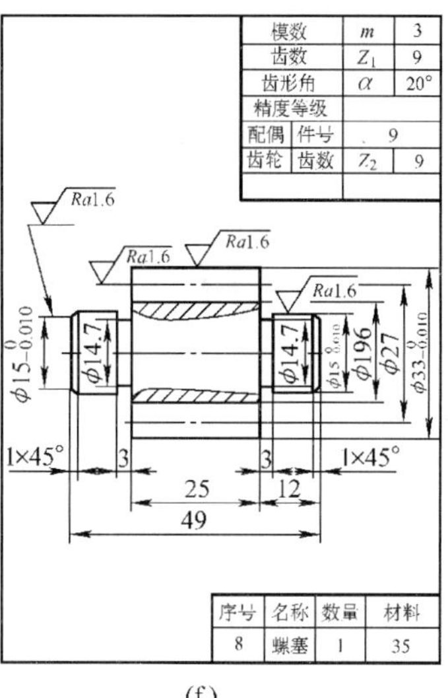

(f)

图 9－35　装配图拆画零件图

第十章

计算机绘图基础

第一节　计算机绘图概述

计算机绘图是把数字化的图形信息输入计算机，进行存储和处理后，控制图形输出设备实现显示或绘制各种图形。计算机绘图是计算机辅助设计的重要组成部分。计算机绘图从20世纪70年代开始发展起来，现在已经进入普及化与实用化的阶段。

由于计算机绘图具有绘图速度快，精度高；便于产品信息的保存和修改；设计过程直观，便于人机对话；缩短设计周期，减轻劳动强度等优点，已广泛应用于各行各业中。因此，工科大学生掌握计算机绘图知识是非常必要的。

计算机绘图系统主要由硬件设备和软件系统组成。其硬件设备主要包括主机、输入设备和输出设备。主机一般使用Intel Pentium系列处理器或同级别的兼容芯片微型计算机，其内存容量在256MB以上。常见的输入设备包括键盘、鼠标和图形输入板。输出设备包括显示器、绘图机和绘图打印机。绘图机是最常用的图形输出设备，一般按其工作方式分为平台式和滚筒式两种。图形打印机也是一种图形输出设备，目前使用喷墨打印机或激光打印机便可以输出高质量的图形。

计算机绘图软件系统的主要功能是使计算机能够进行编辑、编译、计算和实现图形输出的信息加工处理系统，一般包括系统软件、数据库、绘图语言、子程序库等。近年来，由于微型计算机在设计和制造领域中的广泛应用，各种国外通用绘图软件纷纷被引进，国产的绘图软件也应运而生。通用绘图软件是指能直接提供给用户使用，并能以此为基础进一步进行用户应用开发的商品化软件。

绘图软件主要有以下种类。

• 图形软件包。它们为用户提供了一套能绘制直线、圆、字符等各种用途的图形子程序，可以在规定的某种高级语言中调用。它们的代表有PLOT－10、CALCOMP等绘图软件。

• 基本图形资源软件。它们是根据图形标准或规范推出的供应程序调用的底层图形子程序包或函数库，属于能被用户利用的基本图形资源。它们的代表有GKS和PHIGS等标准软件包。

• 交互图形软件。这类软件主要用来解决各种二维、三维图形的绘制问题，具有很强的人机交互作图功能，是当前微机系统上使用最广泛的通用绘图软件。目前，市场上的交互绘图软件较多，例如，国产系统有清华同方的OpenCAD和MDS2000，华中科技大学的开目CAD和CADtool，北航海尔的CAXA等；国外系统有Autodesk公司的AutoCAD、Micro Control System公司CADKEY、Unigraphics Solutiongs公司的Solid Edge等。

在这些软件中，Autodesk公司的AutoCAD较为普及，本书主要介绍AutoCAD软件包的应用。

第二节　AutoCAD 简介

一、概述

AutoCAD 绘图软件是 Autodesk 公司研制并推出的适用于微型计算机的二、三维交互式绘图软件。该软件自 1982 年问世以来，至今已相继推出 18 个版本，被翻译成 18 种语言。目前最新版本为 AutoCAD 2009。

AutoCAD 是一个通用绘图软件，有极强的二维、三维绘图功能和图形编辑功能，因此应用范围极广。其操作方便、容易掌握，只要输入命令，回答屏幕上的提示，提供数据，便能迅速、准确地绘出所需图形或对图形进行修改。同时提供了多种型号输入输出设备接口，便于普及和推广，而且具有较好的系统开放性，为用户结合专业进行二次开发提供了多种手段。由于 AutoCAD 具有诸多优点，因而该软件引入我国以来，备受用户青睐，在机械、土木建筑、电子、汽车、造船、服装、艺术等行业和领域中获得了广泛的应用，并开发出了各种有实用价值的应用软件。

AutoCAD 绘图软件的主要功能有：

（1）高级用户界面。AutoCAD 提供了菜单条、下拉式菜单、图标菜单和对话框。

（2）基本绘图功能。AutoCAD 提供了绘制点、直线、圆、椭圆、折线、正多边形、加宽线以及写字符、处理图块、图形和区域填充等功能。

（3）图形编辑功能。AutoCAD 具有很强的图形编辑功能，可以对图形进行删除、修改、平移、缩放、镜像、复制、旋转、修剪、阵列、倒角、倒圆角等操作。

（4）三维功能。AutoCAD 提供了绘制真三维图形功能，并能对图形进行消隐、编辑和拟合。

（5）输入输出及显示功能。AutoCAD 可以用键盘、菜单、鼠标器和数字化仪等多种方式输入各种信息，进行交互式操作。系统提供了多种方法来显示图形，可以缩放、扫视图形，还可以实现多视窗控制，将屏幕分为 4 个窗口，独立进行各种显示。如图形需要“硬拷贝”，可以通过绘图机或打印机输出精确的图形。

（6）用户编程语言。AutoCAD 在内部嵌入了扩展的 AutoLISP 编程语言，为软件增强了运算能力，同时给用户提供了二次开发的工具。

（7）与高级语言连接。AutoCAD 提供图形交换文件（. DXF）和命令组文件（. SCR）等，实现与其他高级语言之间信息传递。

（8）其他功能。AutoCAD 还提供了标注尺寸、图案填充、图形查询、绘图工具、属性应用、幻灯片文件等功能。

本书以 AutoCAD 2002 中文版为例介绍其应用。

二、基本知识

1. 概念和术语

● 图形文件。一种描述图形信息的文件。AutoCAD 使用这种图形文件在存储介质上保存相应图形，其扩展名为 . DWG。用 AutoCAD 2002 生成的 DWG 图形文件与用 AutoCAD

2000 生成的 DWG 图形文件的格式完全兼容。

• 标准文件。AutoCAD 2002 可以制订针对某些用户的一套 CAD 制图标准，这些标准为所有的 AutoCAD 文档规定了统一的图层结构、线型、文本样式、尺寸样式，存储这些标准的规定的文件称为标准文件，其后缀为 . DWS。

• 通用坐标系。AutoCAD 使用笛卡儿坐标系统来确定图中点的位置。X 轴方向水平向右，Y 轴方向垂直向上，以屏幕的左下角为原点。图中任意一点均用（x，y）形式进行定位。通用坐标系简称 WCS。

• 用户坐标系。AutoCAD 使用的通用坐标系是固定不变的，但用户可在通用坐标系内定义一种任意的坐标系统，其原点可在通用坐标系内任意一点的位置上，并且可以以任意角度转动或倾斜其坐标轴，这种能适应用户作图需要而定义的坐标系称为用户坐标系（简称 UCS）。

• 图形单位。图形中两坐标点间的距离用图形单位来度量。度量单位由用户按需要确定，可以是米、毫米，也可以是英尺、英寸。为绘图方便，通常把图形单位定义为毫米。

• 窗口。在通用坐标系中定义的确定显示范围的一个矩形区域，只有在这个区域内的图形，才能被重新放大显示，而窗口外的部分则被裁剪掉。

2. 符号的约定

在介绍 AutoCAD 的功能和命令格式时常用到键盘上某些键和符号。下面对某些键或符号作如下约定：

• 空格键和回车键用来表示从键盘输入命令、选择项和数据字段的结束，但在输入文本字符时空格键作为字符，结束文本字符输入必须用回车键。在命令行不输入任何字符，直接按回车或空格键可以重复刚才执行过的命令。本文用“↙”表示回车。

• F1 键用来调用帮助系统。

• F2 键用来打开和关闭文本屏幕。

• Esc 键用来终止正在进行的操作命令。

• 尖括号“< >”内的内容一般为缺省值或当前值，对提示用回车响应表示采用默认值。

• 在命令对话中，下划线“________”表示用户输入的部分。

3. 数值输入方法

• 点的指定。在大多数的绘图与编辑命令中都需要指定点。点的指定方法有：使用指点设备（如鼠标）指定；直接输入 X、Y 坐标值并回车指定，X、Y 坐标值以西文逗号分开，如 35，28；使用极坐标指定，如 100 <45 表示与当前坐标原点相距 100 个单位、和原点连线与 X 正方向夹角为 45°的点；使用相对坐标指定，如@ 110，65 表示与前面一点 X 方向相距 110 单位、Y 方向相距 65 单位的点；使用相对极坐标指定，如@ 45 <60 表示与前一点相距 45 个单位、和前一点的连线与 X 正方向夹角为 60°的点；使用对象特征点捕捉功能指定，可以搜索图中已有图形的端点、中点、圆心、交点等特征点。

• 长度的指定。长度的指定方法有：直接输入数值；指定两点，AutoCAD 会自动计算两点之间的距离作为输入值。

• 角度的指定。角度的指定方法有：直接输入数值；指定两点，AutoCAD 会自动计算两点连线与 X 轴正方向的夹角作为输入值。

三、AutoCAD 的窗口

1. 启动与退出

系统安装 AutoCAD 2002 中文版后，可以在“开始”→“程序”中启动，也可在桌面上通过双击快捷方式图标来启动。

在启动时会出现“AutoCAD 2002 今日”窗口，如图 10－1 所示。此窗口基于 HTML 语言，嵌入了 WWW 浏览器，通过此窗口可以管理用户的图形资源，可以方便的调用零件库资源，还可以通过全新的广告牌功能，向设计小组的其他成员发布信息公告，促进设计人员之间的相互交流。

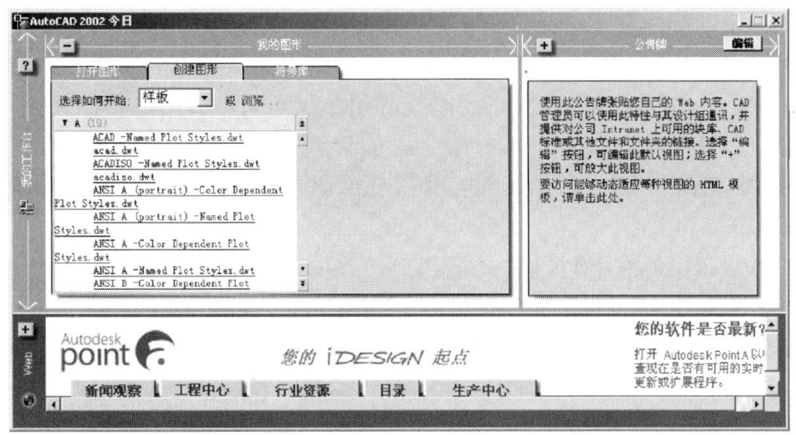

图 10－1　“AutoCAD 2002 今日”窗口

在绘图编辑过程中，可以使用“文件”菜单中的“保存”命令、“标准”工具栏上的“🖫”按钮或在命令行（命令：）上输入 SAVE 命令将当前图形保存为 AutoCAD 的图形文件。

退出 AutoCAD 2002 时，可以使用“文件”菜单中的“退出”命令，也可以使用命令行输入命令 Quit。

2. 窗口布局介绍

如图 10－2 所示是 AutoCAD 2002 启动后的窗口布局，其中，各栏目的介绍如下。

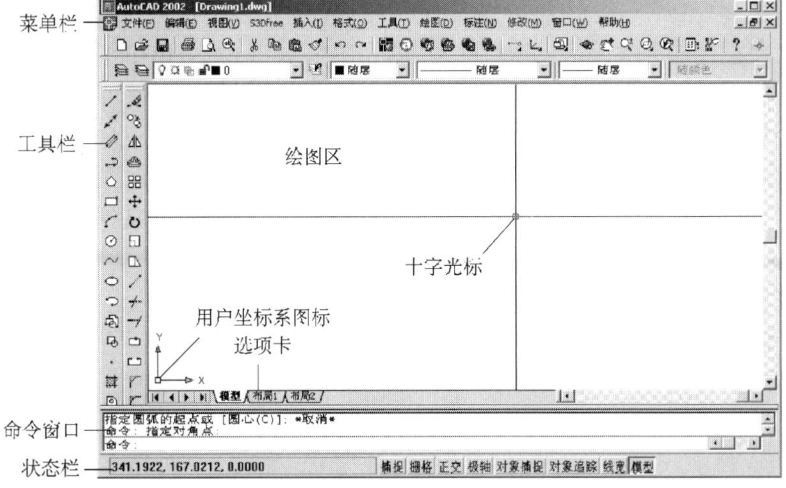

图 10－2　AutoCAD 的窗口布局

• 菜单栏：由菜单文件（.mnu）定义，用户可以修改或设计自己的菜单文件，此外，安装第三方应用程序可能会使菜单或菜单命令增加。默认的菜单文件为 acad.mnu。

• 工具栏：工具栏中包括了常用的命令。默认情况下，AutoCAD 环境中只显示“标准”“对象特性”“绘图”和“修改”四个工具栏。使用过程中可以增加或减少工具栏、改变工具栏的位置。可以使用“视图”菜单中的“工具栏”命令来管理工具栏。

• 绘图区：用来显示、绘制、修改图形。根据窗口大小和显示的其他组件（例如工具栏和对话框）数目，绘图区域的大小将有所不同。

• 十字光标：用来在绘图区域中标识拾取点和绘图点。十字光标由定点设备（如鼠标）控制。可以使用光标定点、选择和绘制对象。在不同的状态下，光标可能会变为其他形状。

• 用户坐标系图标：显示图形的 X、Y、Z 轴坐标方向。

• 选项卡：用来在模型（图形）空间和布局（图纸）空间来回切换。一般情况下，先在模型空间创建设计，然后创建布局来绘制或打印布局空间中的图形。

• 命令窗口：使用输入命令并显示命令提示和信息。即使是从菜单和工具栏中选择命令，AutoCAD 也会在命令窗口显示命令提示和命令记录。可以拖动命令窗口与绘图区的分隔线来调节命令窗口的大小。

• 状态栏：状态栏的左下角显示光标当前位置的坐标。状态栏还包含一些按钮，使用这些按钮可以打开常用的绘图辅助工具。这些工具包括“捕捉”（捕捉模式）、“栅格”（图形栅格）、“正交”（正交模式）、“极轴”（极轴追踪）、“对象捕捉”（对象捕捉）、“对象追踪”（对象捕捉追踪）、“线宽”（线宽显示）和“模型”（模型空间和图纸空间切换）。

四、AutoCAD 的图层

1. 图层的基本概念

图层（LAYER）是 AutoCAD 的一大特色。图层本身是不可见的，可以将其理解为透明薄膜。图形的不同部分可以画在不同的透明薄膜上，最终将这些透明薄膜叠加在一起就形成一幅完整的图形。

例如一张简单的机械图，可把轮廓线放在一个图层上画出，设定颜色是白色（WHITE），线型为实线（CONTINUOUS），线宽为 0.7 mm；又把中心线放在某一图层上，设定颜色为绿色（GREEN），线型为中心线（CENTER），线宽为 0.25 mm；把尺寸标注放在某一图层上，设定颜色是蓝色（BLUE），线型为实线（CONTINUOUS），线宽为0.25 mm……这样不同类型的图线放在不同的图层上，绘图时切换到相应图层即可开始绘图，无需在每次绘制中心线时去设置线型、线宽和颜色。

当开始绘新图时，用户只有一个名字叫做 0 的图层，该图层不能删除或更名，它含有与图形块有关的一些特殊变量。一幅图的层数没有限制，每一图层可以容纳的图元数目也没有限制。

2. 图层的操作

图层特性管理器的打开可以采用如下方法：

菜单：［格式］→［图层］

工具栏：

命令行：LAYER

图层特性管理器如图 10－3 所示。其主要功能是创建新图层，指定图层颜色、线型、线宽和打印样式，改变当前层，删除图层，设定图层打开或关闭、冻结或解冻、锁定或解锁，过滤图层等。

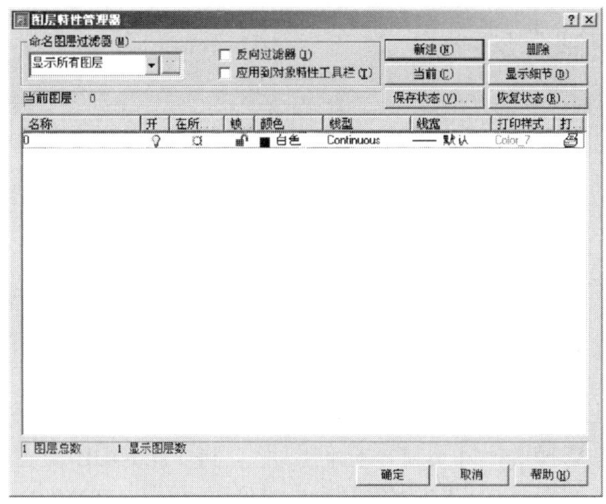

图 10－3　图层特性管理器

3. 图层转换器

图层转换器是专门针对图层结构的 CAD 标准转换工具。图层转换器的打开可以采用如下方法：

菜单：［工具］→［CAD 标准］→［图层转换器］

工具栏：

命令行：LAYTRANS

图层转换器如图 10－4 所示。其主要功能是转换当前图形文件中的图层名称和层属性，使其与其他图形文件或 DWS 标准文件规定的图层结构一致。其中："转换自"选项组显示图层转换之前当前图形中的图层列表；"转换为"选项组显示标准的图层列表；"图层转换映射"选项组显示已经转换完成的图层列表。转换图层时，在"转换自"选项组选中要转换的图层，在"转换为"选项组选中作为转换目标的标准图层，单击"映射"按钮完成转换。若需要转换的图层与标准图层具有相同名称，可以单击"映射相同"按钮完成同名图层之间的转换。

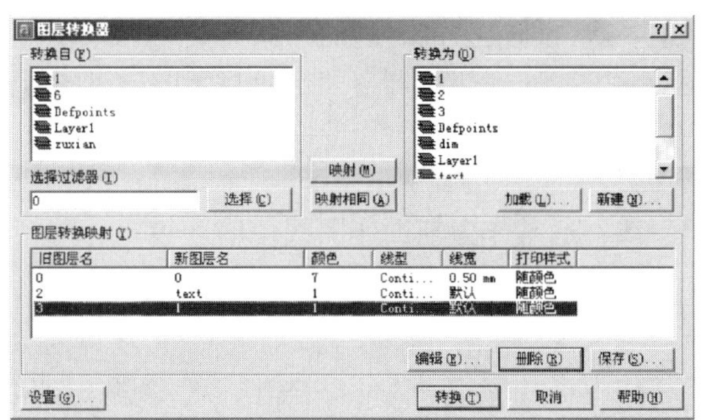

图 10－4　图层转换器

第三节 AutoCAD 二维绘图命令

一、基本图元绘制命令

1. POINT 命令

功能：创建点。

命令打开方式：

菜单：[绘图] → [点]

工具栏：

命令行：POINT

说明：

系统变量 PDMODE 和 PDSIZE 控制点对象的外观。PDMODE 的值 0、2、3 和 4 将指定一种表示点的图形，如果选择 1，将不显示任何图形。将 PDMODE 值上加 32、64 或 96，还可以选择在点的周围绘制图形。PDSIZE 将控制点图形的大小，PDMODE 系统变量为 0 和 1 时除外。PDSIZE 设置为 0，将按绘图区域高度的 5% 生成的点对象。正的 PDSIZE 值指定点图形的绝对尺寸。负值将解释为视口尺寸的百分比。重新生成图形时将重新计算所有点的尺寸。

2. LINE 命令

功能：创建两个指定坐标点之间的直线。

命令打开方式：

菜 单：[绘图] → [直线]

工具栏：

命令行：LINE

说明：

（1）最初由两点决定一直线，若继续输入第三点，则画出第二条直线，依此类推。

（2）坐标输入时可用光标指点输入坐标，或用绝对坐标和相对坐标直接输入。

（3）在 From Point：处直接打回车表示：若上次作出的是线，则从其终点开始绘图；若最后作出的是弧，则从其终点及其切线方向作图，要求输入长度。

（4）在 To Point：处除输入坐标外，还可输入：

U（Undo）——回退一次，即消去最后画的一条线。

C（Close）——最后一段线回到起始点，即形成封闭图形，同时命令结束。

↙——结束命令。

3. XLINE 命令

功能：创建无限长直线，通常作为辅助作图线使用。

命令打开方式：

菜单：[绘图] → [构造线]

工具栏：

命令行：XLINE

选项：

（1）指定点：用无限长直线所通过的两点定义构造线的位置。
（2）水平：创建一条通过选定点的水平参照线。
（3）垂直：创建一条通过选定点的垂直参照线。
（4）角度：以指定的角度创建一条参照线。
（5）二等分：创建一条参照线，它经过选定的角顶点，并且将选定的两条线之间的夹角平分。
（6）偏移：创建平行于已知参照线的参照线。

4. MLINE 命令

功能：创建多重平行线。
命令打开方式：
菜单：［绘图］→［多线］
工具栏：
命令行：MLINE
选项：
（1）指定起点：指定多线的第一个顶点。
（2）对正：在指定的点之间绘制多线。
（3）比例：控制多线的全局宽度。这个比例不影响线型的比例。
（4）样式：指定多线的样式。

说明：使用 MLEDIT 命令来编辑多线，MLSTYLE 命令创建、加载和设置多线样式。系统变量 CMLJUST 存储当前多线的对正设置；CMLSCALE 存储当前多线的缩放比例；CMLSTYLE 存储当前多线的样式名称。

5. PLINE 命令

功能：创建二维多段线（以前称为多义线），多段线由直线和弧组成，它有一系列附加特性，如线的宽度可以变化（等宽度或锥度）。
命令打开方式：
菜单：［绘图］→［多段线］
工具栏：
命令行：PLINE
选项：
（1）下一点：绘制一条直线段。
（2）圆弧：将弧线段添加到多段线中。
（3）闭合：在当前位置到多段线起点之间绘制一条直线段以闭合多段线。
（4）半宽：指定宽多段线线段的中心到其一边的宽度。
（5）长度：以前一线段相同的角度并按指定长度绘制直线段。如果前一线段为圆弧，将绘制一条直线段与弧线段相切。
（6）放弃：删除最近一次添加到多段线上的直线段。
（7）宽度：指定下一条直线段的宽度。

6. CIRCLE 命令

功能：创建圆。
命令打开方式：

菜单：[绘图] → [圆]

工具栏：⊙

命令行：CIRCLE

选项：

(1) 圆心：基于圆心和直径（或半径）绘制圆。

(2) 三点：基于圆周上的三点绘制圆。

(3) 两点：基于圆直径上的两个端点绘制圆。

(4) 相切、相切、半径（TTR）：基于指定半径和两个相切对象绘制圆。有不止一个圆符合命令中所给条件时，绘制出切点与选定点最近的圆。

7. RECTANG 命令

功能：创建矩形多段线。

命令打开方式：

菜单：[绘图] → [矩形]

工具栏：□

命令行：RECTANG

选项：

(1) 第一个角点：两个指定的点决定矩形对角点的位置，边平行于当前用户坐标系的 *X* 和 *Y* 轴。

(2) 倒角：设置矩形的倒角距离，以后执行 RECTANG 命令时将使用此值为当前倒角距离，下同。

(3) 标高：指定矩形的标高。

(4) 圆角：指定矩形的圆角半径。

(5) 厚度：指定矩形的厚度。

(6) 宽度：为要绘制的矩形指定多段线的宽度。

8. ARC 命令

功能：创建圆弧。

命令打开方式：

菜单：[绘图] → [圆弧]

工具栏：

命令行：ARC

圆弧画法：

(1) 三点画圆弧。

(2) 起点、圆心、终点；起点、圆心、角度；起点、圆心、弦长画圆弧。

(3) 圆心、起点、终点；圆心、起点、角度；圆心、起点、弦长画圆弧。

(4) 起点、终点、角度；起点、终点、方向；起点、终点、半径画圆弧。

说明：

(1) 默认状态时，以逆时针画圆弧。若所画圆弧不符合需要，可以将起始点及终点倒换次序后再画。

(2) 如果用回车键回答第一提问，则以上次所画线或圆弧的终点及方向作为本次所画弧的起点及起始方向。这种方法特别适用于与上次线或圆弧相切的情况。

9. ELLIPSE 命令

功能：创建椭圆。

命令打开方式：

菜单：[绘图] → [椭圆]

工具栏：

命令行：ELLIPSE

选项：

（1）椭圆轴的端点：根据两个端点定义椭圆的第一条轴。第一条轴的角度确定了整个椭圆的角度。第一条轴既可定义长轴也可定义短轴。

（2）圆弧：创建一段椭圆弧。先创建椭圆，然后输入起始和终止角度确定椭圆弧。

（3）中心点：通过指定的中心点来创建椭圆。

（4）等轴测圆：在当前等轴测绘图平面绘制一个等轴测圆。本选项只有在 SNAP 置为“等轴测捕捉”时才可用。

10. POLYGON 命令

功能：创建正多边形。

命令打开方式：

菜单：[绘图] → [正多边形]

工具栏：

命令行：POLYGON

选项：

（1）正多边形中心：先定义正多边形中心点，然后输入内切圆或外接圆选项和半径画出正多边形。

（2）边：通过指定第一条边的端点来定义正多边形。

二、文本书写

1. STYLE 命令

功能：创建或修改已命名的文字样式以及设置图形中文字的当前样式。

命令打开方式：

菜单：[格式] → [文字样式]

命令行：STYLE

选项：

输入命令后 AutoCAD 显示文字样式对话框，如图 10－5 所示。

（1）样式名：列表中包括已定义的样式名并默认显示当前样式。为改变当前样式，可以从列表中选择另一个样式，或者选择“新建”来创建新样式。选择“新建”显示“新建文字样式”对话框并为当前设置自动提供名称“样式 n”（此处 n 为所提供样式的编号）。选择“重命名”显示“重命名文字样式”对话框，输入新名称并选择“确定”后，就重命名了方框中所列出的样式。选择“删除”则删除当前文字样式。

（2）字体：修改样式的字体。

其中，“字体名”列出注册的 TrueType 所有字体和 AutoCAD Fonts 目录下 AutoCAD 已编译的所有形（SHX）字体的字体族名；“字体样式”指定字体格式，比如，斜体、粗体或者常规字体；“高度”根据输入的值设置文字高度。如果输入 0.0，每次用该样式输入文字时，

AutoCAD 都提示输入文字高度，如果输入值大于0.0，则为该样式设置文字高度；“使用大字体”指定亚洲语言的大字体文件。只有在“字体名”中指定 SHX 文件，才可以使用“大字体”。

(3) 效果：修改字体的特性。

其中：“颠倒”是倒置显示字符；“反向”是反向显示字符；“垂直”是垂直对齐显示字符；“宽度比例”是设置字符宽度比例，输入值如果小于1.0将压缩文字宽度；“倾斜角度”是设置文字的倾斜角度，输入在 -85 到 85 之间的一个值，使文字倾斜。

图 10-5　文字样式对话框

2. TEXT 命令

功能：创建单行文字。

命令打开方式：

菜单：[格式] → [文字] → [单行文字]

命令行：TEXT

选项：

(1) 起点：指定文字对象的起点。

(2) 对正：控制文字的对正样式。其中：“对齐”是通过指定基线端点来指定文字的高度和方向；“调整”是指定文字按由两点和高度定义的方向，布满指定的区域，只适用于水平方向的文字；“中心”是从基线的水平中点到齐文字，此基线是由用户给出的点指定的；其他对齐方式指定方法与“中心”方式相似，这里不一一举出。

(3) 样式：指定文字样式。创建的文字使用当前样式。

说明：

(1) 使用 TEXT 命令可在图形中输入几行文字，还可以旋转、对正文字和调整文字的大小。在“输入文字”提示下输入的字符会同步显示在屏幕中。每行文字是一个独立的对象。要结束一行并开始新行，可在输入最后一个字符后按↙键。要结束文字输入，可在“输入文字”提示下不输入任何字符，直接按↙键。

(2) 如果上一次输入的命令为 TEXT，在“指定文字的起点”提示下按↙键将跳过高度和旋转角的提示，直接显示“输入文字”提示。文字将直接放在上一行文字的下方。该提示下指定的点也被存储为“插入点”，可用于对象捕捉。

(3) 系统提供一些常用的但键盘上又没有的特殊字符的输入手段，它的输入方式靠两个百分号“%%”加以控制，具体格式如下：

%%d—绘制度符号，即“°”

%%p—绘制误差允许符号，即“±”

%%c—绘制直径符号，即“ϕ”

%%%—绘制百分号，即“%”。

3. MTEXT 命令

功能：创建段落文字。

命令打开方式：

菜单：[格式] → [文字] → [多行文字]

工具栏：A

命令行：MTEXT

说明：

（1）指定对角点后，显示多行文字编辑器。在“多行文字编辑器”中可以输入文本内容，也可以指定文本和段落的属性。

（2）多行文字对象的宽度如果用定点设备来指定点，那么宽度为起点与指定点之间的距离。如果指定的宽度为零，就会关闭文字换行，多行文字对象全部出现在一行上。

三、图案填充

功能：使用指定图案填充封闭区域。

命令打开方式：

菜单：［绘图］→［图案填充］

工具栏：

命令行：BHATCH

选项：

输入命令后显示“边界图案填充”对话框，如图 10－6。

可以使用“快速”选项卡处理填充图案并快速创建一个填充图案。可以使用“高级”选项卡定制创建及填充边界的方式。

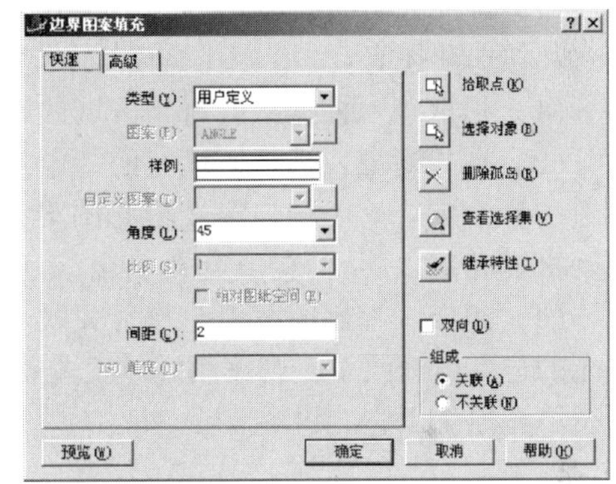

图 10－6　边界图案填充对话框

“快速”选项卡中：

（1）类型：设置图案类型。其中：“预定义”是指定一个预定义的 AutoCAD 图案，这些图案存储在 acad. pat 和 acadiso. pat 文件中，可以控制任何预定义图案的角度和缩放比例，对于预定义的 ISO 图案，还可以控制 ISO 笔宽；“用户定义”是基于图形的当前线型创建直线图案，可以控制用户定义图案中的角度和直线间距；“自定义”是指定自定义 PAT 文件中的一个图案，可以控制任何自定义图案中的角度和缩放比例。

（2）图案：列表显示可用的预定义图案，6 个最常用的用户预定义图案将出现在列表顶部。只有在“类型”中选择了“预定义”，此选项才可用。双击［…］按钮将显示“填充图案调色板”对话框，从中可以同时查看所有预定义图案的预览图像，有助于用户作出选择。

（3）样例：显示选定图案的预算图像。单击“样例”则显示“填充图案调色板”对话框。

（4）自定义图案：列表显示可用的自定义图案，6 个最常用的自定义图案将出现在列表顶部。只有在“类型”中选择了“自定义”，此选项才可用。双击［…］按钮将显示“填充图案调色板”对话框。

（5）角度：指定填充图案的角度（相对当前 UCS 坐标系的 X 轴）。

（6）比例：放大或缩小预定义或自定义填充图案。只有在“类型”中选择了“预定义”或“自定义”，此选项才可用。

（7）相对图纸空间：相对图纸空间单位缩放填充图案。使用该选项，很容易就可以做到以适合于布局的比例显示填充图案。该选项仅适用于布局。

（8）间距：指定用户定义填充图案中的直线间距。只有在“类型”中选择了“用户定义”，此选项才可用。

（9）ISO 笔宽：基于选定笔宽按比例缩放 ISO 预定义图案。只有在“类型”中选择了“预定义”，并将“图案”设置为可用的 ISO 图案的一种，此选项才可用。

“高级”选项卡中：

（1）孤岛检测样式：指定填充被包围在最外层边界中的对象的方式。如果不存在内部边界，则指定“孤岛检测样式”是无意义的。其中“普通”是由外部边界向里填充。如果碰到内部截面，则断开填充直到碰到另一个内部截面为止。“外部”是由外部边界向里填充。如果碰到内部截面，则断开填充并且不再恢复填充。“忽略”是忽略所有内部对象并让填充线穿过它们。当指定点或选择对象来定义填充边界时，在绘图区域单击右键，然后就可以从快捷菜单中选择“普通”“外部”和“忽略”选项。

（2）对象类型：指定是否把边界保留为对象，以及应用于那些对象的对象类型。

（3）边界集：定义当从指定点定义边界时，AutoCAD 分解出来的对象集合。当使用“选择对象”定义边界时，选定的边界集无效。

（4）孤岛检测方式：指定是否把在外部边界中的对象包括为边界对象。

其中：“填充”是把孤岛包括为边界对象。“射线法”是从指定点画线到最近的对象，然后按逆时针方向描绘边界，这样就把孤岛排除在边界对象之外了。

其他选项还有：

（1）拾取点：根据构成封闭区域的现有对象确定边界。

（2）选择对象：选择要填充的特定对象。

（3）双向：对于用户定义填充图案，选择此选项将绘制第二组直线，这些直线相对于初始直线成 90°，从而构成交叉填充。

（4）组成：控制图案填充是否关联。其中：“关联”是指创建关联图案填充。如果图案填充的边界被修改了，则该图案填充也被更新。“不关联”是指创建不关联的图案填充，即图案填充独立于它的边界。

说明：

（1）如果在命令提示下输入 - bhatch 命令，AutoCAD 将在命令行显示提示，以命令行方式进行图案填充操作。

（2）BHATCH 命令首先从封闭区域的一个指定点开始，计算一个面域或多段线边界，或者使用选定对象作为边界，从而定义要填充区域的边界，然后使用图案或填充颜色填充这些边界。

（3）绝大多数几何图形的组合都可以使用图案填充，因此，编辑填充的几何图形可能会产生预料不到的效果。如果是这样，则需要删除填充对象，然后重新填充。

（4）如果使用的是预定义的实体填充图案，其边界必须是封闭的，同时不能与其自身相交。另外，如果图案区域包含多个环，这些环也不能相交。这些限制对标准图案填充不起作用。

（5）用“外部”和“忽略”填充凹入的曲面会导致填充冲突。

第四节　AutoCAD 辅助绘图功能

一、对象特征点捕捉

在绘图命令运行期间，可以用光标捕捉对象上的几何点，如端点、中点、圆心和交点。

捕捉点的步骤如下：

（1）启动需要指定点的命令（例如，LINE、CIRCLE）。

（2）当命令提示指定点时，使用以下方法之一选择一种对象捕捉：

①单击“标准”工具栏的“对象捕捉”弹出框中的一个工具栏按钮，或者单击“对象捕捉”工具栏中的一个按钮；

②按住 Shift 键并在绘图区域中单击右键，从快捷菜单中选择一种对象捕捉方式；

③在命令行中输入一种对象捕捉的缩写（前三个大写字母）。

（3）将光标移动到捕捉位置上，然后单击定点设备（如鼠标）。

常用的捕捉对象有：ENDpoint（端点）、MIDpoint（中点）、INTersection（交点）、APParent intersect（外观交点）、CENter（圆心）、QUAdrant（象限点）、NODe（节点）、INSert（插入点）、“PERpendicular（垂足）、PARallel（平行）、TANgent（切点）、NEArest（最近点）、NONe（无）、EXTension（延伸）等。

二、辅助绘图命令

1. OSNAP 命令

功能：打开或关闭自动对象特征点捕捉。

命令打开方式：

菜单：［工具］→［草图设置］→［对象捕捉］

状态栏：对象捕捉

命令行：OSNAP

说明：

（1）如果自动捕捉模式打开，每当正在执行的命令需要指定点时，AutoCAD 会自动捕捉指定模式的特征点，而不必输入模式的缩写字母。

（2）捕捉对话框中可以同时选择多个特征点类型。

2. GRID 命令

功能：控制是否在当前视口中显示栅格，以及栅格的间距。

命令打开方式：

菜单：［工具］→［草图设置］→［捕捉和栅格］

状态栏：栅格

命令行：GRID

快捷键：F7

选项：

（1）栅格 X 间距：设置栅格间距的值。指定一个值然后输入 X 可将栅格间距设置为捕捉间距的指定倍数。

（2）开：按当前间距打开栅格。

（3）关：关闭栅格。

（4）捕捉：将栅格间距定义为由 SNAP 命令设置的当前捕捉间距。

（5）纵横向间距：设置栅格的 X 向间距和 Y 向间距。

说明：

（1）栅格仅用于视觉参考，它既不能被打印，也不被认为是图形的一部分。

（2）当前捕捉样式为“等轴测捕捉”时，“纵横向间距”选项不可用。

3. SNAP 命令

功能：规定光标按指定的间距移动，通过此命令可以将定点设备输入的点与捕捉栅格对齐。可以旋转捕捉栅格，设置不同的 *X* 和 *Y* 间距，或者选择等轴测模式的捕捉栅格。

命令打开方式：

菜单：[工具] → [草图设置] → [捕捉和栅格]

状态栏：捕捉

命令行：SNAP

快捷键：F9

选项：

（1）捕捉间距：指定捕捉栅格间距并激活“捕捉”模式。

（2）开：用当前栅格的分辨率、旋转角和模式激活“捕捉”模式。

（3）关：关闭“捕捉”模式但保留值和模式的设置。

（4）纵横向间距：为捕捉栅格指定 *X* 和 *Y* 间距。如果当前捕捉模式为“等轴测”，不能使用该选项。

（5）旋转：根据图形和显示屏幕设置捕捉栅格的旋转角。旋转角可指定在 -90°到 90°之间。正角度使栅格绕其基点逆时针旋转，负角度使栅格顺时针旋转。

（6）样式：指定“捕捉”栅格的样式为标准或等轴测。其中：“标准”是显示平行于当前 UCS 的 *XY* 平面的矩形栅格，*X* 和 *Y* 的间距可以不同；“等轴测”是显示等轴测栅格，此处栅格点初始化为 30°和 150°，等轴测捕捉可以旋转但不能有不同的“纵横向间距”值。

（7）类型：指定极轴或栅格捕捉类型。

说明：

（1）栅格只控制定点设备（鼠标）指定点位置，不影响键盘输入点坐标和捕捉到的特征点。

（2）捕捉栅格是不可见的，使用与 SNAP 关联的 GRID 可以显示捕捉栅格点。为此，两栅格的间距要设置为相同或相关的值。

4. ORTHO 命令

功能：正交方式约束光标只在水平或垂直方向上移动（相对于 UCS），并且受当前栅格的旋转角影响。

命令打开方式：

状态栏：正交

命令行：ORTHO

快捷键：F8

5. ISOPLANE 命令

功能：提供绘制正等轴测图的等轴测平面。

命令打开方式：

命令行：ISOPLANE

快捷键：F5

说明：

（1）仅在捕捉模式打开并且捕捉样式为等轴测样式时，等轴测平面才会影响光标的移动。如果捕捉样式是等轴测，即使捕捉模式是关闭的，正交模式仍使用对应的一对轴。当捕捉样式为标准时，ISOPLANE 命令不影响光标的移动。当前的等轴测平面还决定由 ELLIPSE 绘制的等轴测圆的方向。

（2）左侧平面由一对 90°和 150°的轴定义。顶面由一对 30°和 150°的轴定义。右侧平面由一对 90°和 30°的轴定义。

三、显示控制

AutoCAD 提供了多种显示图形视图的方式。在编辑图形时，如果想查看所作修改的整体效果，那么可以控制图形显示并快速移动到图形的不同区域。可以通过缩放图形显示来改变大小或通过平移重新定位视图在绘图区域中的位置。

按一定比例、观察位置和角度显示图形称为视图。改变视图最常见的方法是选择众多缩放方法中的一种来放大或缩小绘图区域中的图像。增大图像以便更详细地查看细节称为放大；收缩图像以便在更大范围内查看图形称为缩小。缩放并没有改变图形的绝对大小，它仅仅改变了绘图区域中视图的大小。AutoCAD 提供了几种方法来改变视图：指定显示窗口、按指定比例缩放以及显示整个图形。

1. ZOOM 命令

功能：放大或缩小当前视口对象的外观尺寸。

命令打开方式：

菜单：［视图］→［缩放］

工具栏：实时缩放 窗口缩放 缩放上一个

命令行：ZOOM

选项：

（1）全部：在当前视口中缩放显示整个图形。在平面视图中缩放到图形界限或当前范围，即使图形超出了图形界限也能显示所有对象。

（2）中心点：缩放显示由中心点和缩放比例（或高度）所定义的窗口。高度值较小时增加缩放比例，高度值较大时减小缩放比例。

（3）动态：缩放显示在视图框中的部分图形。

（4）范围：缩放显示图形范围。

（5）上一个：缩放显示前一个视图。

（6）比例：以指定的比例因子缩放显示。

（7）窗口：缩放显示由两个角点定义的矩形窗口框选定的区域。

（8）实时：利用定点设备，在合适的范围内交互缩放。按 Esc 键或↙键退出，或单击右键激活弹出菜单退出。

2. PAN 命令

功能：移动当前视口中显示的图形。

命令打开方式：

菜单：［视图］→［平移］

工具栏：实时平移

命令行：PAN

选项：

(1) 实时平移：光标变为手形光标。按住定点设备上的拾取键可以锁定光标于相对视口坐标系的当前位置。窗口中的图形随光标向同一方向移动。任何时候要停止平移，请按↙键或 Esc 键。

(2) 按指定位移进行平移：如果在命令提示下输入 - PAN，PAN 将在命令行上显示选项。可以指定一个点，输入图形与当前位置的相对位移，或者可以指定两个点，在这种情况下，AutoCAD 可以计算出第一点到第二点的位移。如果按↙键，将把“指定基点或位移”提示中指定的值当作位移来移动图形。

3. REDRAW 命令

功能：刷新显示当前视口，删除标记点和由编辑命令留下的杂乱显示内容。

命令打开方式：

菜 单：[视图] → [重画]

命令行：REDRAW

4. REGEN 命令

功能：重生成图形并刷新显示当前视口，它还重新建立图形数据库索引，从而优化显示和对象选择的性能。

命令打开方式：

菜单：[视图] → [重生成]

命令行：REGEN

第五节　AutoCAD 二维编辑修改命令

一、构造选择集

图形的编辑都需要选择目标，AutoCAD 选择目标的方法有：

- 点选：用光标点选图元。
- W 窗口选（Window）：选窗口对角两点形成窗口，则窗口内所围图元被选中。图元有任何一部分在窗外都不能被选中。
- C 窗口选（Crossing）：选窗口对角两点形成窗口，则窗口内所围图元被选中。只要图元有任何一部分在窗内均被选中。
- BOX 选（BOX）：选窗口对角两点形成窗口，如第二点在第一点右方，则为 W 窗口选，否则为 C 窗口选。
- 最后图元（Last）：选中作图中的最后一个图元。
- 前选择集（Previous）：选中前面构造或修改操作中最后选中的一个选择集。
- 移去（Remove）：在选择集中移去选中的图元。
- 添加（Add）：使用移去选项后，再进入选择图元的操作。
- 返回（Undo）：使刚才一次选图元操作作废。
- WP 窗口选（WPolygon）：与 Window 操作类似，但选择框为任一多边形。
- CP 窗口选（CPolygon）：与 Crossing 操作类似，但选择框为任一多边形。
- 围栏选（Fence）：选择与围栏相交的图元，围栏可以不封闭。

● 全部选（ALL）：选中图形文件中的所有图元。包括冻结层和锁定层的图元。

构造选择集时要注意：

（1）AutoCAD 的目标选择可以是上述方法的任意组合。

（2）图形的编辑命令构成是：命令操作 + 目标选择。AutoCAD 提供两种操作方式：

● 动名选项：先打入图形编辑命令，然后 AutoCAD 通常不断提示选择目标。选择目标时可以任选一种方法，选中的目标变成虚线或增亮，同时 AutoCAD 提示有多少图元被选中，如选中的图元中与前面的选择有重复，AutoCAD 还提示多少图元重复。

● 名动选项：先选目标，然后打图形编辑命令。选中的目标在图元的关键点处有一小方框。此时也可使用 Select 命令。

二、图形修改命令

1. ERASE 命令

功能：删除图形中的部分或全部图元。

命令打开方式：

菜单：[修改] → [删除]

工具栏：

命令行：ERASE

2. BREAK 命令

功能：选择两点将线、圆、弧和组线断开为两段。

命令打开方式：

菜单：[修改] → [打断]

工具栏：

命令行：BREAK

说明：

（1）断开圆或圆弧时要注意两点的顺序，AutoCAD 总是依逆时针断开。

（2）第二点不一定要位于图元上。如果第二点位于图元内侧，AutoCAD 会自动找到图元上离该点的最近点，如果第二点位于图元外侧，则将第一点与离第二点最近的端点间的部分抹掉。

3. TRIM 命令

功能：以某些图元作为边界（剪刀），将另外某些图元不需要的部分剪掉。

命令打开方式：

菜单：[修改] → [修剪]

工具栏：

命令行：TRIM

选项：

当 AutoCAD 提示选择剪切边时，按↙键，然后即可选择待修剪的对象。AutoCAD 修剪对象将使用最靠近的候选对象作为剪切边。

（1）要修剪的对象：指定待修剪对象。AutoCAD 重复修剪对象的提示，所以可以修剪多个对象。

（2）投影：指定修剪对象时 AutoCAD 使用的“投影”模式。

（3）边：确定修剪对象的位置，是在剪切边的延伸处，还是在与它在三维空间中相交的对象处。

（4）放弃：放弃最近作的一次修改。

4. EXTEND 命令

功能：以某些图元为边界，将另外一些图元延伸到此边界。

命令打开方式：

菜单：[修改] → [延伸]

工具栏：

命令行：EXTEND

选项：

先选择要延伸到的对象，然后选择：

（1）选择要延伸的对象：指定要延伸的对象。

（2）投影：指定延伸对象时 AutoCAD 使用的投影模式。

（3）边：确定对象是延伸对边界边的延长部分还是只延伸到在三维空间中实际相交的对象。

（4）放弃：放弃最近作的一次延伸。

5. MOVE 命令

功能：将图元从图形的一个位置移到另一个位置。

命令打开方式：

菜单：[修改] → [移动]

工具栏：

命令行：MOVE

选项：

移动对象选择完毕后，指定两个点定义了一个位移矢量。该矢量指明了被选定对象的移动距离和移动方向。如果在确定第二个点时按↙键，那么第一个点的坐标值就被认为是相对的 X、Y、Z 位移。

6. ROTATE 命令

功能：将图元绕某一基准点作旋转。

命令打开方式：

菜单：[修改] → [旋转]

工具栏：

命令行：ROTATE

选项：

旋转对象选择完毕后指定基准点，然后选择：

（1）旋转角度：决定对象绕基点旋转的角度。

（2）参照：指定当前参照角度和所需的新角度。

7. SCALE 命令

功能：将图元按一定比例放大或缩小。

命令打开方式：

菜单：［修改］→［比例］

工具栏：

命令行：SCALE

选项：

对象选择完毕后指定基准点（即缩放中心点），然后选择：

（1）比例因子：按指定的比例缩放选定对象。大于 1 的比例因子使对象放大，介于 0 和 1 之间的比例因子使对象缩小。

（2）参照：按参照长度和指定的新长度比例缩放所选对象。

8. STRETCH 命令

功能：将图形某一部分拉伸、移动和变形，其余部分不动。

命令打开方式：

菜单：［修改］→［拉伸］

工具栏：

命令行：STRETCH

说明：

使用交叉多边形或交叉窗口对象选择方式选择完毕后，将移动窗口中的端点，而不改变窗口外的端点。其余操作类似 MOVE 命令。

9. LENGTHEN 命令

功能：修改对象的长度和圆弧的包含角。

命令打开方式：

菜单：［修改］→［拉长］

工具栏：

命令行：LENGTHEN

选项：

（1）选择对象：显示对象的长度，如果对象有包含角，则一同显示包含角。

（2）增量：以指定的增量改变对象的长度，从选定对象中距离选择点最近的端点处开始定距定数等分；以指定增量修改圆弧的角度，从圆弧的指定端点处开始定距定数等分。如果结果是正值，就拉伸对象；如果是负值，就修剪对象。

（3）百分数：通过指定对象总长度的百分比设置对象长度。通过指定圆弧总角度的百分比修改圆弧角度。

（4）全部：通过指定固定端点间总长度的绝对值设置选定对象的长度。通过指定总包含角设置选定对象的总角度。

（5）动态：打开动态拖动模式。根据被拖动的端点的位置改变选定对象的长度，将端点移动到所需的长度或角度，而另一端保持固定。

10. PEDIT 命令

功能：编辑多段线和三维多边形网格。

命令打开方式：

菜单：［修改］→［对象］→［多段线］

工具栏：

命令行：PEDIT

选项：

选择多段线后选择：

（1）闭合：连接第一条与最后一条线段从而创建闭合的多段线线段。

（2）打开：删除多段线的闭合线段。

（3）合并：将直线、圆弧或多段线添加到打开的多段线端点并删除曲线拟合多段线的曲线拟合。合并到多段线的对象，它们的端点必须重合。

（4）宽度：指定整条多段线新的统一宽度。

（5）编辑顶点：进入顶点编辑状态，在屏幕上绘制一个"×"以标记第一个顶点。如果已经指定这个顶点的切线方向，还将在这个方向上绘制一个箭头。

（6）拟合：创建一条平滑曲线，它由连接各对顶点的弧线段组成。

（7）样条曲线：使用选定多段线的顶点作为曲线的控制点或边框。曲线将通过第一个和最后一个控制点，除非原多段线是闭合的。曲线将会拉向其他控制点但并不一定通过它们。边框特定部分中指定的控制点越多，曲线上这种拉拽的倾向就越大。技术上称这类曲线为 B 样条曲线。AutoCAD 可以生成二次或三次样条拟合多段线。

样条曲线与"拟合"选项生成的曲线有很大区别。"拟合"创建的曲线通过每个控制点。这两种曲线与 SPLINE 命令创建的真实 B 样条曲线又有所不同。

（8）非曲线化：删除拟合曲线和样条曲线插入的多余顶点并拉直多段线的所有线段。

（9）线型生成：生成连续线型穿过整条多段线的顶点。

11. MLEDIT 命令

功能：控制多线之间的相交情况。

命令打开方式：

菜单：［修改］→［对象］→［多线］

工具栏：

命令行：MLEDIT

选项：

"多线编辑工具"对话框如图 10－7 所示。

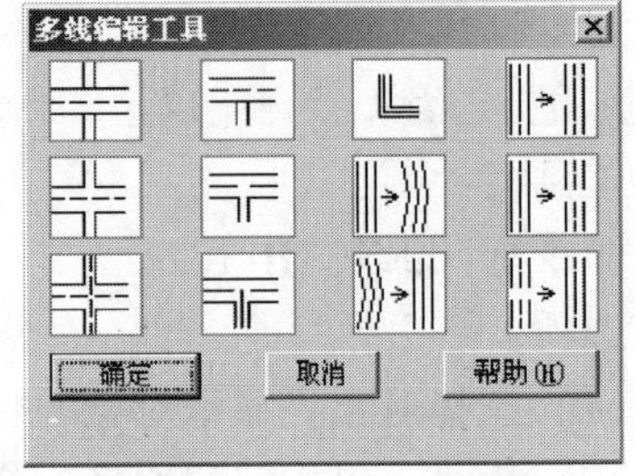

图 10－7　多线编辑工具

该对话框在四列中显示图像控件。对话框中的第一列处理十字交叉的多线，第二列处理 T 形相交的多线，第三列处理角点结合和顶点，第四列处理多线的剪切或接合。单击任意一个图像控件开始相应操作。

12. EXPLODE 命令

功能：将组合对象分解为对象组件。

命令打开方式：

菜单：［修改］→［分解］

工具栏：

命令行：EXPLODE

选项：

选择分解对象后选择：

（1）所有可分解对象：对象外观可能看起来是一样的，但该对象的颜色和线型可能改变了。

（2）块：AutoCAD一次删除一个编组级。如果一个块包含一个多段线或嵌套块，那么对该块的分解就首先显露出该多段线或嵌套块，然后再分别分解该块中的各个对象。

三、图形编辑命令

1. COPY命令

功能：复制对象。

命令打开方式：

菜单：[修改]→[复制]

工具栏：

命令行：COPY

选项：

要复制的对象选择完毕后选项有：

（1）基点和位移：生成单一副本。如果指定两点，将以两点所确定的位移放置单一副本。如果指定一点，然后按↙键，将以原点和指定点之间的位移放置一个单一副本。

（2）多重：基点放置多个副本。

2. ARRAY命令

功能：创建按指定方式排列的多重对象副本。

命令打开方式：

菜单：[修改]→[阵列]

工具栏：

命令行：ARRAY

选项：

要阵列的对象选择完毕后选项有：

（1）矩形阵列：指定行数和列数，创建由选定对象副本组成的阵列。如果只指定了一行，则在指定列数时，列数一定要大于二，反之亦然。假设选定对象在绘图区域的左下角，并向上或向右生成阵列。指定的行列间距，包含要排列对象的相应长度。

（2）环形阵列：创建由指定中心点或基点定义的阵列，将在这些指定中心点或基点周围创建选定对象副本。如果输入项目数，必须指定填充角度或项目间角度之一。如果按↙键（且不提供项目数），两者均必须指定。

3. MIRROR命令

功能：创建对象的镜像副本。

命令打开方式：

菜单：[修改]→[镜像]

工具栏：

命令行：MIRROR

说明：

（1）要镜像的对象选择完毕后输入镜像线，输入是否删除原对象即可产生镜像。

（2）用 MIRRTEXT 系统变量可以控制文字对象的反射特性。MIRRTEXT 默认设置是开，这将导致文字对象同其他对象一样作镜像处理。当 MIRRTEXT 设置为关时，文字对象不作镜像处理。

4. OFFSET 命令

功能：创建同心圆、平行线和平行曲线。

命令打开方式：

菜单：[修改] → [偏移]

工具栏：

命令行：OFFSET

选项：

偏移对象选择完毕后选项有：

（1）偏移距离：在距现有对象指定的距离处创建新对象。

（2）通过：创建通过指定点的新对象

5. FILLET 命令

功能：给对象的边加圆角。

命令打开方式：

菜单：[修改] → [圆角]

工具栏：

命令行：FILLET

说明：

（1）FILLET 命令给两个圆弧、圆、椭圆弧、直线、射线、多段线、样条曲线或参照线添加一段指定半径的圆弧。如果 TRIMMODE 系统变量设置为 1，FILLET 修剪相交的直线使其与圆角的端点相连。如果被选中的直线不相交，那么 AutoCAD 延伸或修剪它们使其相交。FILLET 也可以给实体的边加圆角。

（2）如果要加圆角的两个对象在同一图层上，则在该图层创建圆角。否则，在当前图层上创建圆角。对于圆角的颜色、线宽和线型也是如此。

6. CHAMFER 命令

功能：给对象的边加倒角。

命令打开方式：

菜单：[修改] → [倒角]

工具栏：

命令行：CHAMFER

选项：

（1）第一条直线：指定定义二维倒角所需的两条边中的第一条边，然后选择第二条直线。

（2）多段线：对整个二维多段线作倒角处理。

（3）距离：设置选定边的倒角距离。如果将两个距离都设置为零，将延长或修剪相应的两条线以使二者相交于一点。

（4）角度：通过第一条线的倒角距离和第二条线的倒角角度设定倒角距离。

（5）修剪：控制是否将选定边修剪到倒角线端点。其中“修剪”选项将 TRIMMODE 系统变量设置为 1，而“不修剪”选项将 TRIMMODE 系统变量设置为 0。

（6）方法：控制使用两个距离还是一个距离一个角度来创建倒角。

第六节 AutoCAD 尺寸标注与块操作

一、尺寸标注介绍

1. 尺寸标注概念

AutoCAD 提供了完善的尺寸标注和尺寸样式定义功能。只要指出标注对象，即可根据所选尺寸样式自动计算尺寸大小进行标注。AutoCAD 的基本尺寸标注有：线性、对齐、直径、半径、角度和坐标标注，另外还有旁注线标注等。AutoCAD 的尺寸标注形式完全由尺寸样式（变量）控制，尺寸标注过程中可按特定要求设定尺寸标注样式。

2. DIM 和 DIM1 命令

DIM 和 DIM1 两条命令用于在命令行调用尺寸标注功能。

DIM 与 DIM1 的区别是：DIM1 标注一个尺寸后立即回到命令行状态，DIM 用于标注一系列尺寸。

在“标注:”提示符下能用的几个命令有：UNDO、REDRAW、ZOOM 等，其他命令不能在“标注:”提示符下用。

3. 早期版本尺寸标注模式命令与 AutoCAD2002 命令比较

早期版本标注尺寸要在尺寸标注模式下进行，AutoCAD2002 版支持在命令行提示下直接输入尺寸标注命令。下表中显示了与早期版本尺寸标注模式命令等价的 AutoCAD2002 命令。

表 与标注模式命令等价的 AutoCAD 命令

标注模式命令	AutoCAD 命令	标注模式命令	AutoCAD 命令
ALIGNED	DIMALIGNED	OVERRIDE	DIMOVERRIDE
ANGULAR	DIMANGULAR	RADIUS	DIMRADIUS
BASELINE	DIMCENTER	RESTORE	DIMSTYLE→恢复
CONTINUE	DIMCONTINUE	ROTATED	DIMLINEAR
DIAMETER	DIMDIAMETER	SAVE	DIMSTYLE→保存
HOMETEXT	DIMEDIT→默认	STATUS	DIMSTYLE→状态
HORIZONTAL	DIMLINEAR→水平	TEDIT	DIMTEDIT
LEADER	LEADER	TROTATE	DIMEDIT→旋转
NEWTEXT	DIMEDIT→文字	UPDATE	DIMSTYLE→应用
OBLIQUE	DIMEDIT→倾斜	VARIABLES	DIMSTYLE→变量
ORDINATE	DIMORDINATE	VERTICAL	DIMLINEAR→垂直

二、标注样式管理

功能：创建或修改标注样式。

命令打开方式：

菜单：[标注] → [样式] 或 [格式] → [标注样式]

工具栏：

命令行：DIMSTYLE

选项：标注样式是一组已命名的标注设置，这些标注设置用来决定标注的外观。通过创建样式，可以快速方便地设置所有相关的标注系统变量，并且控制任何标注的布局和外观。

AutoCAD 的标注样式管理器如图 10－8 所示。

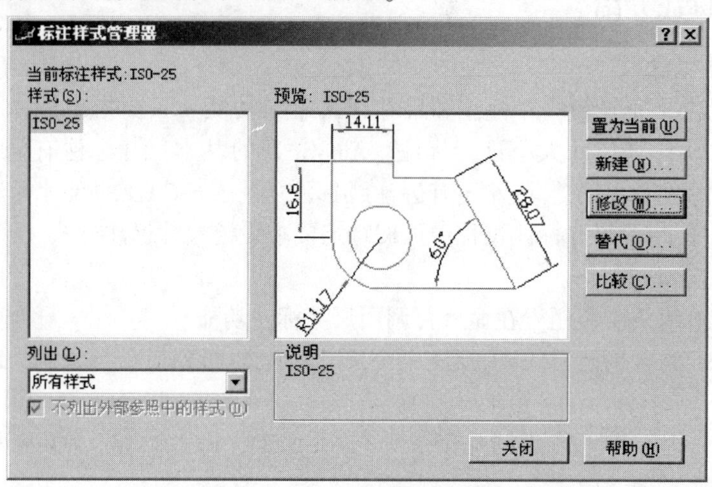

图 10－8　标注样式管理器

用“标注样式管理器”可以预览标注样式、创建新的标注样式、修改现有的标注样式、设置标注样式替代值、设置当前标注样式、比较标注样式、给标注样式重命名、删除标注样式。

（1）当前标注样式：显示当前标注样式。AutoCAD 对所有的标注都指定样式。如果不改变当前标注样式，指定 STANDARD 为默认标注样式。

（2）样式：显示当前图形的所有标注样式。当显示此对话框时，AutoCAD 突出显示当前标注样式。在“列出”下的选项控制显示的标注样式。要设置别的样式为当前标注样式，可以从“样式”下选择一种样式然后选择“置为当前”。

（3）列出：提供显示标注样式的选项。

（4）新建：显示“创建新标注样式”对话框，在此可以定义新的标注样式。参见“修改标注样式”对话框。

（5）修改：显示“修改标注样式”对话框，在此可以修改标注样式。对话框如图 10－9 所示。

（6）替代：显示“替代当前样式”对话框，在此可以设置标注样式的临时替代值。对话框的选项与“修改标注样式”对话框的选项相同。

（7）比较：显示“比较标注样式”对话框，在此可以比较两种标注样式的特性或浏览一种标注样式的全部特性。

修改标注样式介绍：

单击标注式样管理器中“修改”选项，出现修改标注式样对话框如图 10－9 所示。

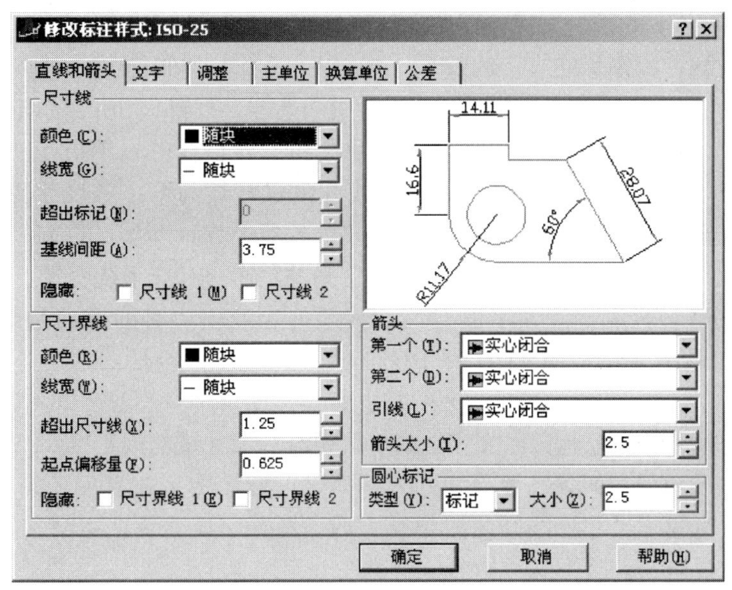

图 10-9　修改标注样式

● “直线和箭头”选项卡：设置尺寸线、尺寸界线、箭头和圆心标记的格式和特性。

(1) 尺寸线：设置尺寸线的特性。其中，“颜色”显示并设置尺寸线的颜色；“线宽”设置尺寸线的线宽；“超出标记”指定当箭头使用斜尺寸界线、建筑标记、完整标记和无标记时尺寸线超过尺寸界线的距离；“基线间距”设置基线标注的尺寸线间的距离，对应系统变量：DIMDLI；“隐藏”是当尺寸一侧尺寸起止符号不需要时给以隐藏，“尺寸线 1”“尺寸线 2”分别隐藏一侧尺寸起止符号。

(2) 尺寸界线：控制尺寸界线的外观。其中，“颜色”“线宽”与尺寸线相同；“超出尺寸线”指定尺寸界线在尺寸线上方伸出的距离，对应系统变量：DIMEXE；“起点偏移量”指定尺寸界线到定义该标注的原点的偏移距离，对应系统变量：DIMEXO；“隐藏”是抑制尺寸界线，“尺寸界线 1”“尺寸界线 2”分别隐藏一条尺寸界线，对应系统变量：DIMSE1 和 DIMSE2。

(3) 箭头：控制标注箭头的外观。也可以为第一条尺寸线和第二条尺寸线指定不同的箭头。其中：“第一个”设置第一条尺寸线的箭头，当改变第一个箭头的类型时，第二个箭头自动改变以匹配第一个箭头，对应系统变量：DIMBLK1；“第二个”设置第二条尺寸线的箭头，对应系统变量：DIMBLK2；“箭头大小”显示和设置箭头的大小，对应系统变量：DIMASZ。

(4) 圆心标记：控制直径标注和半径标注的圆心标记和中心线的外观。其中，“类型”提供三种圆心标记类型选项：标记（创建圆心标记）、直线（创建中心线）、无（不创建圆心标记或中心线）；“大小”显示和设置圆心标记或中心线的大小，对应系统变量：DIMCEN。

● “文字”选项卡：设置标注文字的格式、放置和对齐。

(1) 文字外观：控制标注文字的格式和大小。其中：“文字样式”显示和设置当前标注文字样式；“文字颜色”显示和设置标注文字样式的颜色；“文字高度”显示和设置当前标注文字样式的高度，对应系统变量：DIMTXT；“分数高度比例”设置与标注文字相关那部分的比例；“绘制文字边框”在标注文字的周围绘制一个边框。

（2）文字位置：控制标注文字的放置。其中，“垂直”控制标注文字沿着尺寸线垂直对正，对应系统变量：DIMTAD，“垂直”包含置中、上方、外部、JIS（按照日本工业标准放置标注文字）；“水平”控制标注文字沿着尺寸线和尺寸界线的水平对正，对应系统变量：DIMJUST，“水平”包括置中、第一条尺寸界线（沿尺寸线与第一条尺寸界线左对正）、第二条尺寸界线、第一条尺寸界线上方、第二条尺寸界线上方；“从尺寸线偏移”显示和设置当前文字间距，文字间距就是尺寸线与标注文字间的距离，对应系统变量：DIMGAP。

（3）文字对齐：控制标注文字放在尺寸界线外边或里边时的方向是保持水平还是尺寸线平行。对应系统变量：DIMTIH 和 DIMTOH。具体设置包括：水平、与尺寸线对齐、ISO 标准。

- “调整”选项卡：控制标注文字、箭头、引线和尺寸线的放置。

（1）调整选项：根据两条尺寸界线间的距离确定标注文字和箭头是放在尺寸界线外还是尺寸界线内。当两条尺寸界线间的距离够大时，AutoCAD 总是把文字和箭头放在尺寸界线之间。否则，根据“调整”选项放置文字和箭头。

（2）文字位置：当标注文字从默认位置移动时，设置标注文字的放置。

（3）标注特征比例：设置全局标注比例或图纸空间比例。其中，“使用全局比例”设置指定大小、距离或包含文字的间距和箭头大小的所有标注样式的比例，这个比例不改变标注测量值对应系统变量：DIMSCALE；“按布局（图纸空间）缩放标注”根据当前模型空间视口和图纸空间的比例确定比例因子。

（4）调整：设置其他调整选项。其中，“标注时手动放置文字”忽略所有水平对正设置并把文字放在“尺寸线位置”提示下指的位置；“始终在尺寸界线之间绘制尺寸线”无论是否把箭头放在测量点之外都在测量点之间绘制尺寸线，对应系统变量：DIMTOFL。

- “主单位”选项卡：设置主标注单位的格式和精度，设置标注文字的前缀和后缀。

（1）线性标注：设置线性标注的格式和精度。其中，“单位格式”设置除了角度之外的所有标注类型的当前单位格式；“精度”显示和设置标注文字里的小数位置；“分数格式”设置分数的格式；“小数分隔符”设置十进制格式的分隔符，可选择的选项包括句号、逗号和空格；“舍入”设置除了角度之外的所有标注类型的标注测量值的四舍五入规则；“前缀”在标注文字中包含前缀；“后缀”在标注文字中包含后缀；“测量单位比例”设置除了角度之外的所有标注类型的线性标注测量值比例因子，对应系统变量：DIMLFAC；“消零”控制前导和后续零以及英尺和英寸里的零是否输出，对应系统变量：DIMZIN。

（2）角度标注：显示和设置角度标注的当前标注格式。其中，“单位格式”设置角度单位格式，包括“十进制度数”、“度/分/秒”、“百分度”和“弧度”；“精度”显示和设置角度标注的小数位数；“消零”不输出前导零和后续零。

- “换算单位”选项卡：设置角度标注单位的格式、精度以及换算测量单位的比例。
- “公差”选项卡：控制公差格式。

三、尺寸标注命令

1. DIMLINEAR 命令

功能：标注线性尺寸。

命令打开方式：

菜单：［标注］→［线性］

工具栏：

命令行：DIMLINEAR

选项：

（1）尺寸界线起点：指定第一条尺寸界线起点，接着指定第二条尺寸界线起点，然后选择："尺寸线位置"是使用指定的点来定位尺寸线并确定绘制尺寸界线的方向，指定位置之后完成尺寸标注；"多行文字"是用来编辑标注文字；"文字"提示在命令行输入新的标注文字；"角度"是指修改标注文字的角度；"水平"创建水平尺寸标注；"垂直"创建垂直尺寸标注；"旋转"创建旋转型尺寸标注。

（2）对象选择：选择要标注尺寸的对象。对多段线和其他可分解对象，仅标注独立的直线段和弧段。如果选择了直线段和弧段，直线段或弧段的端点作为尺寸界线偏移的起点。如果选择圆，用圆的直径端点作为尺寸界线的起点。用来选择圆的那个点被定义为第一条尺寸界线的起点。其他选项与前相同。

2. DIMALIGNED 命令

功能：标注对齐线性尺寸。

命令打开方式：

菜单：［标注］→［对齐］

工具栏：

命令行：DIMALIGNED

选项：

（1）尺寸界线起点：指定第一条尺寸界线起点，接着指定第二条尺寸界线起点，然后选择："尺寸线位置"是使用指定的点来定位尺寸线并确定绘制尺寸界线的方向，指定位置之后完成尺寸标注；"多行文字"是用来编辑标注文字；"文字"提示在命令行输入新的标注文字；"角度"是指修改标注文字的角度。

（2）对象选择：选择要标注尺寸的对象。对多段线和其他可分解对象，仅标注独立的直线段和弧段。如果选择了直线段和弧段，直线段或弧段的端点作为尺寸界线偏移的起点。如果选择圆，用圆的直径端点作为尺寸界线的起点。用来选择圆的那个点被定义为第一条尺寸界线的起点。其他选项与前相同。

3. DIMRADIUS 命令

功能：标注圆和圆弧的半径尺寸。

命令打开方式：

菜单：［标注］→［半径］

工具栏：

命令行：DIMRADIUS

选项：

（1）尺寸线位置：指定一点，并使用该点定位尺寸线。指定了尺寸线位置之后完成标注。

（2）多行文字：显示多行文字编辑器，可用它来编辑标注文字。

（3）文字：提示在命令行输入新的标注文字。

（4）角度：修改标注文字的角度。

4. DIMDIAMETER 命令

功能：标注圆和圆弧的直径尺寸。

命令打开方式：

菜单：[标注] → [直径]

工具栏：

命令行：DIMDIAMETER

选项同 DIMRADIUS 命令。

5. DIMANGULAR 命令

功能：标注角度。

命令打开方式：

菜单：[标注] → [角度]

工具栏：

命令行：DIMANGULAR

选项：

（1）选择圆弧：使用选中圆弧上的点作为三点角度标注的定义点。圆弧的圆心是角度的顶点，圆弧端点成为尺寸界线的起点。在尺寸界线之间绘制一段圆弧作为尺寸线。尺寸界线从角度端点绘制到与尺寸线的交点。

（2）选择圆：使用选中的圆确定标注的两个定义点。圆的圆心是角度的顶点，选择点用作第一条尺寸界线的起点，选择第二条边的端点（不一定在圆上）作为是第二条尺寸界线的起点。

（3）选择直线：用两条直线定义角度。如果选择了一条直线，那么必须选择另一条（不与第一条直线平行的）直线以确定它们之间的角度。

（4）指定三点：使用指定的三点创建角度标注，其中第一个指定点为角度的顶点。

6. DIMBASELINE 命令

功能：从上一个或选定标注的基线处创建线性或角度标注。

命令打开方式：

菜单：[标注] → [基线]

工具栏：

命令行：DIMBASELINE

说明：

（1）DIMBASELINE 命令绘制基于同一条尺寸界线的一系列相关标注。AutoCAD 让每个新的尺寸线偏离一段距离，以避免与前一条尺寸线重合。

（2）指定第二条尺寸界线的位置后，接下来的提示取决于当前任务中最后一次创建的尺寸标注的类型：标注、线性或角度。

（3）在默认情况下，使用基线标注的第一条尺寸界线作为基线标注的基准尺寸界线。

可以通过显式地选择基线标注来替换默认情况，这时作为基准的尺寸界线是离选择拾取点最近的尺寸界线。

7. DIMCONTINUE 命令

功能：从上一个或选定标注的第二尺寸界线处创建线性或角度标注。

命令打开方式：

菜单：［标注］→［连续］

工具栏：

命令行：DIMCONTINUE

说明：

（1）DIMCONTINUE 绘制一系列相关的尺寸标注，如添加到整个尺寸标注系统中的一些短尺寸标注。连续标注也称为链式标注。

（2）当创建线性连续尺寸标注时，第一条尺寸界线被省略。接下来的提示取决于当前任务中最后创建的标注类型：标注、线性或角度尺寸标注。

8. LEADER 命令

功能：绘制各种样式的引出线。

命令打开方式：

菜单：［标注］→［引线］

工具栏：

命令行：LEADER

选项：

绘制一条到指定点的引线段后，继续提示选项如下：

（1）指定点：绘制一条到指定点的引线段，然后继续提示下一点和选项。

（2）注释：在引线的末端插入注释。注释可以是单行文字或多行文字。

（3）格式：控制引线的绘制方式以及引线是否带有箭头。

（4）放弃：放弃引线上的最后一个顶点。然后重新显示前一个提示。

四、编辑标注文字

功能：移动和旋转标注文字。

命令打开方式：

菜单：［标注］→［对齐文字］

工具栏：

命令行：DIMTEDIT

选项：

（1）指定标注文字的新位置：如果是通过光标来定位标注文字并且 DIMSHO 系统变量是打开的，那么标注在拖动时会动态更新。垂直放置设置控制了标注文字是在尺寸线之上、之下还是中间。

（2）左：沿尺寸线左移标注文字。本选项只适用于线性、直径和半径标注。

（3）中心：把标注文字放在尺寸线的中心。

（4）默认：将标注文字移回默认位置。

（5）角度：修改标注文字的角度。

五、块操作

1. 块的概念

块是由一系列图元组合而成的独立实体，该实体在图形中的功能与单一图元相同，一起放缩、旋转、移动、删除等，指定块的任何部分都可选中块。

块可以起一个名字保存于图中。块做成后，可以根据需要随时以任意比例和方向插入图形中的指定位置。块还可单独存盘以供其他图形调用。利用块的这一性质可以制成常用构件库和标准件库。

组成块的图元可以分别处在不同层上，可有不同的颜色和线型。在插入图形后，块的每个图元在原来的图层上画出，并用原来的颜色和线型。以下几种情况属于例外。

（1）在实体的0层形成的块将插入到图形的当前层，而不是0层。

（2）以 BYLAYER 或 BYBLOCK 定义的块，其颜色和线型将按当前层或实体的颜色和线型。

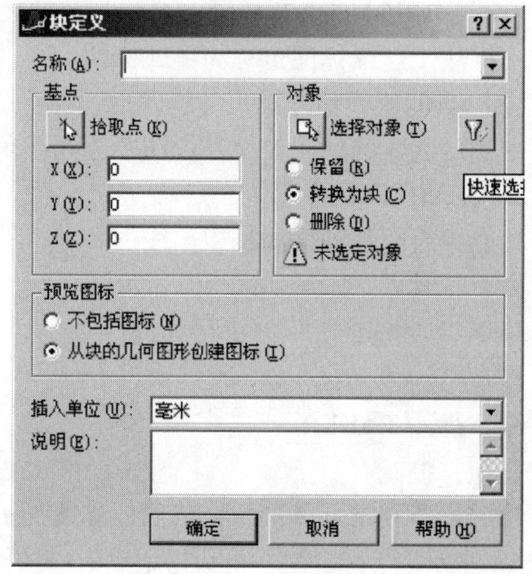

图 10－10 块定义

2. 块的创建

功能：根据选定的对象来定义块。

命令打开方式：

菜单：［绘图］→［块］→［创建］

工具栏：

命令行：BLOCK

选项：

命令执行后将显示如图 10－10 的“块定义”对话框。其中选项为：

（1）名称：指定块的名称。块名称以及块的定义保存在当前图形中。

（2）基点：指定块的基点。默认值是（0，0，0）。

（3）对象：指定新块中要包含的对象，以及创建块以后是保留或删除选定的对象还是将它们转换成块的引用。

（4）预览图标：确定是否随块定义一起保存预览图标并指定图标源文件。

（5）插入单位：指定把块从设计中心拖到图形中时，对块进行缩放所使用的单位。

（6）说明：指定与块定义相关联的文字说明。

说明：

WBLOCK 命令将图形中现有的块保存为独立的 . DWG 文件。

3. 块的插入

功能：将当前图形中已定义的或磁盘上已有的图形插入到当前图形中。

命令打开方式：

菜单：[插入] → [块]

工具栏：

命令行：INSERT

选项：

在当前编辑任务期间最后插入的块成为随后的 INSERT 命令使用的默认块。

(1) 名称：指定要插入的块名，或指定要作为块插入的文件名。

(2) 插入点：指定块的插入点。

(3) 缩放比例：指定插入块的比例。如果指定负的 *X*、*Y* 和 *Z* 比例因子，则插入块的镜像图像。

(4) 旋转：指定插入块的旋转角度。

(5) 分解：分解块并插入该块的各个部分。

第七节 AutoCAD 三维造型

一、三维造型介绍

AutoCAD 支持三种类型的三维模型：线框模型、表面模型和实体模型。每种模型都有自己的创建方法和编辑技术。

线框模型描绘三维对象的骨架。线框模型中没有面，只有描绘对象边界的点、直线和曲线。可在三维空间的任何位置放置二维（平面）对象来创建线框模型。由于构成模型的每个对象都必须单独绘制和定位，因此，这种建模方式最为耗时。

表面模型比线框模型更为复杂，它不仅定义三维对象的边而且定义面。面模型使用多边形网格定义镶嵌面，由于网格面是平面，所以网格只能近似于曲面。

实体模型是最容易使用的三维模型。可通过创建长方体、圆锥体、圆柱体、球体、楔体和圆环体模型来创建三维对象。然后对这些形状进行布尔运算，找出它们差集或交集部分，结合起来生成更为复杂的实体。也可将二维对象沿路径延伸或绕轴旋转来创建实体。

由于三维建模可采用不同的方法来构造三维模型，并且每种编辑方法对不同的模型也产生不同的效果，因此建议不要混合使用建模方法。不同的模型类型之间只能进行有限的转换，即从实体模型到表面模型或从表面模型到线框模型，但不能从线框模型转换到表面模型，或从表面模型转换到实体模型。

本节主要介绍三维实体模型的造型与修改方法。

二、三维显示控制

1. VPORTS 命令

功能：将绘图区域分为几个部分以便同时显示多个视口。

命令打开方式：

菜单：[视图] → [视口]

命令行：VPORTS

2. VPOINT 命令

功能：设置图形的三维直观图的查看方向。

命令打开方式：

菜单：[视图] → [三维视图] → [视点]

命令行：VPOINT

选项：

(1) 视点：使用输入的 X、Y、Z 坐标创建一个矢量，该矢量定义了观察视图的方向。视图被定义为观察者从空间向原点方向观察。

(2) 旋转：使用两个角度指定新的方向。两个角度为新方向在 XY 平面中与 X 轴的夹角和与 XY 平面的夹角。

(3) 坐标球和三轴架：显示一个坐标球和坐标架，可以使用它们来定义视口中的观察方向。

3. HIDE 命令

功能：重生成三维模型时不显示隐藏线。

命令打开方式：

菜单：[视图] → [消隐]

命令行：HIDE

4. 有关变量

(1) 弧面线变量（ISOLINES）：改变弧面线系统变量值，值越大表示弧面线变量越多，曲面越光滑，但运算速度变慢。默认值为 4。

(2) 图像平滑度变量（FACETRES）：改变图像平滑度系统变量值，值越大表示两条弧面线间的曲面数越多，曲面更加光滑。默认值为 0.5。

(3) 消隐显示控制变量（DISPSILH）：控制线框模式下实体对象轮廓曲线的显示，以及实体对象隐藏时是禁止还是绘制网格。默认值为 0。

三、用户坐标系

用户坐标系（UCS）为坐标输入、操作平面和观察提供一种可变动的坐标系。对象将绘制在当前 UCS 的 XY 平面上，并且大多数几何编辑命令依赖于 UCS 的位置和方向。下面主要介绍 UCS 命令。

功能：设置 UCS 在三维空间中的方向。

命令打开方式：

菜单：[工具] → [新建]

工具栏：

命令行：UCS

选项：

- 新建：用下列六种方法之一定义新坐标系。

(1) 原点：通过移动当前 UCS 的原点，保持其 X、Y 和 Z 轴方向不变，从而定义新的 UCS。

(2) Z 轴：用特定的 Z 轴正半轴定义 UCS。指定新原点和 Z 轴正半轴上新的点。

（3）三点：指定新 UCS 原点及其 *X* 和 *Y* 轴的正方向。*Z* 轴由右手定则确定，可以使用该选项指定任意可能的坐标系。第一点指定新 UCS 的原点，第二点定义 *X* 轴的正方向，第三点定义 *Y* 轴的正方向。

（4）对象：根据选定三维对象定义新的坐标系。新 UCS 的拉伸方向（*Z* 轴正方向）与选定对象的一样。

（5）面：将 UCS 与选定实体对象的面对正。要选择一个面，在此面的边界内或面的边上单击即可，被选中的面将高亮显示。UCS 的 *X* 轴将与找到的第一个面上的最近的边对正。

（6）视图：以垂直于视图方向（平行于屏幕）的平面为 *XY* 平面，来建立新的坐标系。UCS 原点保持不变。

（7）*X*、*Y*、*Z*：绕指定轴旋转当前 UCS。

- 移动：通过平移原点或修改当前 UCS 的 *Z* 轴深度来重新定义 UCS，但保留其 *XY* 平面的原始位置不变。修改 *Z* 轴深度将使 UCS 沿自身 *Z* 轴的正方向或负方向移动。
- 正交：指定由 Auto CAD 提供的 6 个正交 UCS 中的一个。这些 UCS 设置通常用于查看和编辑三维模型。
- 上一个：恢复上一个 UCS。Auto CAD 保存在图纸空间创建的最后 10 个坐标系和在模型空间中创建的最后 10 个坐标系。
- 恢复：恢复已保存的 UCS 使它成为当前 UCS。恢复已保存的 UCS 并不建立在保存 UCS 时有效的视图方向。
- 保存：当前 UCS 按指定名称保存。
- 删除：从已保存的坐标系列表中删除指定的 UCS。
- 应用：其他视口保存有不同的 UCS 时将当前 UCS 设置应用到指定的视口或所有活动视口。UCSVP 系统变量确定 UCS 是否随视口一起保存。
- ?：列表显示 UCS，列出指定的 UCS 名称，并列出每个坐标系相对于当前 UCS 的原点以及 *X*、*Y* 和 *Z* 轴。
- 世界：当前的 UCS 设置为 WCS，WCS 是所有 UCS 的基准，且不能被重新定义。

四、三维实体造型方法

创建实体的方法有三种：根据基本实体形状（长方体、圆锥体、球体、圆环体和楔体）创建实体；沿路径拉伸二维对象创建实体；绕轴旋转二维对象创建实体。

创建实体之后，通过布尔运算可以创建更为复杂的实体。通过圆角、倒角操作或修改边的颜色，可以对实体进行进一步完善。在进行消隐、着色或渲染之前，实体显示为线框。

1. 创建基本形体

（1）BOX 命令

功能：创建长方体。

命令打开方式：

菜单：［绘图］→［实体］→［长方体］

工具栏：

命令行：BOX

操作方式：指定底面第一个角点和第二个角点的位置，再指定高度。

（2）CONE 命令

功能：创建圆锥体。

命令打开方式：

菜单：[绘图] → [实体] → [圆锥体]

工具栏：

命令行：CONE

操作方式：指定底面的圆心、半径或直径，再指定高度。

(3) CYLINDER 命令

功能：创建圆柱体。

命令打开方式：

菜单：[绘图] → [实体] → [圆柱体]

工具栏：

命令行：CYLINDER

操作方式：指定底面的中心点、半径或直径，再指定高度。

(4) SPHERE 命令

功能：创建球体。

命令打开方式：

菜单：[绘图] → [实体] → [球体]

工具栏：

命令行：SPHERE

操作方式：指定球的中心，再指定球的半径或直径。

(5) TORUS 命令

功能：创建圆环体。

命令打开方式：

菜单：[绘图] → [实体] → [圆环体]

工具栏：

命令行：TORUS

操作方式：指定圆环的圆心、半径或直径，再指定管道的半径或直径。

(6) WEDGE 命令

功能：创建楔体。

命令打开方式：

菜单：[绘图] → [实体] → [楔体]

工具栏：

命令行：WEDGE

操作方式：指定底面第一个角点和第二个角点的位置，再指定楔形高度。

2. 创建拉伸实体

使用 EXTRUDE 命令，可以通过拉伸（增加厚度）所选对象创建实体。可拉伸闭合的对象包括多段线、多边形、矩形、圆、椭圆、闭合的样条曲线、圆环和面域，不能对三维对象、包含在块内的对象、有交叉或横断部分的多功能段线和非闭合的多段线进行拉伸。

命令打开方式：

菜单：[绘图] → [实体] → [拉伸]

工具栏：

命令行：EXTRUDE

操作方式：先选择要拉伸的对象，再输入路径或指定的高度值和倾斜角度。

3. 创建旋转实体

使用 REVOLVE 命令，可以将一个闭合对象绕当前 *X* 轴或 *Y* 轴旋转一定的角度生成实体，也可以绕直线、多段线或两个指定的点旋转对象。闭合对象包括多段线、多边形、矩形、圆、椭圆和面域，不能对三维对象、包含在块内的对象、具有交叉或横断部分的多段线和非闭合多段线进行旋转。

命令打开方式：

菜单：[绘图] → [实体] → [旋转]

工具栏：

命令行：REVOLVE

操作方式：先选择要旋转的对象，再指定旋转轴的起点和端点，输入旋转角。

4. 布尔运算创建复合实体

可以通过现有实体的布尔运算创建复合实体。

(1) UNION 命令

功能：合并两个或多个实体构成一个复合实体。

命令打开方式：

菜单：[修改] → [实体编辑] → [并集]

工具栏：

命令行：UNION

操作方式：选择要复合的多个对象后键入↙。

(2) SUBTRACT 命令

功能：删除两实体间的公共部分。

命令打开方式：

菜单：[修改] → [实体编辑] → [差集]

工具栏：

命令行：SUBTRACT

操作方式：先选择被减的对象，键入↙，再选择减去的对象并键入↙。

(3) INTERSECT 命令

功能：用两个或多个重叠实体的公共部分创建复合实体。

命令打开方式：

菜单：[修改] → [实体编辑] → [交集]

工具栏：

命令行：INTERSECT

操作方式：选择要相交的对象后键入↙。

五、三维造型编辑修改

创建三维对象时，可以进行旋转、创建阵列或镜像；创建实体模型后，可以进行圆角、倒角、切割和分割操作，修改模型的外观。其中圆角、倒角命令与二维图形的圆角、倒角命令相同，下面不作介绍。

1. 3DARRAY 命令

功能：创建三维对象的阵列。

命令打开方式：

菜单：[修改] → [三维操作] → [三维阵列]

命令行：3DARRAY

说明：在三维空间创建对象的矩形阵列或环形阵列，除了指定列数（*X* 方向）和行数（*Y* 方向）以外，还要指定层数（*Z* 方向）。

2. MIRROR3D 命令

功能：创建三维对象的镜像。

命令打开方式：

菜单：[修改] → [三维操作] → [三维镜像]

命令行：MIRROR3D

说明：在三维空间镜像要指定镜像平面，镜像平面包括：平面对象所在的平面、通过指定点且与当前的 *XY*、*YZ* 或 *XZ* 平面平行的平面、由选定三点定义的平面。

3. ROTATE3D 命令

功能：绕指定的轴旋转三维对象。

命令打开方式：

菜单：[修改] → [三维操作] → [三维旋转]

命令行：ROTATE3D

说明：在三维空间旋转要指定旋转轴，而不是一个点。

4. SECTION 命令

功能：创建如面域或无名块等与实体的相交截面。

命令打开方式：

菜单：[绘图] → [实体] → [截面]

工具栏：

命令行：SECTION

操作方式：先选择要创建相交截面的对象，再指定平面。

5. SLICE 命令

功能：切开现有实体，然后移动指定部分生成新的实体。

命令打开方式：

菜单：[绘图] → [实体] → [剖切]

工具栏：

命令行：SLICE

操作方式：先选择要剖切的对象，再指定剪切平面，最后指定要保留的一半。

6. SOLIDEDIT 命令

功能：编辑实体对象的面、边和体。

命令打开方式：

菜单：[修改] → [实体编辑]

命令行：SOLIDEDIT

选项：

可以选择由闭合边界定义的面的集合后进行如下编辑。

（1）拉伸面：沿一条路径拉伸平面，或者指定一个高度值与倾斜角拉伸。输入一个正值可向外拉伸面，输入一个负值可向内拉伸面。

（2）移动面：通过移动面来编辑三维实体对象，只移动选定的面而不改变其方向。

（3）旋转面：通过选择一个基点和相对（或绝对）旋转角度，可以旋转选定实体上的面或特征集合。

（4）偏移面：在一个三维实体上，可以按指定的距离均匀地偏移面。通过将现有的面从原始位置向内或向外偏移指定的距离可以创建新的面。

（5）倾斜面：沿矢量方向以绘图角度倾斜面。

（6）删除面：从三维实体对象上删除面和圆角。

（7）复制面：复制三维实体对象上的面，

（8）修改面的颜色：修改三维实体对象上的面的颜色。

也可以选择实体的边后进行如下编辑。

（1）修改边的颜色：为三维实体对象的独立边指定颜色。

（2）复制边：复制三维实体对象的各个边，所有的边都复制为直线、圆弧、圆、椭圆或样条曲线对象。

另外还可以通过压印圆弧、圆、直线、二维和三维多段线、椭圆、样条曲线、面域、体和三维实体来创建新的面或三维实体。可以将组合实体分割成零件。可以从三维实体对象中以指定的厚度创建壳体或中空的墙体。可以检查实体对象看它是否是有效的三维实体对象。

第八节　AutoCAD 绘图举例

一、平面图形绘制举例

下面以图 10－11 中端盖为例，介绍平面绘图的步骤。采用 1∶4 的比例进行作图，其步骤如下。

1. 设置作图环境

（1）开始新图并设置图限范围。

命令：[文件] → [新建] → [使用向导] → [快速设置]

（2）设置层。

命令：LAYER

共设置如下层：

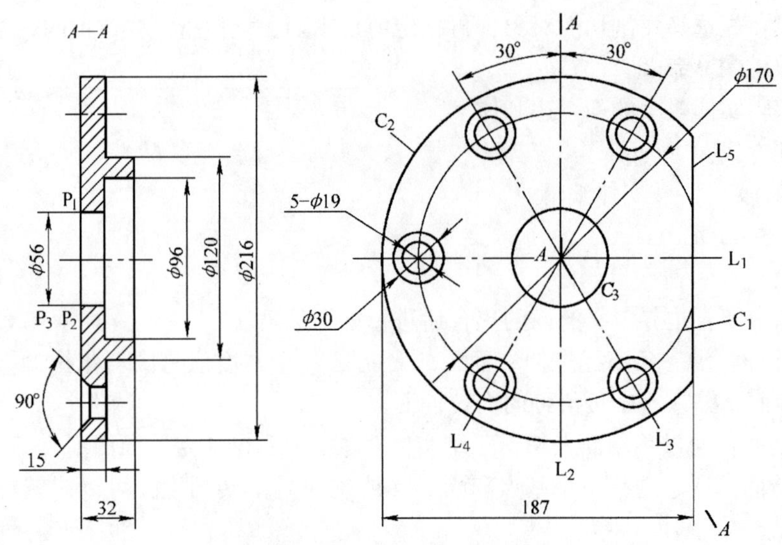

图 10－11　平面图形画法举例

0 层（表示粗实线）：颜色为白色、线型为 CONTINUOUS。

1 层（表示细实线）：颜色为红色、线型为 CONTINUOUS。

2 层（表示虚线）：颜色为黄色、线型为 DASHED。

3 层（表示点画线）：颜色为绿色、线型为 CENTER。

DIM 层（表示标注尺寸细实线）：颜色为红色、线型为 CONTINUOUS。

（3）设置文字样式。

命令：[格式] → [文字样式]。选择 Times New Roman 字体，宽度比例设为 0.7。

（4）设置尺寸标注样式。

尺寸标注样式可以通过命令 [标注] → [样式] 设置，也可直接在命令行输入如下尺寸变量值：

DIMTXT：2.5	DIMASZ：2.5
DIMTAD：ON	DIMZIN：8
DIMTIH：OFF	DIMTOFL：ON
DIMLFAC：4	DIMEXO：0
DIMDLI：5	DIMEXE：2

2. 画中心线

（1）设置 3 层为当前层。

（2）画中心线。

命令：LINE（画直线 L_1）

指定第一点：25，155

指定下一点或 [放弃(U)]：@400，0

指定下一点或 [放弃(U)]：↙

命令：LINE（画直线 L_2）

指定第一点：325，35

指定下一点或 [放弃(U)]：@248 <90

指定下一点或［放弃(U)］：↙
命令：CIRCLE（画圆 C_1）
指定圆的圆心或［三点(3P)／两点(2P)/相切、相切、半径(T)］：325，155
指定圆的半径或［直径(D)］：170
命令：COPY（复制 L_2 得到 L_3）
选择对象：(选择 L_2)
选择对象：↙
指定基点或位移，或者［重复(M)］：325，155
指定位移的第二点或 <用第一点作位移>：325，155
命令：ROTATE（旋转 L_3）
UCS 当前的正角方向：ANGDIR = 逆时针 ANGBASE = 0
选择对象：(选择 L_3)
选择对象：↙
指定基点：325，155
指定旋转角度或［参照(R)］：30
命令：MIRROR（镜像 L_3 得 L_4）
选择对象：(选择 L_3)
选择对象：↙
指定镜像线的第一点：325，155
指定镜像线的第二点：325，145
是否删除源对象？［是(Y)/否(N)］<N>：↙

3. 画左视图

(1) 设置 0 层为当前层。
(2) 画大圆 C_2 和小圆 C_3。
命令：CIRCLE
指定圆的圆心或［三点(3P)/两点(2P)/相切、相切、半径（T)］：325，155
指定圆的半径或［直径(D)］：56
命令：CIRCLE
指定圆的圆心或［三点(3P)/两点(2P)/相切、相切、半径（T)］：325，155
指定圆的半径或［直径(D)］：216
(3) 在 L_4 与 C_1 交点处画沉孔圆。
命令：CIRCLE
指定圆的圆心或［三点(3P)/两点(2P)/相切、相切、半径（T)］：INT于（L_4 与 C_1 交点）
指定圆的半径或［直径(D)］：19
命令：CIRCLE
指定圆的圆心或［三点(3P)/两点(2P)/相切、相切、半径（T)］：INT于（L_4 与 C_1 交点）
指定圆的半径或［直径(D)］：30
(4) 阵列画沉孔圆。
命令：ARRAY

选择对象:(选择两个沉孔圆)
选择对象:↙
输入阵列类型[矩形(R)/环形(P)] <R>:P
指定阵列中心点:325, 155
输入阵列中项目的数目:5
指定填充角度(+=逆时针, -=顺时针) <360>:240
是否旋转阵列中的对象?[是(Y)/否(N)] <Y>:↙
(5) 作等距直线 L_5 并修剪多余线条。
命令:OFFSET
指定偏移距离或[通过(T)] <通过>:79
选择要偏移的对象或 <退出>:(选择 L_2)
指定点以确定偏移所在一侧:(在 L_2 右侧取点)
选择要偏移的对象或 <退出>:↙
命令:TRIM
当前设置:投影=UCS 边=无
选择剪切边...
选择对象:(选择 L_2 和 C_2)
选择对象:↙
选择要修剪的对象或[投影(P)/边(E)/放弃(U)]:(选择要修剪部分)
选择要修剪的对象或[投影(P)/边(E)/放弃(U)]:↙
(6) 改变直线 L_5 的图层属性,使之变为0层。

4. 作主视图

(1) 作对称外形的上半部分。
命令:LINE
指定第一点:35, 155
指定下一点或[放弃(U)]:@0, 108
指定下一点或[放弃(U)]:@15, 0
指定下一点或[闭合(C)/放弃(U)]:@0, -48
指定下一点或[闭合(C)/放弃(U)]:@17, 0
指定下一点或[闭合(C)/放弃(U)]:@0, -12
指定下一点或[闭合(C)/放弃(U)]:@-17, 0
指定下一点或[闭合(C)/放弃(U)]:@0, -48
指定下一点或[闭合(C)/放弃(U)]:↙
命令:LINE
指定第一点:67, 203
指定下一点或[放弃(U)]:67, 155
指定下一点或[放弃(U)]:↙
(2) 镜像产生下半部分。
命令:MIRROR
选择对象:(选择上半部分)
选择对象:↙

指定镜像线的第一点：25，155
指定镜像线的第二点：35，155
是否删除源对象？［是(Y)/否(N)］ <N>：↙
(3) 作沉孔。(先作中心线，后画沉孔)
命令：OFFSET
指定偏移距离或［通过(T)］ <通过>：85
选择要偏移的对象或 <退出>：(选择 L_1)
指定点以确定偏移所在一侧：(选择 L_1 下方一点)
选择要偏移的对象或 <退出>：(选择 L_1)
指定点以确定偏移所在一侧：(选择 L_1 上方一点)
选择要偏移的对象或 <退出>：↙
命令：BREAK
选择对象：(选择 L_1 及刚作两条线)
指定第二个打断点 或［第一点(F)］：(在合适位置截断，保证中心线伸出图形的长度)
命令：LINE
指定第一点：35，55
指定下一点或［放弃(U)］：@5.5，5.5
指定下一点或［放弃(U)］：@0，19
指定下一点或［闭合(C)/放弃(U)］：@ -5.5，5.5
指定下一点或［闭合(C)/放弃(U)］：↙
命令：LINE
指定第一点：40.5，79.5
指定下一点或［放弃(U)］：@9.5，0
指定下一点或［放弃(U)］：↙
命令：LINE
指定第一点：40.5，60.5
指定下一点或［放弃 (U)］：@9.5，0
指定下一点或［放弃(U)］：↙
(4) 作间隔 5mm，45°的剖面线。
命令：［绘图］→［图案填充］，采用用户定义图案和点选方式选择所要填充区域。
将图形缩小为 1:4
命令：SCALE
选择对象：(选择所有对象)
找到 45 个
选择对象：↙
指定基点：0，0
指定比例因子或［参照(R)］：0.25

5. 标注尺寸

(1) 设置 DIM 层为当前层。
(2) 标注线性尺寸。
命令：DIMLINEAR

指定第一条尺寸界线起点或 <选择对象>：INT于（选择主视图中点 P_1）

指定第二条尺寸界线起点：INT于（选择主视图中点 P_2）

[多行文字(M)/文字(T)/角度(A)/水平(H)/垂直(V)/旋转(R)]：T

输入标注文字 <56>：%%C56

指定尺寸线位置或

[多行文字(M)/文字(T)/角度(A)/水平(H)/垂直(V)/旋转(R)]：(选择主视图中点 P_3)

标注文字 =56

同理，依次标注各线性尺寸。

(3) 标注圆的直径。

命令：DIMDIAMETER

选择圆弧或圆：(选择 C_1)

标注文字 =170

指定尺寸线位置或[多行文字(M)/文字(T)/角度(A)]：(选择尺寸线位置)

同理，标注沉孔圆直径尺寸。

(4) 标注角度。

命令：DIMANGULAR

选择圆弧、圆、直线或 <指定顶点>：(选择 L_2)

选择第二条直线：(选择 L_3)

指定标注弧线位置或[多行文字(M)/文字(T)/角度(A)]：(选择合适位置)

标注文字 =30

同理，标注沉孔角度尺寸和 L_2 与 L_4 之间角度。

6. 标注剖切方法

(1) 设置0层为当前层。

(2) 画剖切面符号。

命令：LINE，沿 L_2 和 L_3 画直线。

命令：BREAK，在合适位置截断直线。

(3) 设置DIM层为当前层。

命令：TEXT

当前文字样式：Standard 文字高度：2.5000

指定文字的起点或[对正（J）/样式（S）]：(指定一点)

指定高度 <2.5000>：↙

指定文字的旋转角度 <0>：↙

输入文字：A（指定另一点）

输入文字：A（指定另一点）

输入文字：A－A↙

输入文字：↙

7. 赋名存盘

以指定名称“端盖.dwg”保存图形。

命令：[文件] → [另存为]。

二、三维造型举例

下面以轴承座为例介绍 AutoCAD 三维造型方法，其具体步骤为：

1. 三维造型环境设置

（1）开始一张新图。

命令：[文件] → [新建] → [使用向导] → [快速设置]

（2）用 VPOINT 命令设定适当的平行投影观测点（角度）。

命令：VPOINT

当前视图方向：VIEWDIR = 0.0000，0.0000，1.0000

指定视点或 [旋转(R)] <显示坐标球和三轴架>：1，-2，1.5

正在重生成模型。

（3）设定系统变量。

命令：ISOLINES

输入 ISOLINES 的新值 <4>：50

命令：FACETRES

输入 FACETRES 的新值 <0.5000>：3

2. 作底板

（1）制作长方体。

命令：BOX

指定长方体的角点或 [中心点(CE)] <0，0，0>：200，200

指定角点或 [立方体(C)/长度(L)]：L

指定长度：70

指定宽度：38

指定高度：10

（2）底板挖槽。

命令：BOX

指定长方体的角点或 [中心点(CE)] <0，0，0>：218，200

指定角点或 [立方体(C)/长度(L)]：L

指定长度：34

指定宽度：38

指定高度：2

命令：SUBTRACT

选择要从中删除的实体或面域..

选择对象：(选择大长方体) 找到 1 个

选择对象：↙

选择要删除的实体或面域..

选择对象：找到 1 个

选择对象：(选择小长方体)

(3)挖去圆孔。

命令：CYLINDER

当前线框密度：ISOLINES = 50

指定圆柱体底面的中心点或［椭圆(E)］ <0,0,0>：209,209

指定圆柱体底面的半径或［直径(D)］：3.5

指定圆柱体高度或［另一个圆心(C)］：10

命令：ARRAY

选择对象：L

找到 1 个

选择对象：↙

输入阵列类型［矩形(R)/环形(P)］ <R>：↙

输入行数 (---) <1>：2

输入列数 (|||) <1> 2

输入行间距或指定单元 (---)：20

指定列间距 (|||)：52

命令：SUBTRACT

选择要从中删除的实体或面域..

选择对象：(选择底板)找到 1 个

选择对象：↙

选择要删除的实体或面域..

选择对象：(四个圆柱)总计 4 个

选择对象：↙

3. 作立板

(1)变换坐标系。

命令：UCS

当前 UCS 名称：*没有名称*

输入选项［新建(N)/移动(M)/正交(G)/上一个(P)/恢复(R)/保存(S)/删除(D)/应用(A)/?/世界(W)］ <世界>：G

输入选项［俯视(T)/仰视(B)/主视(F)/后视(BA)/左视(L)/右视(R)］ <俯视

>：F

命令：UCS

当前 UCS 名称：＊主视＊

输入选项［新建(N)/移动(M)/正交(G)/上一个(P)/恢复(R)/保存(S)/删除(D)/应用(A)/？/世界(W)］ <世界>：N

指定新 UCS 的原点或［Z 轴(ZA)/三点(3)/对象(OB)/面(F)/视图(V)/X/Y/Z］<0,0,0>:(选择底板左后上方角点)

(2)画立板轮廓。

命令:PLINE

指定起点：<对象捕捉 关> <对象捕捉追踪 关> 20,0

当前线宽为 0.0000

指定下一点或［圆弧(A)/闭合(C)/半宽(H)/长度(L)/放弃(U)/宽度(W)］：@30,0

指定下一点或［圆弧(A)/闭合(C)/半宽(H)/长度(L)/放弃(U)/宽度(W)］:@0,28

指定下一点或［圆弧(A)/闭合(C)/半宽(H)/长度(L)/放弃(U)/宽度(W)］：A

指定圆弧的端点或[角度(A)/圆心(CE)/闭合(CL)/方向(D)/半宽(H)/直线(L)/半径(R)/第二点(S)/放弃(U)/宽度(W)］：R

指定圆弧的半径：15

指定圆弧的端点或［角度(A)］：A

指定包含角：180

指定圆弧的弦方向 <90>：180

指定圆弧的端点或［角度(A)/圆心(CE)/闭合(CL)/方向(D)/半宽(H)/直线(L)/半径(R)/第二点(S)/放弃(U)/宽度(W)］：L

指定下一点或［圆弧(A)/闭合(C)/半宽(H)/长度(L)/放弃(U)/宽度(W)］:C

(3)创建拉伸实体。

命令：EXTRUDE

当前线框密度：ISOLINES=50

选择对象:L 找到 1 个

选择对象：↙

指定拉伸高度或［路径(P)］：12

指定拉伸的倾斜角度 <0>:↙

(4) 挖去圆柱孔。

命令:CYLINDER

当前线框密度：ISOLINES=50

指定圆柱体底面的中心点或［椭圆(E)］ <0,0,0>:35,28

指定圆柱体底面的半径或［直径(D)］: 8
指定圆柱体高度或［另一个圆心(C)］: 12

命令: SUBTRACT
选择要从中删除的实体或面域..
选择对象: (选择立板)找到 1 个
选择对象: ↙
选择要删除的实体或面域..
选择对象: (选择圆柱)找到 1 个

4. 作肋板

(1)变换坐标系。

命令:UCS
当前 UCS 名称: *没有名称*
输入选项[新建(N)/移动(M)/正交(G)/上一个(P)/恢复(R)/保存(S)/删除(D)/应用(A)/? /世界(W)] <世界>:W

(2) 建立肋板楔体。

命令:WEDGE
指定楔体的第一个角点或［中心点(CE)］ <0,0,0>: 39,0,12
指定角点或［立方体(C)/长度(L)］: L
指定长度: 16
指定宽度: 8
指定高度: 22

命令:ROTATE3D
当前正向角度: ANGDIR = 逆时针 ANGBASE = 0
选择对象: L找到 1 个
选择对象: ↙
指定轴上的第一个点或定义轴依据[对象(O)/最近的(L)/视图(V)/*X* 轴(*X*)/*Y* 轴(*Y*)/*Z* 轴(*Z*)/两点(2)]: 2
指定轴上的第一点:39,0,12 指定轴上的第二点:39,0,15
指定旋转角度或［参照(R)］: -90

合并实体

命令: UNION
选择对象: (选择底板、立板、肋板)总计 3 个
选择对象: ↙

命令:DISPSILH
输入 DISPSILH 的新值 <0>: 1

命令: HIDE

正在重生成模型。

制作完成后的轴承座如图 10 - 12 所示。

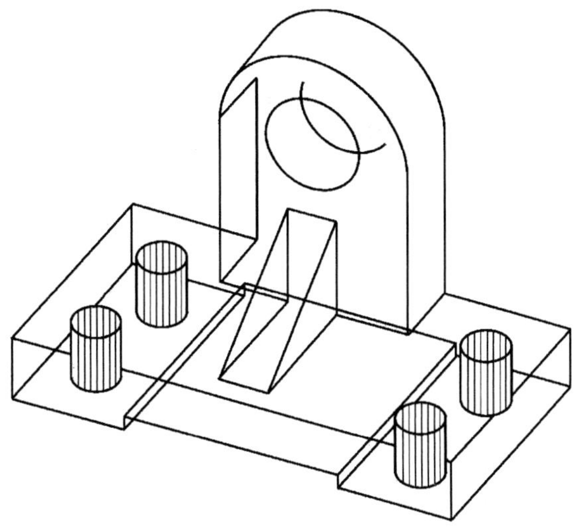

图 10 - 12 轴承座的三维造型

附　　录

一、螺纹

（一）普通螺纹（GB/T 193—1981、GB/T 196—1981，附表1、附表2）

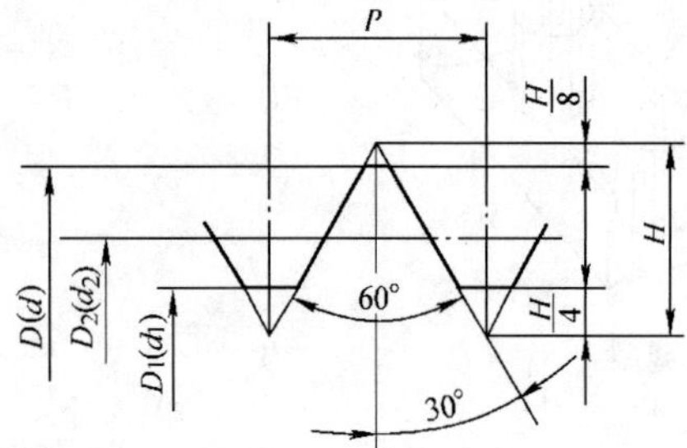

代号示例

称直径 24 mm，螺距为 1. 5 mm，右旋的细牙普通螺纹：

24 × 1. 5

附表 1　直径与螺距系列、基本尺寸

公称直径 D、(d)		螺距 P		粗牙小径 D_1、(d_1)	公称直径 D、(d)		螺距 P		粗牙小径 D_1、(d_1)
第一系列	第二系列	粗牙	细牙		第一系列	第二系列	粗牙	细牙	
3		0. 5	0. 35	2. 459		22	2. 5	2，1.5，1，(0.75)，(0.5)	19. 294
	3. 5	(0. 6)		2. 850	24		3	2，1.5，1，(0.75)	20. 752
4		0. 7	0. 5	3. 242		27	3	2，1. 5，1，(0. 75)	23. 752
	4. 5	(0. 75)		3. 688					
5		0. 8		4. 134	30		3. 5	(3)，2，1.5，1，(0.75)	26. 211
6		1	0. 75，(0. 5)	4. 917		33	3. 5	(3)，2，1.5，(1)，(0.75)	29. 211
8		1. 25	1，0. 75，(0. 5)	6. 647	36		4	3，2，1. 5，(1)	31. 670
10		1. 5	1. 25，1，0. 75，(0. 5)	8. 376		39	4		34. 670
12		1. 75	1. 5，1. 25，1，(0. 75)，(0. 5)	10. 106	42		4. 5	(4)，3，2，1. 5，(1)	37. 129
	14	2	1.5，(1.25) *，1，(0.75)，(0.5)	11. 835		45	4. 5		40. 129
16		2	1. 5，1. (0. 75)，(0. 5)	13. 835	48		5		42. 587
	18	2. 5	2，1. 5，1，(0. 75)，(0. 5)	15. 294		52	5		46. 587
20		2. 5		17. 294	56		5. 5	4，3，2，1. 5，(1)	50. 046

注：1. 优先选用第一系列，括号内尺寸尽可能不用。

2. 公称直径 D、(d) 第三系列未列入。

3. M14 × 1. 25 仅用于火花塞。

4. 中径 D_2、(d_2) 未列入。

附表 2　细牙普通螺纹螺距与小径的关系

螺距 P	小径 D_1、(d_1)	螺距 P	小径 D_1、(d_1)	螺距 P	小径 D_1、(d_1)
0. 35	$d-1+0.621$	1	$d-2+0.917$	2	$d-3+0.835$
0. 5	$d-1+0.459$	1. 25	$d-2+0.647$	3	$d-3+0.752$
0. 75	$d-1+0.188$	1. 5	$d-2+0.376$	4	$d-3+0.670$
注：表中的小径按 $D_1=d_1=d-2\times\frac{5}{8}H$、$H=\frac{\sqrt{3}}{2}P$ 计算得出。					

（二）管螺纹（附表 3、附表 4）

55°密封管螺纹
- 第 1 部分　圆柱内螺纹与圆锥外螺纹（GB/T 7306. 1—2000）
- 第 2 部分　圆锥内螺纹与圆锥外螺纹（GB/T 7306. 2—2000）

55°非密封管螺纹（GB/T 7307—2001）

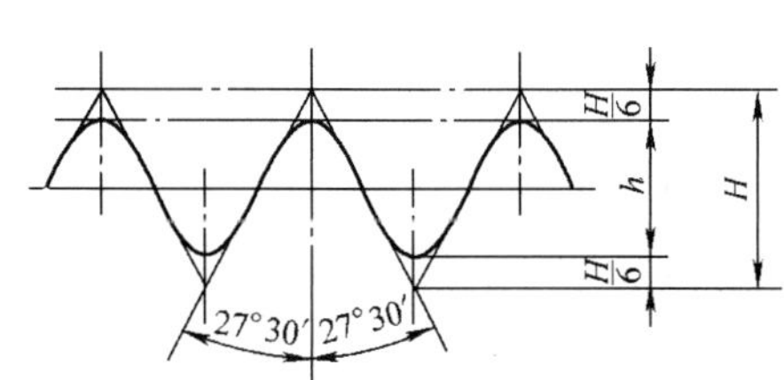

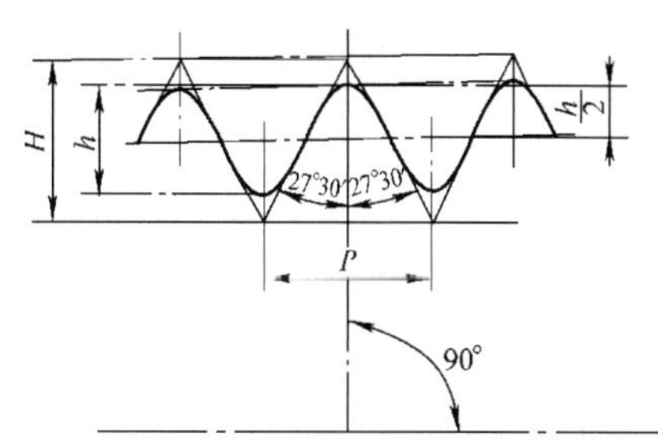

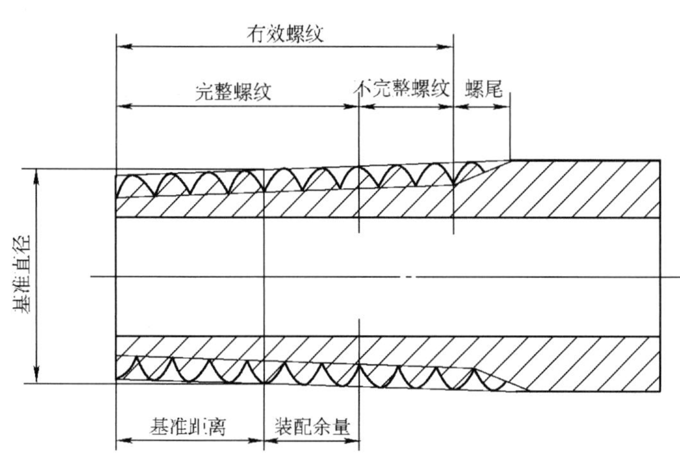

标记示例

GB/T 7306. 1

尺寸代号 3/4，右旋，圆柱内螺纹：$R_P3/4$

尺寸代号 3，右旋，圆锥外螺纹：R_13

尺寸代号 3/4，左旋，圆柱内螺纹：$R_P3/4$ LH

GB/T 7306. 2

尺寸代号 3/4，右旋，圆锥内螺纹：$R_e3/4$

尺寸代号 3，右旋，圆锥外螺纹：R_23

尺寸代号 3/4，左旋，圆锥内螺纹：$R_e3/4$ LH

GB/T 7306. 3

尺寸代号 2，右旋，圆柱内螺纹：G2

尺寸代号 3，右旋，A 级圆柱外螺纹：G3A

尺寸代号 2，左旋，圆柱内螺纹：G2 LH

尺寸代号 4，左旋，B 级圆柱螺纹：G4B LH

附表3　管螺纹的尺寸代号及基本尺寸

尺寸代号	第25.4mm内所含的牙数 n	螺距 P	牙高 h	基本直径或基准平面的基本直径			基准距离（基本）	外螺纹的有效螺纹不小于
				大径（基本直径）$d=D$	中径 $d_2=D_2$	小径 $d_1=D_1$		
1/16	28	0.907	0.581	7.723	7.142	6.561	4	6.5
1/8	28	0.907	0.581	9.728	9.147	8.566	4	6.5
1/4	19	1.337	0.856	13.157	12.301	11.445	6	9.7
3/8	19	1.337	0.856	16.662	15.806	14.950	6.4	10.1
1/2	14	1.814	1.162	20.955	19.793	18.631	8.2	13.2
3/4	14	1.814	1.162	26.441	25.279	24.117	9.5	14.5
1	11	2.309	1.479	33.249	31.770	30.291	10.4	16.8
$1^{1/4}$	11	2.309	1.479	41.910	40.431	38.952	12.7	19.1
$1^{1/2}$	11	2.309	1.479	47.803	46.324	44.845	12.7	19.1
2	11	2.309	1.479	59.614	58.135	56.656	15.9	23.4
$2^{1/2}$	11	2.309	1.479	75.184	73.705	72.226	17.5	26.7
3	11	2.309	1.479	87.884	86.405	84.926	20.6	29.8
4	11	2.309	1.479	113.030	111.551	110.072	25.4	35.9
5	11	2.309	1.479	138.430	136.951	135.472	28.6	40.1
6	11	2.309	1.479	163.830	162.351	162.351	28.6	40.1

注：第五列中所列的是圆柱螺纹的的直径和圆锥螺纹在基本平面内的基本直径；第六、第七列只适用于圆锥螺纹。

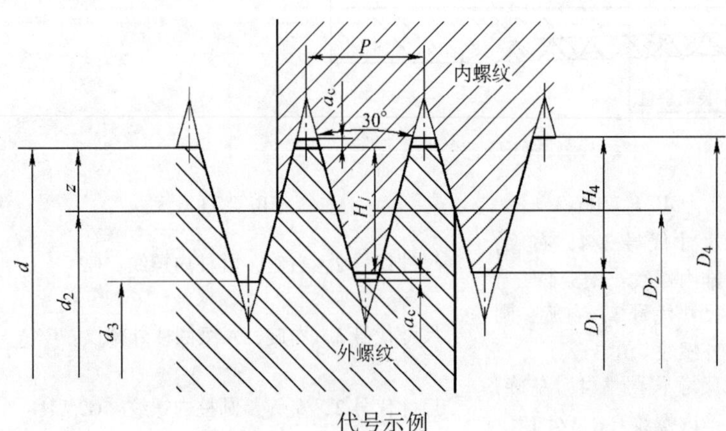

代号示例

公称直径40 mm，导程14 mm，螺距为7 mm的双线左旋梯形螺纹：

Tr40×14（P7）LH

附表 4　直径与螺距系列、基本尺寸　　　　（单位：mm）

公称直径 d 第一系列	公称直径 d 第二系列		中径 $d_2=D_2$	大径 D_4	小径 d_3	小径 D_1
8		1.5	7.25	8.30	6.20	6.50
	9	1.5	8.25	9.30	7.20	7.50
		2	8.00	9.50	6.50	7.00
10		1.5	9.25	10.30	8.20	8.50
			9.00	10.50	7.50	8.00
	11		10.00	11.50	8.50	9.00
			9.50	11.50	7.50	8.00
12			11.00	12.50	9.50	10.00
			10.50	12.50	8.50	9.00
	14		13.00	14.50	11.50	12.00
			12.50	14.50	10.50	11.00
16			15.00	16.50	13.50	14.00
			14.00	16.50	11.50	12.00
	18		17.00	18.50	15.50	16.00
			16.00	18.50	13.50	14.00
20			19.00	20.50	17.50	18.00
			18.00	20.50	15.50	16.00
	22		20.50	22.50	18.50	19.00
			19.50	22.50	16.50	17.00
			18.00	23.00	13.00	14.00
24			22.50	24.50	20.20	21.00
			21.50	24.50	18.50	19.00
			20.00	25.00	15.00	16.00

公称直径 d 第一系列	公称直径 d 第二系列		中径 $d_2=D_2$	大径 D_4	小径 d_3	小径 D_1
	6		24.50	26.50	22.50	23.00
			23.50	26.50	20.50	21.00
			22.00	27.00	17.00	18.00
28			26.50	28.50	24.50	25.00
			25.50	28.50	22.50	23.00
			24.00	29.00	19.00	20.00
	30		28.50	30.50	26.50	29.00
			27.00	31.00	23.00	24.00
		0	25.00	31.00	19.00	20.50
	34		30.50	32.50	28.50	29.00
			29.00	33.00	25.00	26.00
		0	27.00	33.00	21.00	22.00
	34		32.50	34.50	30.50	31.00
			21.00	35.00	27.00	28.00
		10	29.00	35.00	23.00	24.00
36			34.50	36.50	32.50	33.00
			33.00	37.00	29.00	30.00
		0	31.00	37.00	25.00	26.00
	38		36.50	38.50	34.50	35.00
			34.50	39.00	30.00	31.00
			33.00	39.00	27.00	28.00
40			38.50	40.50	36.50	37.00
			36.50	41.00	32.00	33.00
		10	35.00	41.00	29.00	30.00

二、常用的标准件

（一）螺钉

1. 开槽圆柱头螺钉（GB/T 65—2000，附表 5）

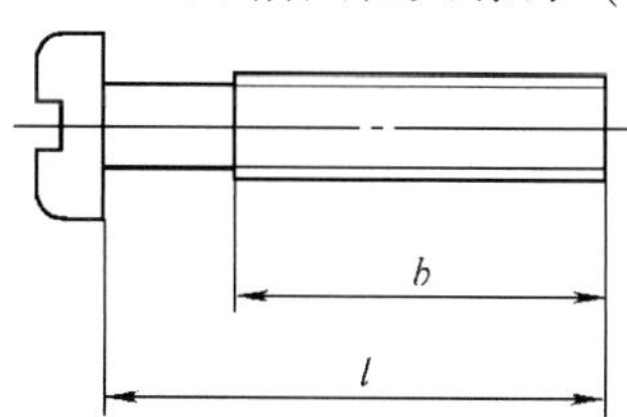

标记示例

螺纹规格 d = M5、公称长度 l = 20 mm、性能等级为 4.8 级，不经表面处理的 A 级开槽圆柱头螺钉：

螺钉 GB/T 65—2000　M5 × 20

附表5　开槽圆柱头螺钉尺寸　（单位：mm）

螺纹规格 d	M4	M5	M6	M8	M10
P（螺距）	0.7	0.8	1	1.25	1.5
b	38	38	38	38	38
d_k	7	80.5	10	13	16
k	2.6	3.3	3.9	5	6
n	1.2	1.2	1.6	2	2.5
r	0.2	0.2	0.25	0.4	0.4
t	1.1	1.3	1.6	2	2.4
公称长度 l	5~40	6~50	8~60	10~80	12~80
l 系列	5，6，8，10，12，(14)，16，20，25，30，35，40，45，50，(55)，60，(65)，70，(75)，80				

注：1. 公称长度 $l \leqslant 40$ mm 螺钉，制出全螺纹。
2. 括号内的规格尽可能不采用。
3. 螺纹规格 d = M1.6 ~ M10；公称长度 l = 2 ~ 80 mm。
4. 材料为钢的螺钉性能等级有4.8、5.8级，其中4.8级为常用。

2. 开槽盘头螺钉（GB/T 65—2000，附表6）

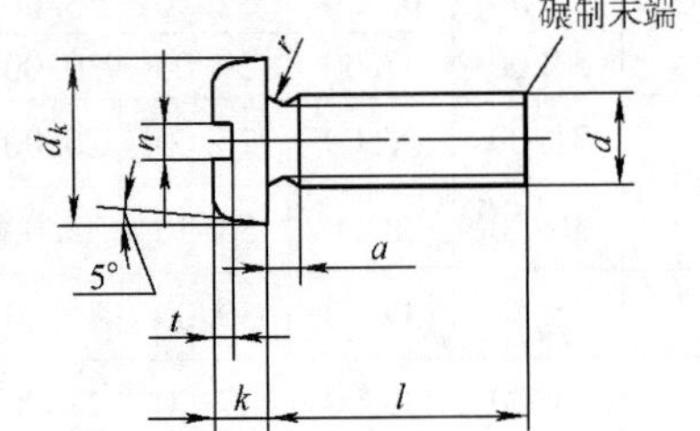

标记示例

螺纹规格 d = M5、公称长度 l = 20 mm、性能等级为4.8级，不经表面处理的A级开槽盘头螺钉：

螺钉 GB/T 67—2000　M5×20

附表6　开槽盘头螺钉尺寸　（单位：mm）

螺纹规格 d	M1.6	M2	M2.5	M3	M4	M5	M6	M8	M10
P（螺距）	0.35	0.4	0.45	0.5	0.7	0.8	1	1.25	1.5
b	25	25	25	25	38	38	38	38	38
d_k	3.2	4	5	5.6	8	9.5	12	16	20
k	1	1.3	1.5	1.8	2.4	3	3.6	4.8	6
n	0.4	0.5	0.6	0.8	1.2	1.2	1.6	2	2.5
r	0.1	0.1	0.1	0.1	0.2	0.2	0.25	0.4	0.4
t	0.35	0.5	0.6	0.7	1	1.2	1.4	1.9	2.4
公称长度 l	2~16	2.5~20	3~25	4~30	5~40	6~50	8~60	10~80	12~80
l 系列	2，2.5，3，4，5，6，8，10，12，(14)，16，20，25，30，35，40，45，50，(55)，60，(65)，70，(75)，80								

注：1. 括号内的规格尽可能不采用。
2. M1.6 ~ M3 的螺钉，公称长度 $l \leqslant 30$ mm，制出全螺纹。
3. M4 ~ M10 的螺钉，公称长度 $l \leqslant 40$ mm 时，制出全螺纹。
4. 材料为钢的螺钉，性能等级有4.8、5.8级，其中4.8级为常用。

3. 开槽沉头螺钉（GB/T 68—2000，附表 7）

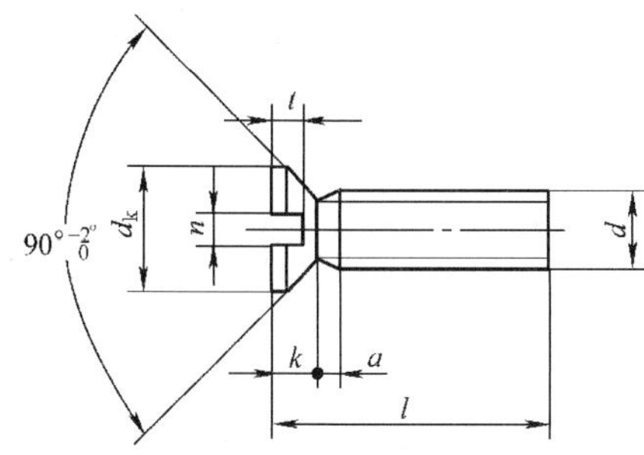

标记示例

螺纹规格 d = M5、公称长度 l = 20 mm 性能等级 8.8 级，表面氧化的内六角圆柱螺钉：

螺钉　GB/T 70.1—2000　M5×20

附表 7　开槽沉头螺钉尺寸　（单位：mm）

螺纹规格 d	M1.6	M2	M2.5	M3	M4	M5	M6	M8	M10
P（螺距）	0.35	0.4	0.45	0.5	0.7	0.8	1	1.25	1.5
b	25	25	25	25	38	38	38	38	38
d_k	3.6	4.4	5.5	6.3	9.4	10.4	12.6	17.3	20
k	1	1.2	1.5	1.65	2.7	2.7	3.3	4.65	5
n	0.4	0.5	0.6	0.8	1.2	1.2	1.6	2	2.5
r	0.4	0.5	0.6	0.8	1	1.3	1.5	2	2.5
t	0.5	0.6	0.75	0.85	1.3	1.4	1.6	2.3	2.6
公称长度 l	2.5~16	3~20	4~25	5~30	6~40	8~50	8~60	10~80	12~80
l 系列	2.5，3，4，5，6，8，10，12，(14)，16，20，25，30，35，40，50，(55)，60，(65)，70，(75)，80								

注：1. 括号内的规格尽可能不采用。
2. M16~M3 的螺钉，公称长度 l≤30 mm，制出全螺纹。
3. M4~M10 的螺钉，公称长度 l≤45 mm 时，制出全螺纹。
4. 材料为螺钉性能等级有 4.8、5.8 级，其中 4.8 级为常用。

4. 内六角圆柱头螺钉（GB/T 70.1—2000，附表 8）

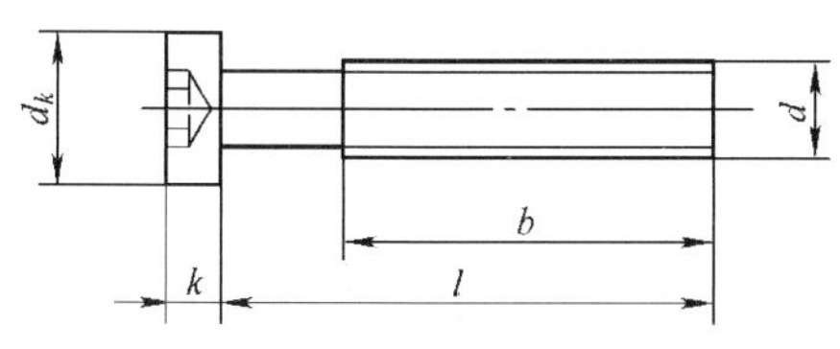

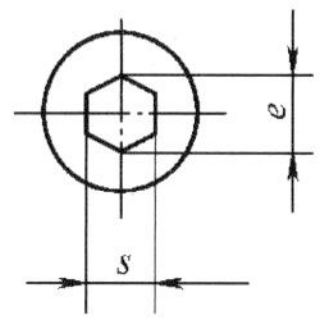

标记示例

螺纹规格 d = M5、公称长度 l = 20 mm 性能等级为 8.8 级，表面氧化的内六角圆柱头螺钉：

螺钉　GB/T 70.1—2000　M5×20

附表 8　内六角圆柱头螺钉尺寸　（单位：mm）

螺纹规格 d	M3	M4	M5	M6	M8	M10	M12	M16	M20
P（螺距）	0.5	0.7	0.8	1	1.25	1.5	1.75	2	2.5
b 参考	18	20	22	24	28	32	36	44	52
d_k	5.5	7	8.5	10	13	16	18	24	30
k	3	4	5	6	8	10	12	16	20
t	1.3	2	2.5	3	4	5	6	8	10
s	2.5	3	4	5	6	8	10	14	17

续表

螺纹规格 d	M3	M4	M5	M6	M8	M10	M12	M16	M20
e	2.85	3.44	4.58	5.72	6.86	9.15	11.43	16	19.44
r	0.1	0.2	0.2	0.25	0.4	0.4	0.6	0.6	0.8
公称长度 l	5~30	6~40	8~50	10~60	13~80	16~100	20~120	25~160	30~200
l≤表中数值时，制出全螺纹	20	25	25	30	35	40	45	55	65
l 系列	2.5，3，4，5，6，8，10，12，16，20，25，30，35，40，45，50，55，60，65，70，80，90，100，120，130，140，150，160，180，200，220，240，260，280，300								
注：螺纹规格 d = M1.6 ~ M64。六角槽端部允许倒圆或制出沉孔。									

5. 开槽锥端紧定螺钉（GB/T 71—1985，附表 9）、开槽平端紧定螺钉（GB/T 73—1985）、开槽长圆柱端紧定螺钉（GB/T 75—1985）

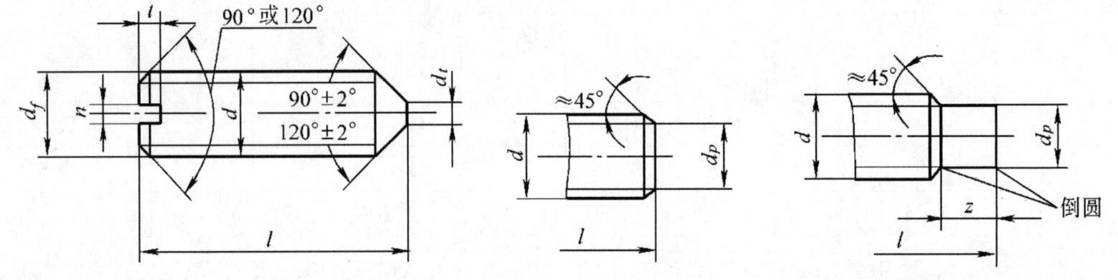

标记示例

螺纹规格 d = M5，公称长度 l = 12 mm 、性能等级为 14H 级，表面氧化的开槽平端紧定螺钉：

螺钉　GB/T 73—1985　M5 × 12 - 14H

附表 9　开槽锥端、平端、圆柱端尺寸　（单位：mm）

螺纹规格 d		M1.6	M2	M2.5	M3	M4	M5	M6	M8	M10	M12
P（螺距）		0.35	0.4	0.45	0.5	0.7	0.8	1	1.25	1.5	1.75
n		0.25	0.25	0.4	0.4	0.6	0.8	1	1.2	1.6	2
t		0.74	0.84	0.95	1.05	1.42	1.63	2	2.5	3	3.6
d_T		0.16	0.2	0.25	0.3	0.4	0.5	1.5	2	2.5	3
d_P		0.8	1	1.5	2	2.5	3.5	4	5.5	7	8.5
z		1.05	1.25	1.5	1.75	2.25	2.75	3.25	4.3	5.3	6.3
公称长度 l	GB/T 71—1985	2~8	3~10	3~12	4~16	6~20	8~25	8~30	10~40	12~50	14~60
	GB/T 73—1985	2~8	2~10	2.5~12	3~16	4~20	5~25	6~30	8~40	10~50	12~60
	GB/T 75—1985	2.5~8	3~10	4~12	5~16	6~20	8~25	10~30	10~40	12~50	14~60
l 系列		2，2.5，3，4，5，6，8，10，12，(14)，16，20，25，30，35，40，45，50，(55)，60									

注：1. 括号同的规格尽可能不采用。
2. d_f ≈ 螺纹小径。
3. 紧定螺钉性能等级有 14H、22H 级，其中 14H 级为常用。

（二）螺栓（附表 10）

六角头螺栓—C 级（GB/T 5780—2000）六角头螺栓—A 和 B 级（GB/T 5782—2000）

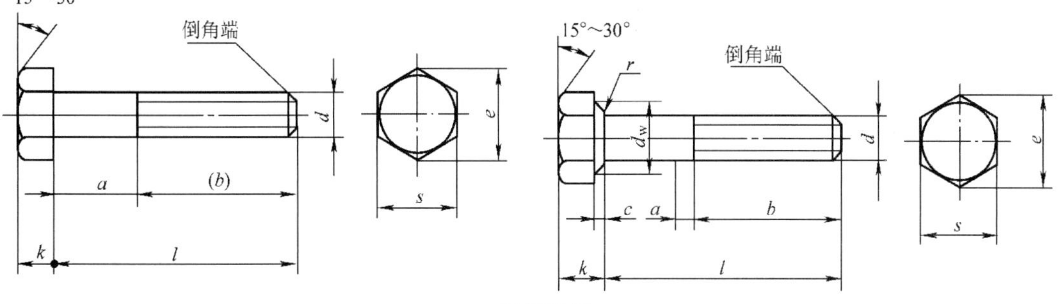

标记示例

螺纹规格 d ＝M12、公称长度 $l = 80$ mm 性能等级为 8.8 级，表面氧化、A 级的六角头螺栓：

螺栓　GB/T 582—2000　M12×80

附表 10　六角头螺栓尺寸　　（单位：mm）

螺纹规格 d			M3	M4	M5	M6	M8	M10	M12	M16	M20	M24	M30	M36	M42
b 参考	$l \leqslant 125$		12	14	16	18	22	26	30	38	46	54	66	—	—
	$125 < l \leqslant 200$		18	20	22	24	28	32	36	44	52	60	72	84	96
	$l > 200$		31	33	35	37	41	45	49	57	65	73	85	97	109
c			0.4	0.4	0.5	0.5	0.6	0.6	0.6	0.8	0.8	0.8	0.8	0.8	1
d_w	产品等级	A	4.57	5.88	6.88	8.88	11.63	14.63	16.63	22.49	28.19	33.61	—	—	—
		B	4.45	5.74	6.74	8.74	11.47	14.47	16.47	22	27.7	33.25	42.75	51.11	59.95
e	产品等级	A	6.01	7.66	8.79	11.05	14.38	17.77	20.03	26.75	33.53	39.98	—	—	—
		B、C	5.88	7.5	8.63	1089	14.2	17.59	19.85	26.17	32.95	39.55	50.85	60.79	72.02
k 公称			2	2.8	3.5	4	5.3	6.4	7.5	10	12.5	15	18.7	22.5	26
r			0.1	0.2	0.2	0.25	0.4	0.4	0.6	0.6	0.8	0.8	1	1	1.2
s 公称			5.5	7	8	10	13	16	18	24	30	36	46	55	65
l（商品规格范围）			20～30	25～40	25～50	30～60	40～80	45～100	50～120	65～160	80～200	90～240	110～300	140～360	160～400
l 系列			12，16，20，25，30，35，40，50，55，60，65，70，80，90，100，110，120，130，140，150，160，180，200，220，240，260，300，320，340，360，380，400，420，440，460，480，500												

注：1. A 级用于 $d \leqslant 24$ mm 和 $l \leqslant d$ 或≤150 mm 的螺栓；B 级用于 $d > 24$ mm 和 $l > 10d$ 或 >150 mm 的螺栓。

2. 螺纹规格 d 范围：GB/T 5780 为 5～M64；GB/T 5782 为 M1.6～M64。

3. 公称长度 l 范围：GB/T 5780 为 25～500；GB/T 5782 为 12～500。

4. 材料为钢的螺栓性能等级有 5.6、8.8、9.8、10.9 级，其中 8.8 级为常用。

（三）双头螺柱（附表 11）

双头螺柱—b_m = 1d（GB/T 897—1988）

双头螺柱—b_m = 1.25d（GB/T 898—1988）

双头螺柱—b_m = 1.5d（GB/T 899—1988）

双头螺柱—b_m = 2d（GB/T 900—1988）

A 型

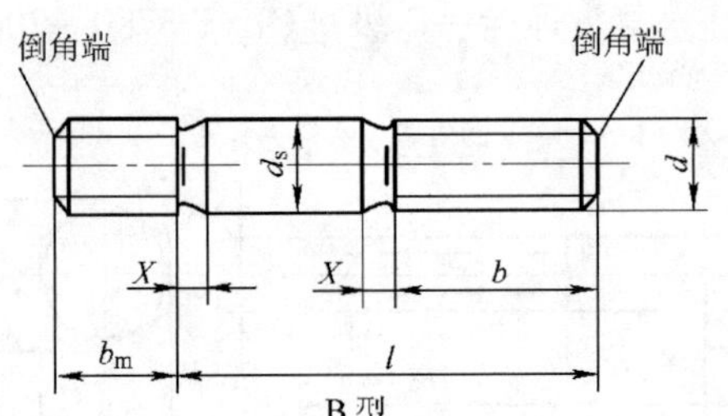

B 型

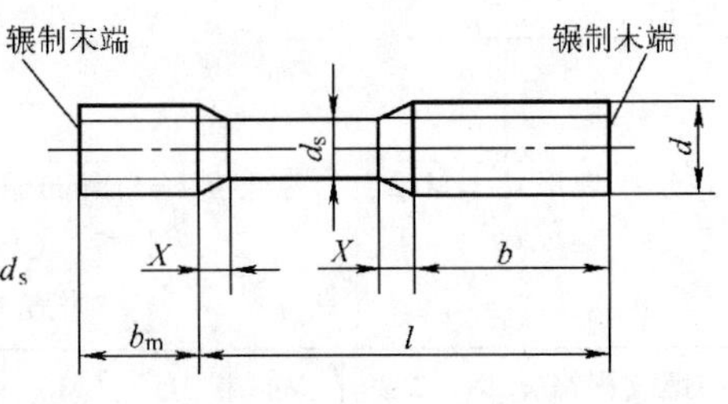

标记示例

两端均为粗牙普通螺纹，d = 10 mm，l = 50 mm，性能等级为 4.8 级，不经表面处理，B 型，b_m = 1d 的双头螺柱：

螺柱　GB/T 897　M10 × 50

旋入端为粗牙普通螺纹，紧固端为螺距 P = 1 mm 的细牙普通螺纹，d = 10 mm，l = 50 mm，性能等级为 4.8 级，不经表面处理，A 型，b_m = 1.25d 的双头螺柱：d_s ≈ 螺纹中径（仅适用于 B 型）

螺柱　GB/T 898　AM10—M10 × 1 × 50

附表 11　双头螺柱尺寸　（单位：mm）

螺纹规格 d	b_m 公称 GB/T 897—1988	b_m 公称 GB/T 898—1988	d_s max	d_s min	Xmax	b	l 公称
M5	5	6	5	4.7	2.5P	10	16 ~（22）
						16	25 ~ 50
M6	6	8	6	5.7		10	20、（22）
						14	25、（28）、30
						18	（32）~（75）
M8	8	10	8	7.64		12	20、（22）
						16	25、（28）、30
						22	（32）~ 90
M10	10	12	10	9.64		14	25、（28）、30
						16	30、（38）
						26	40 ~ 120
						32	130
M12	12	15	12	11.57		16	25 ~ 30
						20	（32）~ 40
						30	45 ~ 120
						36	130 ~ 180
M16	16	20	16	15.57		20	30 ~（38）
						30	40 ~ 50
						38	60 ~ 120
						44	130 ~ 200
M20	20	25	20	19.48		25	35 ~ 40
						35	45 ~ 60
						46	（65）~ 120
						52	130 ~ 200

注：1. 本表未列入 GB/T 899—1988、GB/T 900—1988 两种规格。

2. P 表示螺距。

3. l 的长度系列：16，（18），20，（22），25，（28），30，（32），35，（38），40，45，50，（55），60，（65），70，80，90，（95），100 ~ 200（十进位）。括号内数值尽可能不采用。

4. 材料为钢的螺柱，性能等级有 4.8、5.8、6.8、8.8、10.9、12.9 级，其中 4.8 级为常用。

（四）螺母（附表 12）

六角螺母—C 级（GB/T 41—2000）

1 型六角螺母—A 和 B 级（GB/T 6170—2000）

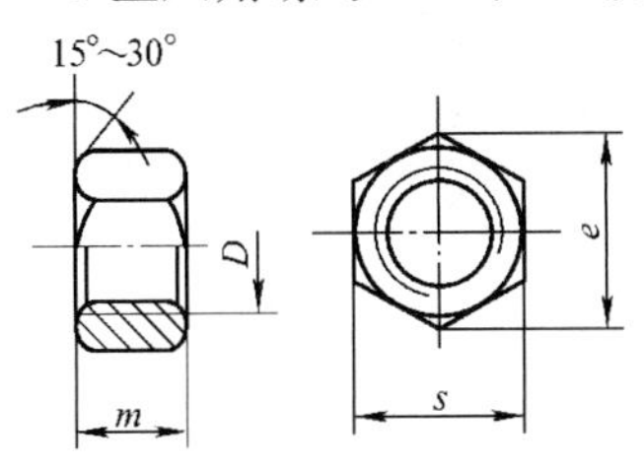

标记示例

螺纹规格 D = M12、性能等级为 5 级、不经表面处理、C 级的六角螺母：

螺母　GB/T 41—2000　M12

螺纹规格 D = M12、性能等级为 8 级、不经表面处理、A 级的 1 型六角螺母：

螺母　GB/T 6170—2000　M12

附表 12　六角螺母尺寸　（单位：mm）

螺纹规格 D		M3	M4	M5	M6	M8	M10	M12	M16	M20	M24	M30	M36	M42
e	GB/T 41—2000	—	—	8.63	10.9	14.2	17.6	19.9	26.2	33	39.6	50.9	60.8	72
	GB/T 6170—2000	6.01	7.66	8.79	11.1	14.4	17.8	20	26.8	33	39.6	50.9	60.8	72
s	GB/T 41—2000	—	—	8	10	13	16	18	24	30	36	46	55	65
	GB/T 6170—2000	5.5	7	8	10	13	16	18	24	30	36	46	55	65
m	GB/T 41—2000	—	—	5.6	6.1	7.9	9.5	12.2	15.9	18.7	22.3	26.4	31.5	34.9
	GB/T 6170—2000	2.4	3.2	4.7	5.2	6.8	8.4	10.8	14.8	18	21.5	25.6	31	34

注：A 级用于 $D \leq 16$；B 级用于 $D > 16$。产品等级 A、B 由公差取值决定，A 级公差数值小。材料为钢的螺母：GB/T 6170 的性能等级有 6、8、10 级，8 级为常用；GB/T 41 的性能等级为 4 和 5 级。螺纹端部无内倒角，但也允许内倒角。GB/T 41—2000 规定螺母的螺纹规格为 M5 ~ M64；GB/T 6170—2000 规定螺母的螺纹规格为 M1.6 ~ M64。

（五）垫圈（附表 13）

小垫圈　A 级（GB/T 848—2002）　　平垫圈　倒角型　A 级（GB/T 97.2—2002）

平垫圈　A 级（GB/T 97.1—2002）

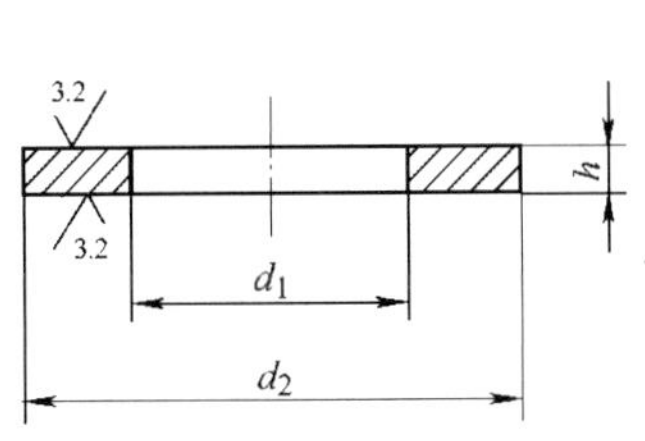

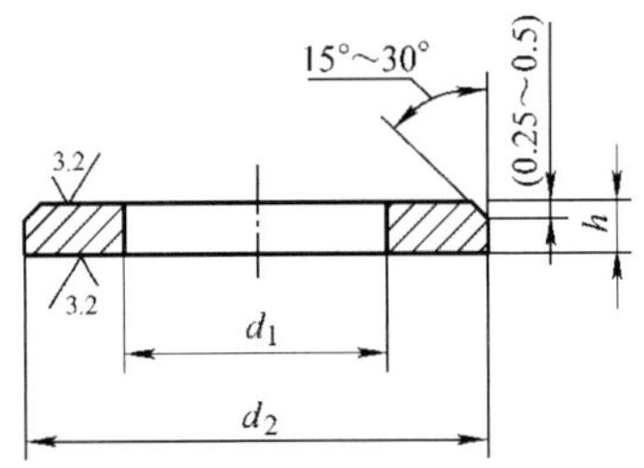

标记示例

标准系列、公称规格 8 mm，由钢制造的硬度等级为 200HV 级，不经表面处理、产品等级为 A 级的平垫圈：

垫圈　GB/T 97.1—2002　8

附表 13　小垫圈、平垫圈尺寸　　（单位：mm）

公称规格（螺纹大径）d		1.6	2	2.5	3	4	5	6	8	10	12	16	20	24	30	36
d_1	GB/T 848—2002	1.7	2.2	2.7	3.2	4.3	5.3	6.4	8.4	11	13	17	21	25	31	37
	GB/T 97.1—2002	1.7	2.2	2.7	3.2	4.3	5.3	6.4	8.4	11	13	17	21	25	31	37
	GB/T 97.2—2002	—	—	—	—	—	5.3	6.4	8.4	11	13	17	21	25	31	37
d_2	GB/T 848—2002	3.5	4.5	5	6	8	9	11	15	18	20	28	34	39	50	60
	GB/T 97.1—2002	4	5	6	7	9	10	12	16	20	24	30	37	44	56	66
	GB/T 97.2—2002	—	—	—	—	—	10	12	16	20	24	30	37	44	56	66
h	GB/T 848—2002	0.3	0.3	0.5	0.5	0.5	1	1.6	1.6	1.6	2	2.5	3	4	4	5
	GB/T 97.1—2002	0.3	0.3	0.5	0.5	0.8	1	1.6	1.6	2	2.5	3	3	4	4	5
	GB/T 97.2—2002	—	—	—	—	—	1	1.6	1.6	2	2.5	3	3	4	4	5

注：1. 硬度等级有 200HV、300HV 级；材料有钢和不锈钢两种。

2. d 的范围：GB/T 848 为 1.6 ~ 36 mm，GB/T 97.1 为 1.6 ~ 64 mm，GB/T 97.2 为 5 ~ 64 mm。表中所列的仅为 $d \leqslant 36$ mm 的优选尺寸；$d > 36$ mm 的优选尺寸和非优选尺寸，可查阅这三个标准。

标准型弹簧垫圈（GB/T 93—1987，附表 14）

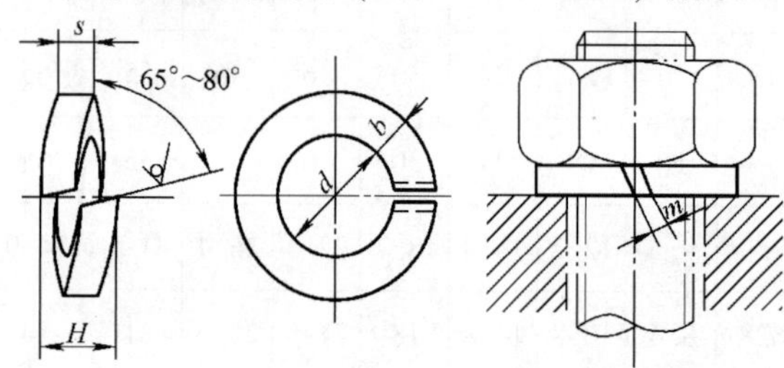

标记示例

规格 16 mm，材料为 65Mn，表面氧化的标准型弹簧垫圈：

垫圈　GB/T 93—1987　16

附表 14　标准型弹簧垫圈　　（单位：mm）

公称规格（螺纹大径）	3	4	5	6	8	10	12	(14)	16	(18)	20	(22)	24	(27)	30
d	3.1	4.1	5.1	6.1	8.1	10.2	12.2	14.2	16.2	18.2	20.2	22.5	24.5	27.5	30.5
H	1.6	2.2	2.6	3.2	4.2	5.2	6.2	7.2	8.2	9	10	11	12	13.6	15
s（b）	0.8	1.1	1.3	1.6	2.1	2.6	3.1	3.6	4.1	4.5	5	5.5	6	6.8	7.5
$m \leqslant$	0.4	0.55	0.65	0.8	1.05	1.3	1.55	1.8	2.05	2.25	2.5	2.75	3	3.4	3.75

注：1. 括号内的规格尽可能不采用。

2. m 应大于零。

（六）键

平键 键和键槽的断面尺寸（GB/T 1095—1979，附表 15）

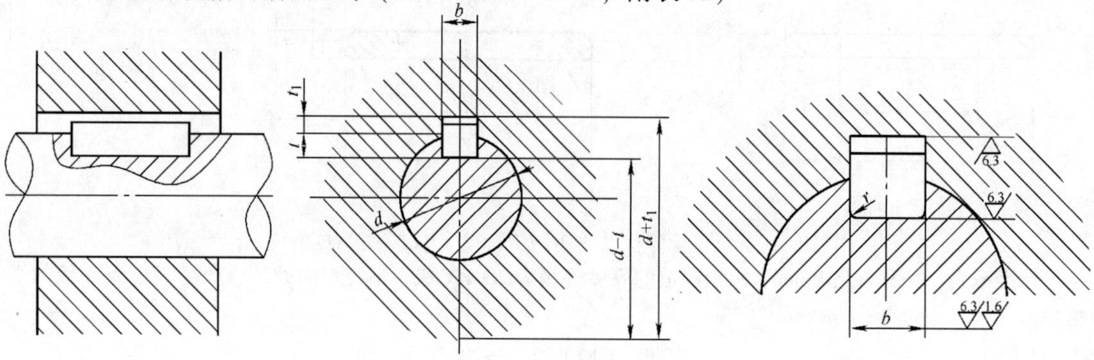

附表 15　平键尺寸　　（单位：mm）

轴	键	键槽											
公称直径 d	公称尺寸 $b\times h$	宽度 b						深度				半径 r	
		公称尺寸 b	偏差					轴 t		毂 t_1			
			较松键连接		一般键连接		较紧键连接						
			轴 H9	毂 D10	轴 N9	毂 Js9	轴和毂 P9	公称	偏差	公称	偏差		
自 6～8	2×2	2	+0.0250	+0.060 +0.020	−0.004 −0.029	±0.013	−0.006 −0.031	1.2	+0.1 0	1	+0.1 0	最小	最大
>8～10	3×3	3						1.8		1.4		0.08	0.16
>10～12	4×4	4	+0.030	+0.078 +0.030	−0.0030	±0.015	−0.012 −0.042	2.5		1.8			
>12～17	5×5	5						3		2.3		0.16	0.25
>17～22	6×6	6						3.5		2.8			
>22～30	8×7	8	+0.0360	+0.098 +0.040	0 −0.036	±0.018	−0.015 −0.051	4	+0.2 0	3.3	+0.2 0		
>30～38	10×8	10						5		3.3		0.25	0.40
>38～44	12×8	12	+0.0430	+0.120 +0.050	0 −0.043	±0.022	−0.018 −0.061	5		3.3			
>44～50	14×9	14						5.5		3.8			
>50～58	16×10	16						6		4.3			
>58～65	18×11	18						7		4.4			
>65～75	20×12	20	+0.0520	+0.149 +0.065	0 −0.052	±0.026	−0.022 −0.074	7		4.9		0.40	0.60
>75～85	22×14	22						9		5.4			
>85～95	25×14	25						9		5.4			
>95～110	28×16	28						10		6.4			

注：在工作图中轴槽深用（$d-t$）标注，（$d-t$）的极限偏差值应取负号；轮毂槽深用（$d+t_1$）标注。平键轴槽的长度公差带用 H14。图中原标注的表面光洁度已折合成表面粗糙度 Ra 值标注。

标记示例

圆头普通平键（A 型），$b=18$ mm，$h=11$ mm，$L=100$ mm：键 18×100 GB/T 1096—1979

方头普通平键（B 型），$b=18$ mm，$h=11$ mm，$L=100$ mm：键 B18×100 GB/T 1096—1979

单圆头普通平键（C 型），$b=18$ mm，$h=11$ mm，$L=100$ mm：键 C18×100 GB/T 1096—1979

普通平键的型式和尺寸（GB/T 1096—1979，附表 16）

附表 16　普通型平键的尺寸　　（单位：mm）

b	2	3	4	5	6	8	10	12	14	16	18	20	22	25
h	2	3	4	5	6	7	8	8	9	10	11	12	14	14
C 或 r	0.16～0.25			0.25～0.40			0.40～0.60					0.60～0.80		
l	6～20	6～36	8～45	10～56	14～70	18～90	22～110	28～140	36～160	45～180	50～200	56～220	63～250	70～280
l 系列	6，8，10，12，14，16，18，20，22，25，28，32，36，40，45，50，56，63，70，80，90，100，110，125，140，160，180，200，220，250，280													

注：材料常用 45 钢。图中原标注的表面光洁度已折合成表面粗糙度 Ra 值标注。键的极限偏差：宽（b）用 h9；高（h）用 h11；长（L）用 h14。

（七）销

1. 圆柱销—不淬硬钢和奥氏体不锈钢（GB/T 119．1—2000，附表 17）

2. 圆柱销—淬硬钢和马氏体不锈钢（GB/T119．2—2000）

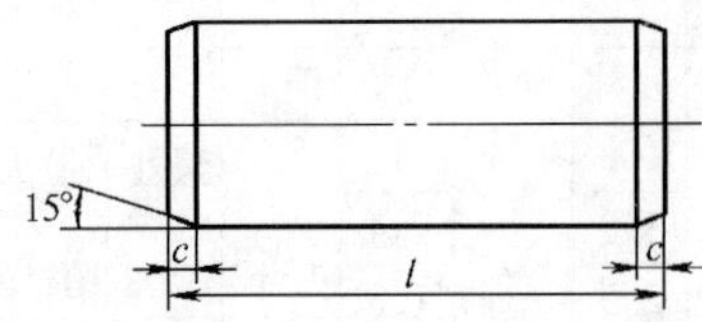

标记示例

公称直径 $d=6$ mm、公差 m6、公称长度 $l=30$ mm、材料为钢、不经淬火、不经表面处理的圆柱销：

销 GB/T 119. 1—2000 6m6 × 30

公称直径 $d=6$ mm、公称长度 $l=30$ mm、材料为钢、普通淬火（A 型）、表面氧化处理的圆柱销：

销 GB/T 119. 1—2000 6 × 30

附表 17 销的尺寸（单位：mm）

公称直径 d		3	4	5	6	8	10	12	16	20	25	30	40	50
$c\approx$		0. 5	0. 5	0. 8	1. 2	1. 6	2	2. 5	3	3. 5	4	5	6. 3	8
公称长度 l	GB/T 119. 1	8 ~ 30	8 ~ 40	10 ~ 50	12 ~ 60	14 ~ 80	18 ~ 95	22 ~ 140	26 ~ 180	35 ~ 200	50 ~ 200	60 ~ 200	80 ~ 200	95 ~ 200
	GB/T 119. 2	8 ~ 30	10 ~ 40	12 ~ 50	14 ~ 60	18 ~ 80	22 ~ 100	26 ~ 100	40 ~ 100	50 ~ 100	—	—	—	—
l 系列		8，10，12，14，16，18，20，22，24，26，28，30，32，35，40，50，55，60，65，70，75，80，85，90，95，100，120，140，160，180，200												

注：1. GB/T 119. 1—2000 规定圆柱销的公称直径 $d=0.6\sim50$ mm，公称长度 $l=2\sim200$ mm，公差有 m6 和 h18。
2. GB/T 119. 2—2000 规定圆柱销的公称直径 $d=1\sim20$ m，公称长度 $l=3\sim100$ m，公差仅有 m6。
3. 当圆柱销公差为 h8 时，其表面粗糙度 $Ra\leqslant1.6$ μm。

3. 圆锥销（GB/T 117—2000，附表 18）

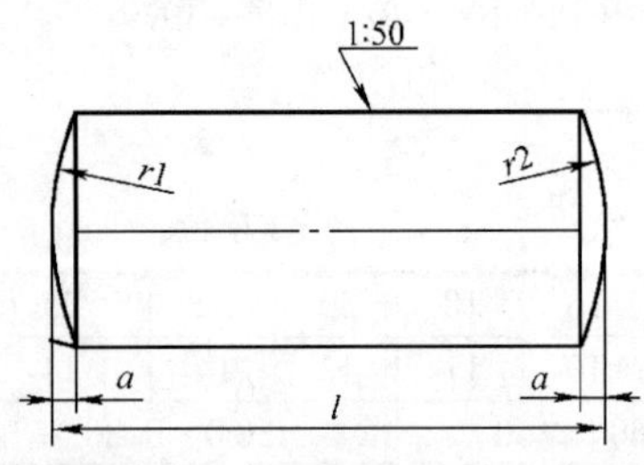

标记示例

公称直径 $d=10$ mm、公称长度 $l=60$ mm、材料为 35 钢、热处理硬度（28 ~ 38）HRC、表面氧化处理的 A 型锥销：

销 GB/T117—2000 10 × 60

附表 18 圆锥销尺寸（单位：mm）

公称直径 d	4	5	6	8	10	12	16	20	25	30	40	50
$a\approx$	0. 5	0. 63	0. 8	1	1. 2	1. 6	2	2. 5	3	4	5	6. 3
公称长度 l	14 ~ 55	18 ~ 60	22 ~ 90	22 ~ 120	26 ~ 160	32 ~ 180	40 ~ 200	45 ~ 200	50 ~ 200	55 ~ 200	60 ~ 200	65 ~ 200
l 系列	2，3，4，5，6，8，10，12，14，16，18，20，22，24，26，28，30，32，35，40，45，50，55，60，65，70，75，80，85，90，100，120，140，160，180，200											

注：1. 标准规定圆锥销的公称直径 $d=0.6\sim50$ mm。
2. 有 A 型和 B 型。A 型为磨削，锥面表面粗糙度 $Ra=0.8$ μm。

（八）滚动轴承

1. 深沟球轴承（GB/T 275—1994，附表 19）

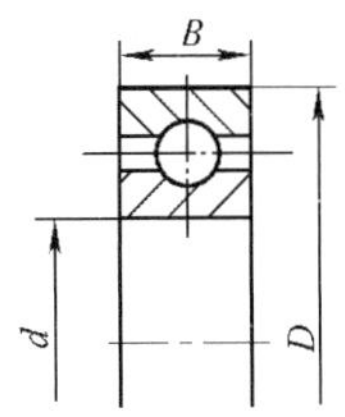

标记示例

类型代号 6 内圈孔径 $d=60$ mm、尺寸系列代号为（0）2 的深沟球轴承：

滚动轴承　6212　GB/T 276—1994

附表 19　深沟球轴承尺寸　　　（单位：mm）

轴承代号	尺寸		
	d	*D*	*B*
尺寸系列代号（1）0			
606	6	17	6
607	7	19	6
608	8	22	7
609	9	24	7
6000	10	26	8
6001	12	28	8
6002	15	32	9
6003	17	35	10
6004	20	42	12
60/22	22	44	12
6005	25	47	12
60/28	28	52	12
6006	30	55	13
60/32	32	58	13
6007	35	62	14
6008	40	68	15
6009	45	75	16
6010	50	80	16
6011	55	90	18
6012	60	95	18
尺寸系列代号（0）4			
623	3	10	4
624	4	13	5
625	5	16	5
626	6	19	6
627	7	22	7
628	8	24	8
629	9	26	8
6200	10	30	9
6201	12	35	10
6202	15	40	12
6203	17	47	14
6204	20	47	14
62/22	22	50	14
6205	25	52	15
62/28	28	58	16
6206	30	62	16
62/32	32	65	17
6207	35	72	17
6208	40	80	18
6209	45	85	19
6210	50	90	20
6211	55	100	21
6212	60	110	22

轴承代号	尺寸		
	d	*D*	*B*
尺寸系列代号（0）3			
633	3	13	5
634	4	16	5
635	5	19	6
6300	10	35	11
6301	12	37	12
6302	15	42	13
6303	17	47	14
6304	20	52	15
63/22	22	56	16
6305	25	62	17
63/28	28	68	18
6306	30	72	19
63/32	32	75	20
6307	35	80	21
6308	40	90	23
6309	45	100	25
6310	50	110	27
6311	55	120	29
6312	60	130	31
尺寸系列代号（0）4			
6403	17	62	17
6404	20	72	19
6405	25	80	21
6406	30	90	23
6407	35	100	25
6408	40	110	27
6409	45	120	29
6410	50	130	31
6411	55	140	33
6412	60	150	35
6413	65	160	37
6414	70	180	42
6415	75	190	45
6416	80	200	48
6417	85	210	52
6418	90	225	54
6419	95	240	55
6420	100	250	58
6422	110	280	65

注：表中括号“（）”，表示该数字在轴承代号中省略。

2. 圆锥滚子轴承（GB/T 297—1994，附表 20）

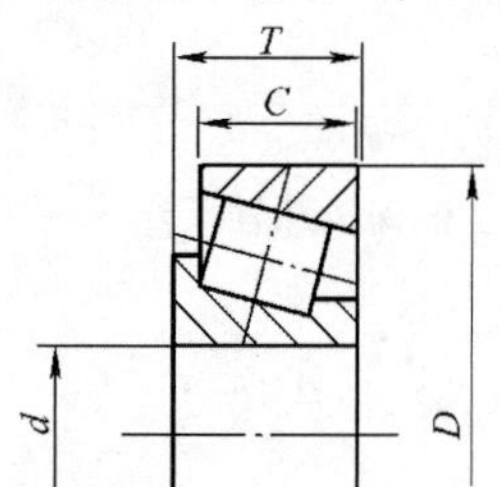

标记示例

类型代号 3　内圈孔径 $d = 35$ mm、尺寸系列代号为 03 的圆锥滚子轴承：

滚动轴承　30307　GB/T 297—1994

附表 20　圆锥滚子轴承　（单位：mm）

轴承代号	尺寸				
	d	*D*	*T*	*B*	*C*
尺寸系列代号 02					
30202	15	35	11.75	11	10
30203	17	40	13.25	12	11
30204	20	47	15.25	14	12
30205	25	52	16.25	15	13
30206	30	62	17.25	16	14
302/32	32	65	18.25	17	15
30207	35	72	18.25	17	15
30208	40	80	19.75	18	16
30209	45	85	20.75	19	16
30210	50	90	21.75	20	17
30211	55	100	22.75	21	18
30212	60	110	23.75	22	19
30213	65	120	24.75	23	20
30214	70	125	26.75	24	21
30215	75	130	27.75	25	22
30216	80	140	28.75	25	22
30217	85	150	30.5	28	24
30218	90	160	32.5	30	36
30219	95	170	34.5	32	27
30220	100	180	37	34	29
尺寸系列代号 03					
30302	15	42	14.25	13	11
30303	17	47	15.25	14	12
30304	20	52	16.25	15	13
30305	25	62	18.25	17	15
30306	30	80	22.75	21	18
30307	35	85	22.75	21	18
30308	40	90	25.25	23	20
30309	45	100	27.25	25	22
30310	50	110	29.25	27	23
30311	55	120	31.5	29	25
30312	60	130	33.5	31	26
30313	65	140	36	33	28
30314	70	150	38	35	30
30315	75	160	40	37	31
30316	80	170	42.5	39	33
30317	85	180	44.5	41	34
30318	90	190	46.5	43	36
30319	95	200	49.5	45	38
30320	100	215	51.5	47	39

轴承代号	尺寸				
	d	*D*	*T*	*B*	*C*
尺寸系列代号 23					
32303	17	47	20.25	19	16
32304	20	52	22.25	21	18
32305	25	62	25.25	24	20
32306	30	72	28.75	27	23
32307	35	80	32.75	31	25
32308	40	90	35.25	33	27
32309	45	100	38.25	36	30
32310	50	110	42.25	40	33
32311	55	120	45.5	43	35
32312	60	130	48.5	46	37
23213	65	140	51	48	39
32314	70	150	54	51	42
32315	75	160	58	55	45
32316	80	170	61.5	58	48
尺寸系列代号 30					
33005	25	47	17	17	14
33006	30	55	20	20	16
33007	35	62	21	21	17
33008	40	68	22	22	18
33009	45	75	24	24	19
33010	50	80	24	24	19
33011	55	90	27	27	21
33012	60	95	27	27	21
33013	65	100	27	27	21
33014	70	110	31	31	25.5
33015	75	115	31	31	25.5
33016	80	125	36	36	29.5
尺寸系列代号 31					
33108	40	75	26	26	20.5
33109	45	80	26	26	20.5
33110	50	85	26	26	20
33111	55	95	30	30	23
33112	60	100	30	30	23
33113	65	110	34	34	26.5
33114	70	120	37	37	29
33115	75	125	37	37	29
33116	80	130	37	37	29

3. 推力球轴承（GB/T 301—1995，附表 21）

标 记 示 例

类型代号 5　　内圈孔径 $d=30$ mm、尺寸系列代号为 13 的推力球轴承：

滚动轴承　51306　GB/T 301—1995

附表 21　弹力球轴承　　（单位：mm）

轴承代号	尺寸					轴承代号	尺寸				
	d	*D*	*T*	*B*	*C*		*d*	*D*	*T*	*B*	*C*
尺寸系列代号 11						尺寸系列代号 13					
51104	20	35	10	21	35	51304	20	47	18	22	47
51105	25	42	11	26	42	51305	25	52	18	27	52
51106	30	47	11	32	47	51306	30	60	21	32	60
51107	35	52	12	37	52	51307	35	68	24	37	68
51108	40	60	13	42	60	51308	40	78	26	42	78
51109	45	65	14	47	65	51309	45	85	28	47	85
51110	50	70	14	52	70	51310	50	95	31	52	95
51111	55	78	16	57	78	51311	55	105	35	57	105
51112	60	85	17	62	85	51312	60	110	35	62	110
51113	65	90	18	67	90	51313	65	115	36	67	115
51114	70	95	18	72	95	51314	70	125	40	72	125
51115	75	100	19	77	100	51315	75	135	44	77	135
51116	80	105	19	82	105	51316	80	140	44	82	140
51117	85	110	19	87	110	51317	85	150	49	88	150
51118	90	120	22	92	120	51318	90	155	50	93	155
51120	100	135	25	102	135	51320	100	170	55	103	170
尺寸系列代号 12						尺寸系列代号 14					
51204	20	40	14	22	40	51405	25	60	24	27	60
51205	25	47	15	27	47	51406	30	70	28	32	70
51206	30	52	16	32	52	51407	35	80	32	37	80
51207	35	62	18	37	62	51408	40	90	36	42	90
51208	40	68	19	42	68	51409	45	100	39	47	100
51209	45	73	20	47	73	51410	50	110	43	52	110
51210	50	78	22	52	78	51411	55	120	48	57	120
51211	55	90	25	57	90	51412	60	130	51	62	130
51212	60	95	26	62	95	51413	65	140	56	68	140
51213	65	100	27	67	100	51414	70	150	60	73	150
51214	70	105	27	72	105	51415	75	160	65	78	160
51215	75	110	27	77	110	51416	80	170	68	83	170
51216	80	115	28	82	115	51417	85	180	72	88	177
51217	85	125	31	88	125	51418	90	190	77	93	187
51218	90	135	35	93	135	51420	100	210	85	103	205
51220	100	150	38	103	150	51422	110	230	95	113	225

注：推力球轴承有 51000 型和 52000 型，类型代号都是 5，尺寸系列代号分别为 11、12、13、14 和 21、22、23、24。52000 型推力球轴承的形式、尺寸可查阅 GB/T 301—1995 或参考［2］。

（九）弹簧

圆柱螺旋压缩弹簧（GB/T 2089—1994，附表22）

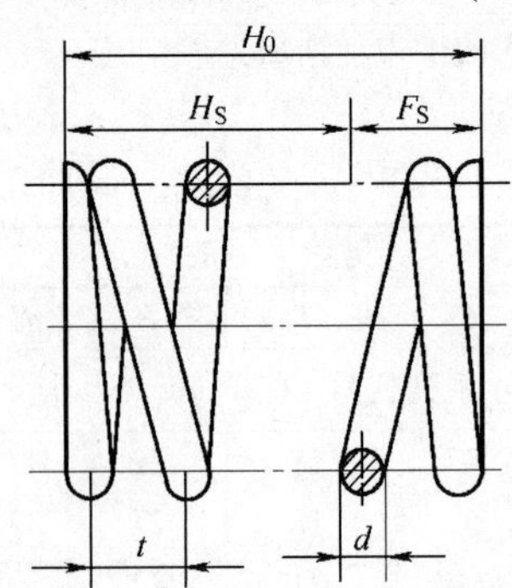

A型（两端圈并紧磨平）

B型（两端圈并紧磨平）

标记示例

A型、材料直径 $d=6$ mm、弹簧中径 $D=38$ mm、自由高度 $H_0=60$ mm、材料为C级碳素弹簧钢丝、冷卷、表面涂漆处理的右旋圆柱螺旋压缩弹簧，其标记为：

YA　6×38×60　GB/T 2089

附表22　圆柱螺旋压缩弹簧（YA、YB型）尺寸及参数

材料直径 d（mm）	弹簧中径 D（mm）	节距 $t\approx$（mm）	自由高度 H_0（mm）	有效圈数 n（圈）	试验负荷 P_S（N）	试验负荷变形量 F_S（mm）
2.5	20	7.02	38	4.5	218	20.4
			80	10.5		47.5
	25	9.57	58	5.5	174	38.9
			70	6.5		45.9
4	28	9.16	50	4.5	594	23.2
			70	6.5		33.5
	30	9.92	45	3.5	554	20.7
			85	7.5		44.4
4.5	32	10.5	65	5.5	740	32.9
			90	7.5		44.9
	50	19.1	80	3.5	474	51.2
			220	10.5		153
5	40	13.4	85	5.5	812	46.3
			110	7.5		63.2
	45	15.7	80	4.5	722	48
			14	8.5		90.6
6	38	11.9	60	4	368	23.5
			100	7.5		44
	45	14.2	90	5.5	1155	45.2
			120	7.5		61.7
10	45	14.6	115	6.5	4919	29.5
			130	7.5		34.1
	50	15.6	80	4	4427	22.4
			150	8.5		47.6

注：1. 材料直径系列：0.5～1（0.1进位），1.2～2（0.2进位），2.5～5（0.5进位），6～20（2进位），25～50（5进位）。

2. 弹簧中径系列：3～4.5（0. 5进位），6～10（1进位），12～22（2进位），25，28，30，32，35，38，40～100（5进位），110～200（10进位），220～340（20进位）。

3. 本表仅摘录GB/T 2089—1994所列表格中的部分项目和24个弹簧，作为示例，需用时可查阅该标准。

三、常用的机械加工一般规范和零件结构要素

（一）标准尺寸（摘自 GB/T 2822—1981，附表 23）

附表 23　规范的标准尺寸　（单位：mm）

R10	1.00，1.25，1.60，2.00，2.50，3.15，4.00，5.00，6.30，8.00，10.0，12.5，16.0，20.0，25.0，31.5，40.0，50.0，63.0，80.0，100，125，160，200，250，315，400，500，630，800，1000
R20	1.12，1.40，1.80，2.24，2.80，3.55，4.50，5.60，7.10，9.00，11.2，14.0，18.0，22.4，28.0，35.5，45.0，56.0，71.0，90.0，112，140，180，224，280，355，450，560，710，900
R40	13.2，15.0，17.0，19.0，21.2，23.6，26.5，30.0，33.5，37.5，42.5，47.5，53.0，60.0，67.0，75.0，85.0，95.0，106，118，132，150，170，190，212，236，265，300，335，375，425，475，530，600，670，750，850，950

注：1. 本表仅摘录 1～1000 mm 范围内优先数系 R 系列中的标准尺寸。
2. 使用时按优先顺序（R10、R20、R40）选取标准尺寸。

（二）砂轮越程槽（摘自 GB/T 6403.5—1986，附表 24）

附表 24　砂轮越程槽尺寸　（单位：mm）

磨外圆　磨内圆									
b_1	0.6	1.0	1.6	2.0	3.0	4.0	5.0	8.0	10
b_2	2.0	3.0		4.0		5.0		8.0	10
h	0.1	0.2		0.3	0.4		0.6	0.8	1.2
r	0.2	0.5		0.8	1		1.6	2.0	3.0
d	～10			>10～50		>50～100		>100	

注：1. 越程槽内两直线相交处，不允许产生尖角。
2. 越程槽深度 h 与圆弧半径 r，要满足 $r \leqslant 3h$。
3. 磨削具有数个直径的工件时，可使用同一规格的越程槽。
4. 直径 d 值大的零件，允许选择小规格的砂轮越程槽。
5. 砂轮越程槽的尺寸公差和表面粗糙度根据该零件的结构、性能确定。

（三）零件倒圆与倒角（摘自 GB/T 6403.4—1986，附表 25、附表 26）

附表 25　倒圆与倒角，内角倒角、外角倒圆装配时 C_{max} 与 R_1 的关系（单位：mm）

型式		
型式	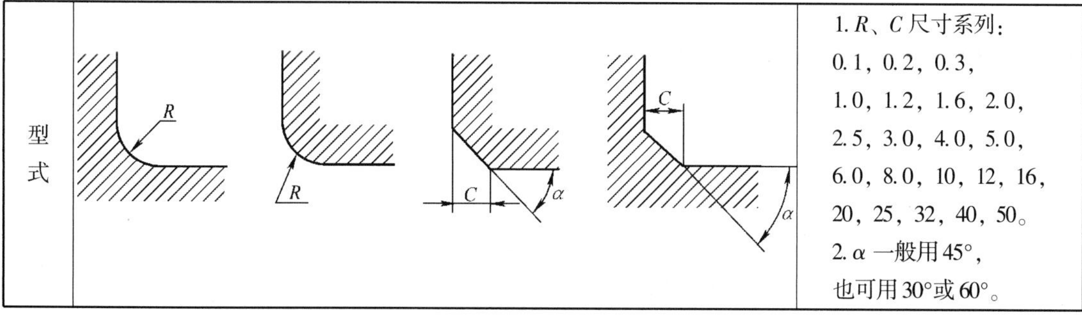	1. R、C 尺寸系列： 0.1，0.2，0.3， 1.0，1.2，1.6，2.0， 2.5，3.0，4.0，5.0， 6.0，8.0，10，12，16， 20，25，32，40，50。 2. α 一般用 45°， 也可用 30°或 60°。

续表

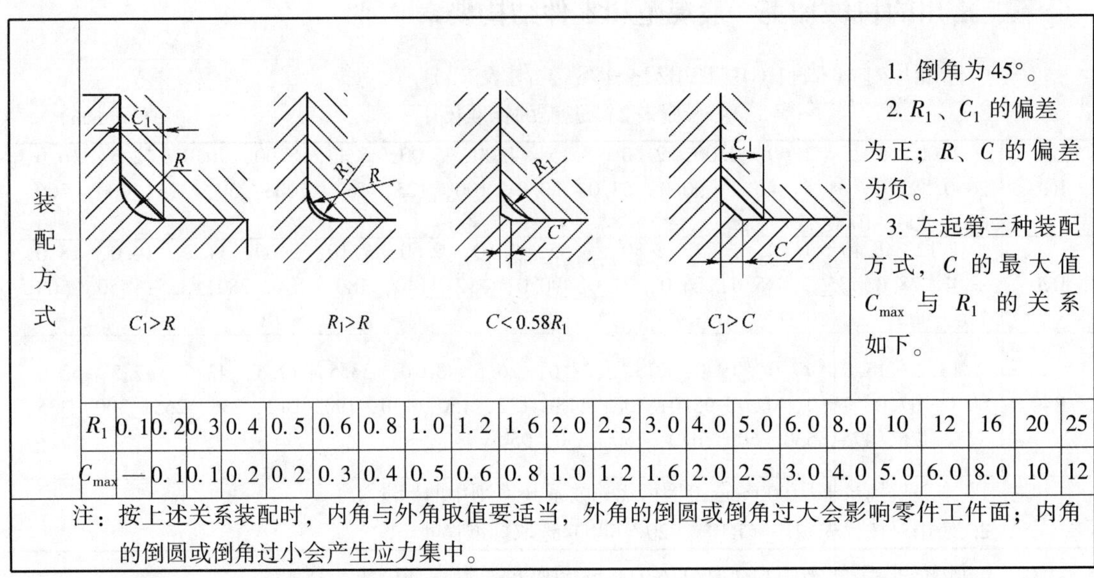

装配方式	1. 倒角为45°。 2. R_1、C_1 的偏差为正；R、C 的偏差为负。 3. 左起第三种装配方式，C 的最大值 C_{max} 与 R_1 的关系如下。

R_1	0.1	0.2	0.3	0.4	0.5	0.6	0.8	1.0	1.2	1.6	2.0	2.5	3.0	4.0	5.0	6.0	8.0	10	12	16	20	25
C_{max}	—	0.1	0.1	0.2	0.2	0.3	0.4	0.5	0.6	0.8	1.0	1.2	1.6	2.0	2.5	3.0	4.0	5.0	6.0	8.0	10	12

注：按上述关系装配时，内角与外角取值要适当，外角的倒圆或倒角过大会影响零件工件面；内角的倒圆或倒角过小会产生应力集中。

附表 26　与直径 ϕ 相应的倒角 C、倒圆 R 的推荐值　（单位：mm）

ϕ	~3	>3~6	>6~10	>10~18	>18~30	>30~50	>50~80	>80~120	>120~180
C 或 R	0.2	0.4	0.6	0.8	1.0	1.6	2.0	2.5	3.0
ϕ	>180~250	>250~300	>320~400	>400~500	>500~630	>630~800	>800~1000	>1000~1250	>1250~1600
C 或 R	4.0	5.0	6.0	8.0	10	12	16	20	25

注：倒角一般用45°也允许用30°、60°。

（四）普通螺纹倒角和退刀槽（摘自 GB/T 3—1997）、螺纹紧固件的螺纹倒角（摘自 GB/T 2—2001，附表 27）

附表 27　螺纹倒角和退刀槽尺寸　（单位：mm）

螺距	外螺纹			内螺纹		螺距	外螺纹			内螺纹	
	g_{2max}	g_{1min}	d_g	G_1	D_g		g_{2max}	g_{1min}	d_g	G_1	D_g
0.5	1.5	0.8	$d-0.8$	2	$D+0.3$	1.75	5.25	3	$d-2.6$	7	D+0.5
0.7	2.1	1.1	$d-1.1$	2.8		2	6	3.4	$d-3$	8	
0.8	2.4	1.3	$d-1.3$	3.2		2.5	7.5	4.4	$d-3.6$	10	
1	3	1.6	$d-1.6$	4	$D+0.5$	3	9	5.2	$d-4.4$	12	
1.25	3.75	2	$d-2$	5		3.5	10.5	6.2	$d-5$	14	
1.5	4.5	2.5	$d-2.3$	6		4	12	7	$d-5.7$	16	

注：退刀槽的尺寸见上表；普通螺纹端部倒角见上面的附图。

（五）紧固件通孔（摘自 GB/T 5277—1985）及沉头座尺寸（摘自 GB/T 152.2～152.4—1988，附表 28）

附表 28　紧固件通孔尺寸　　（单位：mm）

螺纹规格 d			3	4	5	6	8	10	12	14	16	18	20	22	24	27	30	36
通孔直径 GB/T 5277—1985	精装配		3.2	4.3	5.3	6.4	8.4	10.5	13	15	17	19	21	23	25	28	31	37
	中等装配		3.4	4.5	5.5	6.6	9	11	13.5	15.5	17.5	20	22	24	26	30	33	39
	粗装配		3.6	4.8	5.8	7	10	12	14.5	16.5	18.5	21	24	26	28	32	35	42
六角头螺栓和六角螺母用沉孔	GB 152.4—1988	d_2	9	10	11	13	18	22	26	30	33	36	40	43	48	53	61	适用于六角头螺栓和六角螺母
		d_3	—	—	—	—	—	—	16	18	20	22	24	26	28	33	36	
		d_1	3.4	4.5	5.5	6.6	9.0	11.0	13.5	15.5	17.5	20.0	22.0	24	26	30	33	
沉头用沉孔	GB 152.2—1988	d_2	6.4	9.6	11	13	18	20	24	28	32	—	40	—	—	—	—	适用于沉头及半沉头螺钉
		$t\approx$	1.6	2.7	2.7	3.3	4.6	5	6	7	8	—	10	—	—	—	—	
		d_1	3.4	4.5	5.5	6.6	9	11	13.5	15.5	17.5	—	22	—	—	—	—	
		α	90°															
圆柱头用沉孔	GB 152.3—1988	d_2	6.0	8.0	10.0	11.0	15.0	18.0	20.0	24.0	26.0	—	33.0	—	40.0	—	48.0	适用于内六角圆柱头螺钉
		t	3.4	4.6	5.7	6.8	9.0	11.0	13.0	15.0	17.5	—	21.5	—	25.5	—	32.0	
		d_3	—	—	—	—	—	—	16	18	20	—	24	—	28	—	36	
		d_1	3.4	4.5	5.5	6.6	9.0	11.0	13.5	15.5	17.5	—	22.0	—	26.0	—	33.0	
		d	—	8	10	11	15	18	20	24	26	—	33	—	—	—	—	适用于槽圆柱头螺钉
		t	—	3.2	4.0	4.7	6.0	7.0	8.0	9.0	10.5	—	12.5	—	—	—	—	
		d_3	—	—	—	—	—	—	16	18	20	—	24	—	—	—	—	
		d_1	—	4.5	5.5	6.6	9.0	11.0	13.5	15.5	17.5	—	22.0	—	—	—	—	

注：对螺栓和螺母用沉孔的尺寸 t，只要能制出与通孔轴线垂直的圆平面即可，即刮平圆平面为止，常称锪平。表中尺寸 d_1、d_2、t 的公差带都是 H13。

四、极限与配合

(一) 优先配合中轴的极限偏差（摘自 GB/T 1800.4—1999，附表 29）

附表 29　优先配合中轴的极限偏差　　（单位：μm）

基本尺寸（mm）		公差带												
		c	d	f	g	h				k	n	p	s	u
大于	至	11	9	7	6	6	7	9	11	6	6	6	6	6
—	3	−60 −120	−20 −45	−6 −16	−2 −8	0 −6	0 −10	0 −25	0 −60	+6 0	+10 +4	+12 +6	+20 +14	+24 +18
3	6	−70 −145	−30 −60	−10 −22	−4 −12	0 −8	0 −12	0 −30	0 −75	+9 +1	+16 +8	+20 +12	+27 +19	+31 +23
6	10	−80 −170	−40 −76	−13 −28	−5 −14	0 −9	0 −15	0 −36	0 −90	+10 +1	+19 10	+24 +15	+32 +23	+37 +28
10	14	−95 −205	−50 −93	−16 −34	−6 −17	0 −11	0 −18	0 −43	0 −110	+12 +1	+23 +12	+29 +18	+39 +28	+44 +33
14	18													
18	24	−110 −240	−65 −117	−20 −41	−7 −13	0 −13	0 −21	0 −52	0 −130	+15 +2	+28 +15	+35 +22	+48 +35	+54 +41
24	30													+61 +48
30	40	−120 −280	−80 −142	−25 −50	−9 −25	0 −16	0 −25	0 −62	0 −160	+18 +2	+33 +17	+42 +26	+59 +43	+76 +60
40	50	−130 −290												+86 +70
50	65	−140 −330	−100 −174	−30 −60	−10 −29	0 −19	0 −30	0 −74	0 −190	+21 +2	+39 +20	+51 +32	+72 +53	+106 +87
65	80	−150 −340											+78 +59	+121 +102
80	100	−170 −390	−120 −207	−36 −71	−12 −34	0 −22	0 −35	0 −87	0 −220	+25 +3	+45 +23	+59 +37	+93 +71	+146 +124
100	120	−180 −400											+101 +79	+166 +144

续表

基本尺寸(mm)		公差带												
		c	d	f	g	h				k	n	p	s	u
大于	至	11	9	7	6	6	7	9	11	6	6	6	6	6
120	140	-200 -450	-145 -245	-43 -83	-14 -39	0 -25	0 -40	0 -100	0 -250	+28 +3	+52 +27	+68 +43	+117 +92	+195 +170
140	160	-210 -460											+125 +100	+215 +190
160	180	-230 -480											+133 +108	+235 +210
180	200	-240 -530	-170 -285	-50 -96	-15 -44	0 -29	0 -46	0 -115	0 -290	+33 +4	+60 +31	+79 +50	+151 +122	+265 +236
200	225	-260 -550											+159 +130	+287 +258
225	250	-280 -570											+169 +140	+313 +284
250	280	-300 -620	-190 -320	-56 -108	-17 -49	0 -32	0 -52	0 -130	0 -320	+36 +4	+66 +34	+88 +56	+190 +158	+347 +315
280	315	-330 -650											+202 +170	+382 +350
315	355	-360 -720	-210 -350	-62 -119	-18 -54	0 -36	0 -57	0 -140	0 -360	+40 +4	+73 +37	+98 +62	+226 +190	+426 +390
355	400	-400 -760											+244 +208	+471 +435
400	450	-440 -840	-230 -385	-68 -131	-20 -60	0 -40	0 -63	0 -155	0 -400	+45 +5	+80 +40	+108 +68	+272 +232	+530 +490
450	500	-480 -880											+292 +252	+580 +540

（二）优先配合中孔的极限偏差（GB/T 1800.4—1999，附表30）

附表30　优先配合中孔的极限偏差　　（单位：μm）

基本尺寸（mm）		公差带												
		C	*D*	*F*	*G*	*H*				*K*	*N*	*P*	*S*	*U*
大于	至	11	9	8	7	7	8	9	11	7	7	7	7	7
—	3	+120 +60	+45 +20	+20 +6	+12 +2	+10 0	+14 0	+25 0	+60 0	0 −10	−4 −14	−6 −16	−14 −24	−18 −28
3	6	+145 +70	+60 +30	+28 +10	+16 +4	+12 0	+18 0	+30 0	+75 0	+3 −9	−4 −16	−8 −20	−15 −27	−19 −31
6	10	+170 +80	+76 +40	+35 +13	+20 +5	+15 0	+22 0	+36 0	+90 0	+5 −10	−4 −19	−9 −24	−17 −32	−22 −37
10	14	+205 +95	+93 +50	+43 +16	+24 +6	+18 0	+27 0	+43 0	+110 0	+6 −12	−5 −23	−11 −29	−21 −39	−26 −44
14	18													
18	24	+240 +110	+117 +65	+53 +20	+28 +7	+21 0	+33 0	+52 0	+130 0	+6 −15	−7 −28	−14 −35	−27 −48	−33 −54
24	30													−40 −61
30	40	+280 +120	+142 +80	+64 +25	+34 +9	+25 0	+39 0	+62 0	+160 0	+7 −18	−8 −33	−17 −42	−34 −59	−51 −76
40	50	+290 +130												−61 −86
50	65	+330 +140	+174 +100	+76 +30	+40 +10	+30 0	+46 0	+74 0	190 0	+9 −21	−9 −39	−21 −51	−42 −72	−76 −106
65	80	+340 +150											−48 −78	−91 −121
80	100	+390 +170	+207 +120	+90 +36	+47 +12	+35 0	+54 0	+87 0	+220 0	+10 −25	−10 −45	−24 −59	−58 −93	−111 −146
100	120	+400 +180											−66 −101	−131 −166

续表

基本尺寸（mm）		公差带												
		C	*D*	*F*	*G*	*H*				*K*	*N*	*P*	*S*	*U*
大于	至	11	9	8	7	7	8	9	11	7	7	7	7	7
120	140	+450 +200											−77 −117	−155 −195
140	160	+460 +210	+245 +145	+106 +43	+54 +14	+40 0	+63 0	+100 0	+250 0	+12 −28	−12 −52	−28 −68	−85 −125	−175 −215
160	180	+480 +230											−93 −133	−195 −235
180	200	+530 +240											−105 −151	−219 −265
200	225	+550 +260	+285 +170	+122 +50	+61 +15	+46 0	+72 0	+115 0	+290 0	+13 −33	−14 −60	−33 −79	−113 −159	−241 −287
225	250	+570 +280											−123 −169	−267 −313
250	280	+620 +300	+320 +190	+137 +56	+69 +17	+52 0	+81 0	+130 0	+320 0	+16 −36	−14 −66	−36 −88	−138 −190	−295 −347
280	315	+650 +330											−150 −202	−330 −382
315	355	+720 +360	+350 +210	+151 +62	+75 +18	+57 0	+89 0	+140 0	+360 0	+17 −40	−16 −73	−41 −98	−169 −226	−369 −426
355	400	+760 +400											−187 −224	−414 −471
400	450	+840 +440	+385 +230	+165 +68	+83 +20	+63 0	+97 0	+155 0	+400 0	+18 −45	−17 −80	−45 −108	−209 −272	−467 −530
450	500	+880 +480											−229 −292	−517 −580

五、常用材料以及常用的的热处理、表面处理名词解释

（一）金属材料（附表31）

附表31　金属材料

<table>
<tr><th>标准</th><th>名称</th><th>牌号</th><th colspan="2">应用举例</th><th>说明</th></tr>
<tr><td rowspan="8">GB/T 700
—1988</td><td rowspan="8">普通碳素结构钢</td><td rowspan="2">Q215</td><td>A级</td><td rowspan="2">金属结构件、拉杆、套圈、铆钉、螺栓。短轴、心轴、凸轮（载荷不大的）、垫圈、渗碳零件及焊接件</td><td rowspan="8">“Q”为碳素结构钢屈服点“屈”字的汉语拼音首字母，后面的数字表示屈服点的数值。如Q235表示碳素结构钢的屈服点为235 N/mm^2。
新旧牌号对照：
Q215—A2
Q235—A3
Q275—A5</td></tr>
<tr><td>B级</td></tr>
<tr><td rowspan="4">Q235</td><td>A级</td><td rowspan="4">金属结构件，心部强度要求不高的渗碳或氰零件，吊钩、拉杆、套圈、汽缸、齿轮、螺栓、螺母、连杆、轮轴、楔、盖及焊接件</td></tr>
<tr><td>B级</td></tr>
<tr><td>C级</td></tr>
<tr><td>D级</td></tr>
<tr><td>Q275</td><td colspan="2">轴、轴销、刹车杆、螺母、螺栓、垫圈、连杆、齿轮以及其他强度高的零件</td></tr>
<tr style="display:none"></tr>
<tr><td rowspan="7">GB/T 699
—1999</td><td rowspan="7">优质碳素结构钢</td><td>10</td><td colspan="2">用作拉杆、卡头、垫圈、铆钉及用作焊接零件</td><td rowspan="7">牌号的数字表示钢中平均含碳量的万分数，45号钢即表示碳的平均含量为0.45%；
碳的含量≤0.25%的碳钢属低碳钢（渗碳钢）；
碳的含量在（0.25～0.6)%之间的碳钢属中碳钢（调质钢）；
碳的含量>0.6%的碳钢属高碳钢；
锰的含量较高的钢，须加注化学元素符号“Mn”</td></tr>
<tr><td>15</td><td colspan="2">用于受力不大和韧性较高的零件、渗碳零件及紧固件（如螺栓、螺钉）、法兰盘和化工贮存器</td></tr>
<tr><td>35</td><td colspan="2">用于制造曲轴、转轴轴销、杠杆、连杆、螺栓、螺母、垫圈、飞轮（多在正火、调质下使用）</td></tr>
<tr><td>45</td><td colspan="2">用作要求综合机械性能高的各种零件，通常经正火或调质处理后使用。用于制造轴、齿轮、齿条、链轮、螺栓、螺母、销钉、键、拉杆等</td></tr>
<tr><td>60</td><td colspan="2">用于制造弹簧、弹簧垫圈、凸轮、轧辊等</td></tr>
<tr><td>15Mn</td><td colspan="2">制作心部机械性能要求较高且须渗碳的零件</td></tr>
<tr><td>65Mn</td><td colspan="2">用作要求耐磨性高的圆盘、衬板、齿轮、花键轴、弹簧等</td></tr>
</table>

续表

标准	名称	牌号	应用举例	说明
	合金结构钢	20Mn2	用作渗碳小齿轮、小轴、活塞销、柴油机套筒、气门推杆、缸套等	钢中加入一定量的合金元素，提高了钢的力学性能和耐磨性，也提高了钢的淬透性，保证金属在较大截面上获得高的力学性能
		15Cr	用于要求心部韧性较高的渗碳零件，如舶主机用螺栓、活塞销，凸轮，凸轮轴、汽轮机套环、机车小零件等	
		40Cr	用于受变载、中速、中载、强烈磨损而无很大冲击的重要零件，如重要的齿轮、轴、曲轴、连杆、螺栓、螺母等	
		35SiMn	耐磨、耐疲劳性均佳，适用于小型轴类、齿轮及 430 ℃以下的重要坚固件等	
		20CrMnTi	工艺性特优，强度、韧性均高，可用于承受高速、中等或重负荷以及冲击、磨损等的重要零件，如渗碳齿轮、凸轮等	
GB/T 11352—1989	铸钢	ZG230—450	轧机机架、铁道车辆摇枕、侧梁、铁铮台、机座、箱体、锤轮、450℃以下的管路附件等	“ZG”为“铸钢”汉语拼音的首位字母，后面的数字表示屈服点和抗拉强度。如 ZG230—450 表示屈服点为 230N/mm^2、抗拉强度为 450N/mm^2
		ZG310—570	适用于各种形状的零件，如联轴器、齿轮、汽缸、轴、机架、齿圈等	
GB/T 9439—1988	灰铸铁	HT150	用于小负荷和对耐磨性无特殊要求的零件，如端盖、外罩、手轮、一般机床的底座、床身、滑台、工作台和低压管件等	“HT”为“灰铁”的汉语拼音的首位字母，后面的数字表示抗拉强度。如 HT200 表示抗拉强度为 200 N/mm^2 的灰铸铁
		HT200	用于中等负荷和对耐磨性有一定要求的零件，如机床床身、立柱、飞轮、汽缸、泵体、轴承座、活塞、齿轮箱、阀体等	
		HT250	用于中等负荷和对耐磨性有一定要求的零件，如阀壳、油缸、汽缸、联轴器、机体、齿轮、齿轮箱外壳、飞轮、液压泵和滑阀的壳体等	

续表

标准	名称	牌号	应用举例	说明
GB/T 1176—1987	5－5－5 锡青铜	ZCuSn5 Pb5Zn5	耐磨性和耐蚀性均好，易加工，铸造性和气密性较好。用于较高负荷、中等滑动速度下工作的耐磨、耐腐蚀零件，如轴瓦	“Z”为“铸造”汉语拼音的首位字母，各化学元素后面的数字表示该元素含量的百分数，如 ZC-uA110Fe3 表示含： WA1＝8.1%～11%， WFe＝2%～4%， 其余为 Cu 的铸造铝青铜
	10－3 铝青铜	ZCuA110 Fe3	力学性能高，耐磨性、耐蚀性、抗氧化性好，可以焊接，不易钎焊。可用于制造强度高、耐磨、耐蚀的零件，如蜗轮、轴承、衬套、管嘴、耐热管配件等	
	25－6 －3－3 铝黄铜	ZCuZn25 A16Fe3 Mn3	有很高的力学性能，铸造性良好、耐蚀性较好，可以焊接。适用于高强耐磨零件，如桥梁支承板、螺母、螺杆、耐磨板、滑块、蜗轮等	
GB/T 1176—1987	38－2－2 锰黄铜	ZCuZn38 Mn2Pb2	有较高的力学性能和耐蚀性，耐磨性较好，切削性良好。可用于一般用途的构件，船舶仪表等使用的外形简单的铸件，如套筒、衬套、轴瓦、滑块等	
GB/T 1173—1995	铸造铝合金	ZAISi12 代号 ZL102	用于制造形状复杂、负荷小、耐腐蚀的薄壁零件和工作温度≤200℃的高气密性零件	WSi＝10%～13%的铝硅合金
GB/T 3190—1996	硬铝	2A12 （原LY12）	焊接性能好，适于制作高载荷的零件及构件（不包括冲压件和锻件）	2A12 表示 WCu＝3.8%～4.9%、WMg＝1.2%～1.8%、WMn＝0.3%～0.9%的硬铝
	工业纯铝	1060 （代L2）	塑性、耐腐蚀性高，焊接性好，强度低。适于制作贮槽、热交换器、防污染及深冷设备等	1060 表示含杂质≤0.4%的工业纯铝

（二）非金属材料（附表32）

附表32　非金属材料

标准	名称	牌号	应用举例	说明
GB/T 359—1995	耐油石棉橡胶板	NY250 HNY300	供航空发动机用的煤油、润滑没及冷气系统结合处的密封衬垫材料	有（0.4～3.0）mm 十种厚度规格
GB/T 5574—1994	耐酸碱橡胶板	2707 2807 2709	具有耐酸碱性能，在温度（－30～＋60）℃的20%浓度的酸碱液体中工作，用于冲制密封性能较好的垫圈	较高硬度 中等硬度
	耐油橡胶板	3707 3807 3709 3809	可在一定温度的全损耗系统用油、变压器油、汽油等介质中工作，适用于冲制各种形状的垫圈	较高硬度

续表

标准	名称	牌号	应用举例	说明
GB/T 5574—1994	耐热橡胶板	4708 4808 4710	可在（－30～＋100）℃、且压力不大的条件下，于热空气、蒸汽介质中工作，用于冲制各种垫圈及隔热垫板	较高硬度 中等硬度

（三）常用的热处理和表面处理名词解释（附表33）

附表33　常用的热处理和表面处理名词解释

名称	代号	说明	目的
退火	5111	将钢件加热到临界温度以上，保温一段时间，然后以一定速度缓慢冷却	用于消除铸、锻、焊零件的内应力，以利切削加工，细化晶粒，改善组织，增加韧性
正火	5121	将钢件加热到临界温度以上，保温一段时间，然后在空气中冷却	用于处理低碳和中碳结构钢及渗碳零件，细化晶粒，增加强度和韧性，减少内应力，改善切削性能
淬火	5131	将钢件加热到临界温度以上，保温一段时间，然后急速冷却	提高钢件强度及耐磨性。但淬火后会引起内应力，使钢变脆，所以淬火后必须回火
回火	5141	将淬火后的钢件重新加热到临界温度以下某一温度，保温一段时间，然后冷却到室温	降低淬火后的内应力和脆性，提高钢的塑性和冲击韧性
调质	5151	淬火后在450～600℃进行高温回火	提高韧性及强度。重要的齿轮、轴及丝杠等零件需调质
表面粹火	5210	用火焰或高频电流将钢件表面迅速加热到临界温度以上，急速冷却	提高钢件表面的硬度及耐磨性，而芯部又保持一定的韧性，使零件既耐磨又能承受冲击，常用来处理齿轮等
渗碳	5310	将钢件在渗剂中加热，停留一段时间，使碳渗入钢的表面后，再淬火和低温回火	提高钢件表面的硬度、耐磨性、抗拉强度等。主要适用于低碳、中碳（C<0.04%）结构钢的中小型零件
渗氮	5330	将零件放入氨气内加热，使氮原子渗入零件的表面，获得含氮强化层	提高钢件表面的硬度、耐磨性、疲劳强度和抗蚀能力。适用于合金钢、碳钢、铸铁件，如机床主轴、丝杠、重要液压元件中的零件

续表

名称	代号	说明	目的
时效处理	时效	机件精加工前，加热到 100 ~ 150 ℃，保温 5 ~ 20 h，空气冷却；可天然时效处理，露天放一年以上	消除内应力，稳定机件形状和尺寸，常用于处理精密机件，如精密轴承、精密丝杠等
发蓝发黑	发蓝或发黑	将零件置于氧化性介质内加热氧化，使表面形成一层氧化铁保护膜	防腐蚀，美化，常用于螺纹连接件
镀镍	镀镍	用电解方法，在钢件表面镀一层镍	防腐蚀，美化
镀铬	镀铬	用电解方法，在钢件表面镀一层铬	提高钢件表面的硬度、耐磨性和耐蚀能力，也用于修复零件上磨损了的表面
硬度	HBS（布氏硬度） HRC（洛氏硬度） HV（维氏硬度）	材料抵抗硬物压入其表面的能力，依测定方法不同而有布氏、洛氏、维氏硬度等几种	用于检验材料经热处理后的硬度。HBS 用于退火、正火、调质的零件及铸件；HRC 用于经淬火、回火及表面渗碳、渗氮等处理的零件；HV 用于薄层硬化零件
注：代号也可用拉丁字母表示。对常用的热处理和表面处理需进一步了解时，可查阅有关国家标准和行业标准。			

参考文献

[1]谭建荣，等. 图学基础教程［M］. 北京：高等教育出版社，1999.

[2]齐玉来，等. 机械制图［M］. 天津：天津大学出版社，2000.

[3]王薇. 机械工程图学［M］. 北京：北京工业出版社，2000.

[4]赵炳利，等. 工程制图［M］. 北京：中国标准出版社，2001.

[5]国家质量监督检验检疫总局. 中华人民共和国国家标准——机械制图［M］. 北京：中国标准出版社，2001.

[6]国家质量监督检验检疫总局. 中华人民共和国国家标准——机械制图（图样画法　图线）［M］. 北京：中国标准出版社，2003.

[7]国家质量监督检验检疫总局. 中华人民共和国国家标准——机械制图（图样画法　视图）［M］. 北京：中国标准出版社，2003.

[8]国家质量监督检验检疫总局. 中华人民共和国国家标准——机械制图（图样画法　剖视图和断面图）［M］. 北京：中国标准出版社，2003.

[9]张跃峰. AutoCAD 2002 入门与提高［M］. 北京：清华大学出版社，2003.

[10]燕山大学工程图学教研室. 工程制图习题集［M］. 北京：中国标准出版社，2001.

参考文献